神经元模型与听觉信息处理

孙立宁 查富生 高 娃 等 著

科学出版社

北 京

内 容 简 介

无论是运动神经系统，还是脑神经系统，神经元都是其基本单元，信息都是在神经元上产生并先在其自身的不同位置间相互扩散后才向外扩散、传播的。因此，生物智能的基础和核心是神经元信息产生、发展、扩散以及信息处理问题，这使研究神经元信息产生、发展、扩散的时空动态过程以及结合该过程的信息处理变得十分必要，也是建立新的智能理论和方法的基础与核心。全书共 11 章，分为两部分。其中第一部分内容主要包括门粒子动力学模型、离子通道物理等效模型、神经元膜电势时空动态模型、神经元膜电势增量振荡特性、神经元膜电势时空动态模型的应用；第二部分内容主要包括神经元信息传递与滤波处理模型及其特性、听觉信息处理方法及其特性和应用等。

本书可供神经元建模和人工智能等领域的科研人员和工程技术人员学习参考，也可供科研院所和高等院校相关专业师生阅读。

图书在版编目（CIP）数据

神经元模型与听觉信息处理 / 孙立宁等著. -- 北京：科学出版社，2024.6.
ISBN 978-7-03-074694-8

Ⅰ. ①神⋯ Ⅱ. ①孙⋯ Ⅲ. ①神经元模型②语音数据处理 Ⅳ. ①Q811.211
②TN912.34

中国国家版本馆 CIP 数据核字（2023）第 018625 号

责任编辑：张　庆　张培静 / 责任校对：邹慧卿
责任印制：徐晓晨 / 封面设计：无极书装

科 学 出 版 社 出版
北京东黄城根北街 16 号
邮政编码：100717
http://www.sciencep.com

北京中石油彩色印刷有限责任公司印刷
科学出版社发行　各地新华书店经销

*

2024 年 6 月第 一 版　开本：720×1000　1/16
2024 年 6 月第一次印刷　印张：19 1/4
字数：401 000
定价：219.00 元
（如有印装质量问题，我社负责调换）

序

　　人脑可以被认为是最复杂的"机器"，人类的智能是由人脑运作产生的必然结果。高速发展的科学技术正在促进计算机向人类智能方向发展。20 世纪 60 年代，科学家对通过计算机硬件、软件模拟人脑充满信心，认为人工智能很快就可以与人类匹敌。然而，在深度学习技术出现之前，由于模拟人脑的复杂智能需要计算机海量数据运算，当时的计算机无法完成这个任务，人工智能的发展因此变得相当缓慢。直至深度学习技术出现，它用计算机模拟神经元网络，为人工智能技术带来了巨大变革。现今，全世界的科学家均期待人工智能取得重大的突破性进展，进而利用人工智能推动社会经济、民生产业、医疗健康等领域技术进步。智能机器人正是人工智能技术应用的重要方向之一。时至今日，科学家尚未能够完全解释人脑复杂的工作机制。尽管科学家早已知道神经元活动对人脑认知外部世界具有重要作用这一事实，但构建各种生物学机制与人类智能行为的联系却始终是极为艰难的任务。当人通过感官、运动与外部世界产生互动，人脑会进行精密复杂的控制与计算。神经元作为大脑感知外部世界的基本单元，其信息传输、处理和存储的宏观过程和微观机理可以为智能机器人感知、控制、决策等研究提供思路。

　　智能机器人和人工智能的融合研究对提升国家竞争力具有重大战略意义。我国《国家中长期科学和技术发展规划纲要（2006—2020 年）》明确将智能服务机器人作为发展的前沿技术方向之一，《中国制造 2025》提出深化人机智能交互技术应用，《新一代人工智能发展规划》旨在促进人工智能学科交叉融合应用、类脑感知和人机自然交互等领域的发展。几乎与此同时，美国、欧盟等多个国家和组织均对人工智能及其交叉融合关键技术高度重视并给予重点支持。欧盟推出由 26 个国家的 135 个合作机构参与的"人类大脑计划"（The Human Brain Project），美国启动"脑计划"（BRAIN Initiative），并连续发布《推动创新神经技术脑研究计划》《国家人工智能研究和发展战略报告》《人工智能、自动化与经济报告》。推进人工智能及其关键技术研究已经成为世界共识。近二十年来，国内外神经科学、信息科学、物理学、分子生物学、计算机学、机械工程学等多学科研究人员在脑机接口、脑细胞活动、神经元分子特征、类脑计算等方面的研究积累了众多成果，均推动着人工智能及其关键技术研究的进步。目前，机器人智能化程度虽然仍逊于人类，但其感知、理解、运动等分支均取得了长足进展，其与人交互、协作的能力也有了显著提升，为国计民生、社会发展带来了切实可见的社会价值与经济价值。然而值得注意的是，机器人关键技术虽然取得了进展，但其应用仍局限于特定条件和场景下，它并不能实现自主解读和理解外部世界、理解自身行动的意义与后果以及理解用户的情感与意图。

提升机器人智能化程度，让机器人拥有接近人的感知、理解、思维、学习、推理能力，胜任不同场景下的各种任务，这必然要深入思考人脑智能实现的微观层面（分子细胞机制）与宏观层面（人脑的整体机制），也必然要深入分析感觉神经元到神经中枢的神经生物学特性与其功能实现原理。可以说，构建神经元微观机制与人脑宏观功能的联系对人工智能核心算法研究具有重要意义。对于智能机器人来说，构建神经元微观与宏观联系会在提升机器人感知能力、改善机器人认知架构研究中发挥作用。本书聚焦人脑智能的微观产生机理与宏观信息处理机制，由神经元信息产生、发展、扩散角度研究神经元模型，并研究融合听觉感受器、听神经元的微观信息处理机制与听觉实现的宏观特性的信息处理方法及其实际应用，为人工智能、信息科学、机器人等领域研究人员提供了又一切实可行的研究方向。

伴随着云计算、新型传感、深度学习等技术发展，人工智能研究将不断产生新突破，进而加速新一轮科技发展和产业升级。与此同时，在智能机器人和人工智能融合研究的道路上，随着越来越多的人脑神经区域秘密被科学家逐渐解释，二者融合的基础理论到实际应用也需要神经科学、信息科学、机械工程学等多学科研究人员长期不懈的合作努力和共同探索。

2020 年 11 月 18 日

前　言

本书共分为神经元模型和听觉信息处理两大部分。作者对这两个领域展开了深入研究并进行了翔实论述。全书共 11 章。其中，孙立宁撰写了第 1 章并对本书进行了总体章节内容规划，查富生撰写了第 2～7 章，高娃撰写了第 8～11 章。

第 1 章介绍生物神经元、听觉信息处理的工作原理，对神经元模型和听觉信息处理方法的发展历程进行回顾。第 2 章简述了神经元细胞膜上门粒子对神经元信息产生的意义及其工作机理，并重点描述了产生神经元电信息的微观机理以及基于该机理的动力学模型建模过程。第 3 章针对目前离子通道模型存在的不足，以及离子通道模型在建立神经元模型中的重要作用，阐述了利用光具有的可视的、连续的时空动态性这一独特优势，建立具有时空维度的离子通道物理等效模型的方法。第 4 章基于第 2 章获得的离子通道开放概率和第 3 章建立的离子通道物理等效模型，结合生物神经元细胞膜上钠、钾离子通道物理特性与参数，分别讲述了如何建立单个钠、钾离子通道物理等效模型，并在此基础上，利用光学线性叠加原理，分别描述了多钠、钾离子通道物理等效模型的建立。第 5 章重点阐述了如何利用第 4 章建立的多钠、钾离子通道光学模型建立神经元膜电势时空动态模型。第 6 章描述了通过单个钠、钾离子通道物理等效模型获得光扩散振荡模型，并在此基础上，建立了神经元膜电势增量振荡模型，并对该模型进行了稳定性、周期解存在性、近似周期解、张弛振荡以及混沌特性分析。第 7 章重点阐述了建立的神经元时空动态模型在神经元特性和信号滤波中的应用。第 8 章着眼于生物神经元滤波机制，将突触和神经元视为一体，阐述了一种能同时实现信息传递和滤波功能的神经元模型。第 9 章聚焦听觉感受器与神经元这一听觉通路中的信息处理机制，提出了基于耳蜗感知和神经元滤波的听觉信息处理方法。第 10 章对 CP-NF 听觉信息处理方法的特性进行分析。第 11 章重点阐述了 CP-NF 听觉信息处理方法的应用。

衷心感谢蔡鹤皋院士审阅本书并提出宝贵意见。感谢郭伟、王鹏飞和李满天对第 2～11 章撰写工作的指导。感谢梁珂瑶、程耀峰、张森对文献、图片材料的整理。特别感谢国家自然科学基金集成项目"仿生感知、学习、作业及多机器人智能协同关键技术"（U2013602），以及国家自然科学基金面上项目"面向足式机器人的 CPG—感知—运动自生长神经网络控制方法研究"（52075115）、"基于自生长 CPG 网络的足式机器人运动控制研究"（61175107）、"基于振动理论的神经元滤波与特征提取算法研究”（60901074）、“中枢模式发生器归一化数学模型研究”（60675038）和其他科研项目的资助。

　　由于作者水平有限，书中难免存在不足之处，恳盼专家和读者批评指正。

孙立宁

2023 年 10 月 25 日

目　　录

第一部分　神经元模型

第1章 绪 论

进入 21 世纪第三个十年后，机器人技术不断向智能化发展，并进一步服务于人类活动的各个领域，机器人技术的内涵已变为"灵活应用机器人技术的、具有实际动作功能的智能化系统"，因此人工智能研究在机器人发展中有着极为重要的地位，人工智能的发展也因此成为影响机器人智能化的关键[1-3]。但是，目前人工智能研究尚存在不少问题，这主要表现在以下几个方面：宏观与微观隔离，即哲学、认知科学等学科的高层次、抽象智能与逻辑符号、神经网络和行为主义的低层次智能不能有机地结合；全局与局部割裂，即目前人工智能仅是对人类智能中的部分功能模拟，而不是人类智能的全面体现；理论和实际脱节，即目前各种人工智能理论只是部分人的主观猜想，能在某些方面表现出"智能"就算相当成功了[4-6]。上述人工智能所面临的问题直接影响了机器人智能化的发展，是机器人智能化必须解决的核心问题。

要从根本上解决机器人在智能化上面临的难题，需要重新思考生物智能的表现形式。智能在生物体中主要表现为四种形式：思维、情绪、心理和运动[7-11]。前三种是智能的高级阶段，而运动则是智能的最简单、最低级的阶段。例如，自然界中昆虫虽然没有人类复杂的大脑，却拥有极强的环境适应性和运动的自主性，昆虫的运动控制能力是目前人类所建立的控制理论和方法无法比拟的。而且，在生物智能的进化过程中，相对于思维、情绪和心理等智能，运动也是最早出现的，运动神经网络要比脑神经网络简单得多。因此，由运动智能入手，由简单到复杂，由低级智能向高级智能过渡，同时考虑高级智能的逻辑推理、判断、决策以及反射行为等机制，建立新的智能理论和方法，是解决机器人智能化目前所面临的问题的有效手段。而要想实现这一目标，需要研究和分析运动神经系统与脑神经系统之间的共性特征，以及信息由运动神经系统产生、发展并向脑神经系统扩散、传播的时空动态机理和脑神经系统的信息向运动神经系统扩散、传播的时空动态特性[12-15]。

生物神经系统，无论是控制运动的运动系统，还是支配思维的脑神经系统，都以神经元为基本单元。信息并不是凭空产生的，而是起源于神经元内部，并首先在其内部的不同区域之间进行扩散，然后再传递到其他神经元。因此，生物智能的核心是神经元信息产生、发展和扩散的时空动态过程。研究这一过程对于理解大脑如何工作以及开发新的人工智能技术至关重要[16-22]。目前，研究神经元信息的方法有两种，一种是实际生物神经元实验法，另一种是基于已有的生物神经元实验成果的神经元建模和仿真法。与实际生物神经元实验法相比，由于神经元建模与仿真可以将生物神经元简化为数学模型并对此模型进行计算机分析，从而代替实际的复杂、长期、昂贵乃至无法实现的实验，大大提高神经元信息研究效率和定量性，并可研究人为施加控制条件以影响生物神经元信息产生、传递的运行过程，受到神经科学领域研究人员的广泛关注[23,24]。更重要的是神经元模型的研究不但可为神经科学、认知科学领域研究神经元特性提供手段，更可为人工智能、信息科学、生物神经系统建模等领域研究人员研究神经信息处理机制、神经网络的协调控制机理等提供理论和应用基础，因此备受上述领域研究人员的关注。

1.1　神经元结构与工作机制

　　神经元，又称神经细胞，是构成神经系统结构和功能的基本单位。神经元是具有长突起的细胞，它由细胞体和细胞突起构成，如图 1-1（a）所示。

　　神经细胞体位于脑、脊髓和神经节中，细胞突起可延伸至全身各器官和组织中。细胞体是细胞含核的部分，神经元的细胞体形状大小有很大差别，直径约 4～120μm。细胞体的结构与一般细胞相似，有细胞膜、细胞质和细胞核。而细胞膜是胞体和突起表面的膜，是连续完整的膜，如图 1-1（b）所示。神经细胞膜的特点是敏感而易兴奋。

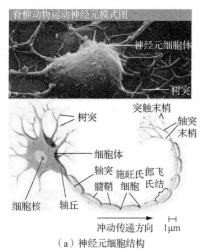

（a）神经元细胞结构

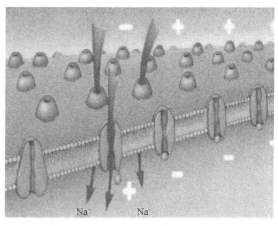

（b）细胞膜与离子通道

图 1-1　神经元、细胞膜以及离子通道示意图

在细胞膜两边，因存在浓度不等的离子（如膜外钠离子浓度高于膜内，而膜内钾离子浓度高于膜外）而形成浓度梯度。在膜上有各种离子通道，如图 1-1（b）所示，离子通道是一种成孔蛋白，它通过允许某种特定类型的离子依靠电化学梯度穿过该通道，来帮助细胞建立和控制质膜间的微弱电压压差。所有的细胞都是通过离子通道来控制穿越细胞膜的离子流的。一个通道通常仅负责一种离子，如钠离子、钾离子等。传输离子通过细胞膜的过程通常相当快，如同跟随一个自由流体流过一般。离子通道拥有一个可以开关的"门"，各种门所受控制的来源是不一样的，例如电信号、化学信号、温度或者机械力[25,26]。

一个电压型离子通道（如钠、钾、氯、钙离子通道等），其开放与关闭状态的变化是由门粒子［如图 1-2（a）中实心圆所示］在离子通道内的位置所决定的，仅当门粒子处于某一特定位置时，离子通道才能开放，神经元膜内外离子［如图 1-2（a）中空心圆所示］才能顺浓度梯度通过离子通道进行渗透，并在细胞膜低浓度一侧形成面积为 S、分布为 dV_m/dr 的膜电势增量区域（r 为以离子通道为中心的圆的半径），从而改变当前神经元膜电势大小，该过程的示意图如图 1-2（a）所示。

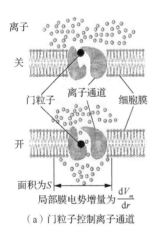

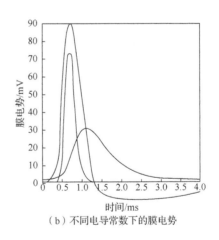

（a）门粒子控制离子通道　　　　　（b）不同电导常数下的膜电势

图 1-2　门粒子控制神经元细胞膜内外离子渗透示意图

如果神经元细胞膜上钠离子通道开放，则膜外高浓度钠离子顺浓度梯度流入膜内，使得膜电势差增大，形成去极化，当去极化的刺激膜电势大于阈值时，便产生动作电位。当去极化达到一定水平时，钾离子通道开放，膜内高浓度钾离子顺浓度梯度流向膜外，从而降低膜电势差，产生重极化，并使细胞膜恢复到静息水平，如图 1-2（b）所示。具体的过程如图 1-3 所示。

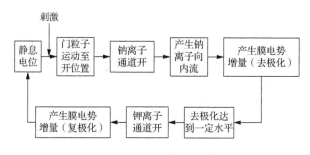

图 1-3 膜电势变化过程图

1.1.1 神经元的工作机制

信息在神经系统中的产生、发展、扩散、传播过程如图 1-4 所示[27]。

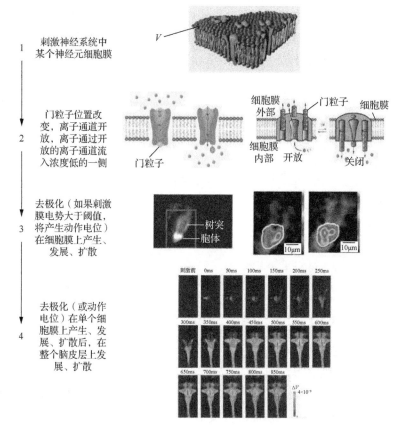

图 1-4 信息在神经系统中的产生、发展、扩散、传播过程

从图 1-4 可以看出，信息在神经系统中产生、发展、扩散、传播可以分为以下四个过程。

（1）神经系统中某个神经元细胞膜受刺激。

（2）受刺激的神经元细胞膜上钠离子通道门粒子由关闭位置向开放位置运动，当到达开放位置时，钠离子通道开放，细胞膜外钠离子流入细胞膜内，如图 1-4 中 2 的左侧子图所示。流入神经元细胞膜内的钠离子增大细胞膜电势，形成去极化。

（3）该去极化首先在受刺激的神经元细胞膜上产生、发展、扩散、传播，如图 1-4 中 3 所示，其中左侧为一个神经元，中间为发展中的去极化或动作电位，右侧为扩散。传播后的去极化分布，在去极化达到一定水平后，钾离子通道门粒子开始运动，并使得钾离子通道开放，神经元细胞膜内钾离子流向细胞膜外部，细胞膜电势被降低，产生再极化，细胞膜恢复初始状态，如图 1-4 中 3 的右侧所示。

（4）受刺激的神经元上的去极化（动作电位）波会沿着轴突向与其相连的神经元扩散、传播，并有可能扩散、传播至整个神经系统。

从信息在神经系统中产生、发展、扩散、传播的过程中可以看出，信息（或智能）是在某个神经元上诞生并先在该神经元上发展、扩散、传播的，因此，通过建立神经元时空（多维）动态模型来研究神经元信息的产生、发展、扩散、传播就显得尤为重要。

1.1.2　神经元模型分类

当前，神经元模型大致可分为（按从微观到宏观来划分）：门粒子动力学模型、离子通道模型、离子动力学模型、膜电势模型以及神经元振荡模型。

1.1.2.1　门粒子动力学模型

门粒子本身是一种蛋白质，其可在外部刺激下产生位置移动，而门粒子的位置变化将会导致离子通道的开放或关闭[27]。

门粒子概念由 Hodgkin 等[28]于 1952 年提出，他们认为离子通道之所以能够开放、关闭，是因为门粒子在膜电势作用下运动，并基于门粒子概念，建立了门粒子运动方程，如式（1-1）所示。

$$
\begin{cases}
\dfrac{\mathrm{d}m}{\mathrm{d}t} = \alpha_m(V)(1-m) - \beta_m(V)m \\[2mm]
\dfrac{\mathrm{d}h}{\mathrm{d}t} = \alpha_h(V)(1-h) - \beta_h(V)h \\[2mm]
\dfrac{\mathrm{d}n}{\mathrm{d}t} = \alpha_n(V)(1-n) - \beta_n(V)n
\end{cases}
\tag{1-1}
$$

式中，α_m、α_n 分别为钠、钾离子通道门粒子开放速率常数；β_m、β_n 分别为钠、钾离子通道门粒子关闭速率常数；α_h、β_h 分别为钠离子通道失活门粒子开放、关闭常数。

此后，众多生物学研究人员对门粒子的离子通道开、关控制机制进行了大量的研究。

1973 年，Landowne[29]利用电流法测得了钠离子通道门粒子运动与钠离子流之间的关系，并提出了失活粒子对离子通道开、关具有重大影响。1977 年，Armstrong 等[30]认为对于离子通道来说，门粒子是其感知器，门粒子感知膜电势的变化，并调控离子通道的开放或关闭，因此称为门控机制。1982 年，Armstrong 等[31]根据花粉随机运动机理推测门粒子之所以产生随机运动，是由于门粒子在运动的过程中与离子通道内壁以及细胞液中各种分子的随机碰撞。1984 年，Sine 等[32-34]在利用电流钳技术测量神经细胞电流变化时发现，离子通道电流存在随机波动或者随机噪声，并认为这种随机波动或噪声是由门粒子随机运动产生的。1985 年，Colquhoun 等[35]通过分析门粒子的随机运动现象，认为该随机运动符合马尔可夫（Markov）过程，并利用 Markov 过程建立了门粒子随机运动模型。该模型能很好地描述门粒子开、关两种随机状态，但由于该模型忽略了门粒子位置变化的中间过程，因而对门粒子随机运动的描述是粗略的。1987 年，Elber 等[36]为了进一步描述门粒子随机运动的具体运动过程，将分子动力学引入门粒子建模方法，并建立了门粒子随机运动的分子动力学模型。该模型能描述门粒子在离子通道内运动的细节过程，并能模拟门粒子与液体分子的碰撞力。但由于该模型在计算的过程中耗时巨大，因而在其他领域中应用相对较少[37]。2000 年，Destexhe 等[38]根据门粒子随机运动所表现出的热力学特性，建立了门粒子随机运动的热力学动态模型。该模型的物理结构如图 1-5 所示。热力学动态模型可以将门粒子的力学特征与细胞液温度变化有效融合，但其本质的思想与分子动力学相同，因此，该模型同样具有利用分子动力学所建门粒子模型的缺陷。2003 年，Sigg 等[39]提出了一种快速计算离子通道门粒子运动的方法，但该方法仅适用于有明确定义的带有能量栅的门粒子活化路径的网络，因此，应用范围非常有限[40,41]。

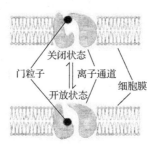

图 1-5 热力学动态模型物理结构示意图

目前，对门粒子进行动力学建模的方法主要是 Markov 过程、分子动力学和热动力学等。从方法上看，Markov 过程本质上是有限状态（或离散）的随机过程，是非连续（或跳跃）的，因此，用 Markov 过程来描述连续的门粒子运动，本身就是粗糙的，也必然会导致所建立的门粒子动力学模型丢失大量门粒子运动过程的细节。

与 Markov 过程不同，分子动力学可描述门粒子连续的运动变化过程，并能较为详细地解释门粒子在离子通道内的动态细节。因为分子动力学是复杂的非线性动力学，因此，为了能简化用分子动力学建立的门粒子动力学模型，将门粒子假定为刚性体，而门粒子恰恰是由蛋白质构成的塑性体，尤其是相对于离子通道，其塑性变形是不可被忽略的，而且，门粒子在离子通道内运动时，其与离子通道间的塑性碰撞对门粒子在离子通道的位置变化起到非常重要的影响，因此，利用分子动力学建立的门粒子动力学模型也是不准确的。

热动力学方法与分子动力学相似，只是在门粒子动态变化过程中引入了温度引起的门粒子动态变化，并且，与分子动力学相同的是，热动力学也认为门粒子是刚性体，因此，利用热动力学建立的门粒子动力学模型与利用分子动力学建立的门粒子动力学模型有相同的缺陷。

此外，分子动力学与热动力学本身就非常复杂，计算量也是非常庞大的，这不利于进行门粒子动态特性分析和研究，因此，应用范围有限。虽然 Markov 过程较分子动力学和热动力学要简单，但其本身的非连续性问题直接限制了该方法所建立的门粒子动力学模型的精度与应用。

1.1.2.2 离子通道模型

1970 年，Katz 等[42,43]提出了第一个离子通道随机过程的随机状态模型，该模型为

$$G \underset{3}{\overset{K_{-1}}{\underset{K_{+1}}{\longleftrightarrow}}} AG \underset{2}{\overset{\beta}{\underset{\alpha}{\longleftrightarrow}}} AR \atop 1 \tag{1-2}$$

式中，G、R 分别为离子通道受体复杂性关闭和开放结构；A 为相反；K_{+1}、K_{-1} 分别为反向汇聚和稀释的速率。

汇聚平衡常数为

$$K_A = \frac{K_{-1}}{K_{+1}} \tag{1-3}$$

式（1-2）和式（1-3）即离子通道查普曼-科尔莫戈罗夫（Chapman-Kolmogorov）随机过程模型（简称 CK 模型），虽然该模型仅给出了离子通道随机动力学定义，但却为以后的离子通道随机动力学模型研究奠定了基础。20 世纪 70 年代后期以后，在 CK 模型的基础上，众多随机离子通道模型相继被提出。

1978，Easton[44]提出了离子通道指数模型（简称 E 模型），该模型将大乌贼的

钠、钾离子通道宏观动力学描述为一个指数函数：

$$K(t)=A\exp(-Dt) \tag{1-4}$$

式中，A 为动力学设定点；D 为分维数，$1 \leqslant D \leqslant 2$。

直到 1981 年，Colquhoun 等[45]才利用 Markov 随机过程在真正意义上完善了 CK 模型，该模型被称为离子通道早期 Markov 模型。该模型的数学表达式为

$$f(t)=\sum_{i=1}^{N_c}\left[\frac{\alpha_i}{\tau_i}\exp\left(-\frac{t}{\tau_i}\right)\right] \tag{1-5}$$

式中，α_i、τ_i 为常数，详细计算方法见文献[45]；N_c 为额外约束。并且

$$\sum_{i=1}^{N_c}\alpha_i=1 \tag{1-6}$$

N_c 确保 α_i 的范围在 $(0,1)$ 以及 τ_i 是正的。

图 1-6 离子通道分子尺度的结构模拟

1992 年，Durell 等[46]引入分子尺度研究离子通道的方法，并利用计算机模拟了一个离子通道的分子尺度的结构，如图 1-6 所示。

1995 年，Rubinstein[47]利用随机函数结合 Clay 和 DeFelice 计算方法，建立了郎飞结 N 个钠离子通道模型，其核心思想是：通过对某一特定时间段内门粒子开放与关闭速率的积分，计算单个钠离子通道的开放与关闭概率，并通过求平均方法，最终获得郎飞结 N 个钠离子通道模型。2000 年，Capener 等[48]利用分子动力学研究了内向整流钾离子通道模型，结果如图 1-7 所示。2004 年，Treptow 等[49]建立了电压型快速钾离子通道模型，并将该模型扩展为可用于描述整个电压型快速钾离子通道簇（family）的模型。模型的仿真结果如图 1-8 所示。2008 年，Nekouzadeh 等[50]将门粒子的 Markov 模型引入离子通道建模研究中，并结合离子通道亚单位变化过程对 Markov 模型进行了精确化，使得门粒子的 Markov 模型也能解决离子通道亚单位的动态性问题。

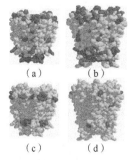

（a） （b）

（c） （d）

图 1-7 分子动力学模拟的内向整流钾离子通道模型

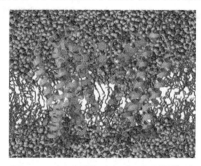

图 1-8 电压型快速钾离子通道模型仿真结果

2008 年，Milescu 等[51]利用动态钳法建立了电压门离子通道实时动态模型，其原理是基于离子通道计算模型，利用动态钳置换被药理阻滞的离子通道，通过手动调节计算模型中的参数，以获得一定频率的稳定状态。2010 年，Ball 等[52]通过两个 LC 振荡方程建立离子通道电导计算模型，并通过该模型计算获得了甲虫心肌运动神经元（crustacean cardiac motor neuron）电导。该模型的核心思想是：通过实测的甲虫心肌运动神经元离子通道电流，结合 LC 振荡方程，逆向求解 LC 振荡方程中的电导。

从目前离子通道模型研究上看，其关注的是离子通道整体特性，如离子通道开、关动态性，离子通道物理结构，离子通道电学特征等。

从第一个离子通道模型被提出至今，已超过半个世纪，模型也从简单向复杂，由单一的时间维数向多维，由离子通道结构特性建模向离子通道电特性建模发展，主要采用的建模方法为 Markov 过程、分子动力学、LC 振荡方程等。

用 Markov 过程建立离子通道模型也会导致所建离子通道模型粗糙而不精确，在研究离子通道与神经元膜电势的关系时，这种缺陷所带来的无法量化离子通道与神经元膜电势之间的对应关系等不利因素更加明显。

分子动力学被应用于离子通道建模时，所建立的离子通道模型具有多维特征，但更多的是建立离子通道的物理结构模型，如图 1-7 所示，以及研究离子通道与神经元细胞膜之间的结构关系，如图 1-8 所示。这些离子通道模型与神经元膜电势没有关联。

LC 振荡方程本身是用于描述电感、电容组成的电路振荡行为，因此 LC 振荡方程可以较好地描述离子通道与神经元膜电势间的联系，但其维数却是单一的，因此，使用该方法描述离子通道与神经元膜电势的多维关系时就显得力不从心。

1.1.2.3 离子动力学模型

1988 年，Millhauser 等[53]利用单个离子通道电流记录研究，分析了离子扩散的过程，认为离子过离子通道后的扩散是呈指数分布的，并利用贝塞尔函数建立了离子扩散运动模型。1998 年，Smith 等[54]利用分子动力学方法建立了钠离子运动模型，并通过该模型拟合了钠离子通过钠离子通道时的扩散系数。2000 年，Moy 等[55]和 Corry 等[56]分析、比较了应用于研究离子运动的三种连续体理论和方法，即泊松-玻尔兹曼（Poisson-Boltzmann）理论、泊松-能斯特-普朗克（Poisson-Nernst-Planck）理论和布朗（Brownian）动力学方法，得出 Poisson-Boltzmann 理论不能用于一个离子通道尺度以下的离子运动精确模拟而仅能做粗略估计，但 Poisson-Nernst-Planck 理论和 Brownian 动力学方法可用于尺度小于一个离子通道半径的离子运动模拟，并且 Poisson-Nernst-Planck 理论相较于 Brownian 动力学方法，其能模拟的尺度更小。2002 年，Smith 等[57]利用自由能计算了钾离子通过钾离子通道时的运动过程。该过程如图 1-9 所示。

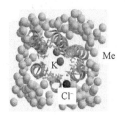 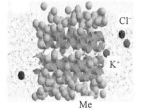

（a）钾离子通道俯视图   （b）钾离子通道侧视图

图 1-9   钾离子通过钾离子通道过程模拟

为了解决上述问题，研究者结合对神经元内外离子流动特性更加微观的认识和连续体理论，建立了一些离子动力学模型。

（1）Poisson-Boltzmann 模型（PB 模型）[58,59]：

$$\rho_{el}(r) = \sum_i \left\{ z_i e n_{0i} \exp\left[-\frac{z_i e \varphi(r)}{kT_1} \right] \right\} \tag{1-7}$$

式中，n_{0i} 为第 i 种离子密度；z_i 为第 i 种离子的数量；e 为电荷常数；$z_i e$ 为第 i 种离子电荷；k 为玻尔兹曼常数；T_1 为系统的绝对温度。

$\varphi(r)$ 满足如下 Poisson 方程：

$$\varepsilon_0 \nabla \cdot \left[\varepsilon(r) \nabla \varphi(r) \right] = -\rho_{el} - \rho_{ex} \tag{1-8}$$

式中，∇ 为梯度。

因此，可得 PB 模型为

$$\varepsilon_0 \nabla \cdot \left[\varepsilon(r) \nabla \varphi(r) \right] = 2en_0 \sinh\left[\frac{e\varphi(r)}{kT_1} \right] - \rho_{ex} \tag{1-9}$$

（2）Brownian 动力学模型[60]：

$$\frac{m_i \mathrm{d}v_i}{\mathrm{d}t} = m_i f_i v_i + F_R + q_i E_i \tag{1-10}$$

式中，m_i、v_i、q_i、f_i 分别为第 i 个离子的质量、速度、离子电量和摩擦系数；F_R 为离子与水和离子通道内壁的随机热碰撞力；E_i 为离子上的总电场。

（3）Poisson-Nernst-Planck 模型（PNP 模型），其中 Poisson-Nernst 方程为[61]

$$J_v = -D_v \left(\nabla n_v + \frac{z_v e n_v}{kT_1} \nabla \varphi \right) \tag{1-11}$$

式中，D_v 为离子扩散系数；n_v 为第 v 种离子密度；z_v 为第 v 种离子的数量。

并且 φ 也满足式（1-9）所示 Poisson 方程，可得 PNP 模型为

$$\varepsilon_0 \frac{\mathrm{d}}{\mathrm{d}t}\left[\varepsilon(z)\frac{\mathrm{d}\varphi(z)}{\mathrm{d}t}\right] = -\sum_v z_v e \exp\left[\Psi_v(z)\right] \cdot \left\{n_0 + (n_{vL} - n_{v0})\frac{\int_0^z \exp\left[\Psi_v(z)\right]\mathrm{d}z}{\int_0^L \exp\left[\Psi_v(z)\right]\mathrm{d}z}\right\} - \rho_{\mathrm{ex}}$$

（1-12）

（4）分子动力学模型[62]：

$$V = \sum_{i<j}\frac{q_i q_j}{4\pi\varepsilon_0 r_{ij}} + \sum_{i<j}\frac{A_{ij}}{r_{ij}^{12}} - \frac{B_{ij}}{r_{ij}^6} + \sum_{\mathrm{bonds}}\frac{1}{2}k_{ij}^b\left(r_{ij} - b_{ij}^0\right) + \sum_{\mathrm{angles}}\frac{1}{2}k_{ijk}^\theta\left(\theta_{ijk} - \theta_{ijk}^0\right)$$
$$+ \sum_{\mathrm{dihedrals}} k^\varphi\left\{1 + \cos\left[n\left(\varphi - \varphi^0\right)\right]\right\}$$

（1-13）

式中，r_{ij} 为原子间距；q_i 为第 i 个原子局部电荷；A_{ij}、B_{ij} 为伦纳德-琼斯（Lennard-Jones）参数；k^b、k^θ、k^φ 分别为结合长度、角和二面角力常数；n 为二面角重数；b^0、θ^0、φ^0 分别为结合长度、角、二面角平衡值；bonds 为键极势；angles 为键角势；dihedrals 为二面角。

上述神经元动力学模型被总称为连续理论神经元模型，其中以分子动力学模型最为接近神经元内外离子运动特性与神经元本质结构，也是目前在神经元动力学模型研究中使用最广泛的。分子动力学仿真结果如图 1-10 所示。

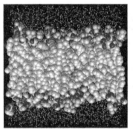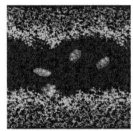

图 1-10　分子动力学仿真结果

从目前离子动力学模型研究看，其所关注的是每个离子（如钠、钾、钙、氯等）通过相关离子通道时，所表现出的较为详细的动力学特性，如离子间相互碰撞、离子与离子通道的碰撞过程等。

从上述离子动力学模型研究现状可以看出，目前建立离子动力学模型主要采用分子动力学方法。虽然分子动力学模型能够很好地模拟神经元膜内外离子运动过程和特性，然而，分子动力学模型也存在两个被广泛诟病的缺陷，一个是目前能模拟的数量少，绝大多数仅能模拟几千至几万个离子[63-65]，另一个是计算所用时间太长，以通过 $1\mu m^2$ 的神经元细胞膜的离子数为例，一台小型机 24h 不停地计算

需要 1 年才能完成，而目前最快的台式机则需要近 100 年才能计算完成[66,67]。另外，分子动力学模型注重离子运动特性，而削弱了神经元电特性，因此目前分子动力学在神经元电学特性的模拟上应用较少。

1.1.2.4　膜电势模型

第一个神经元模型是由拉皮克（Lapicque）于 1907 年建立的，即 Lapicque 模型[68,69]：

$$I(t) = C \frac{dV_m}{dt} \tag{1-14}$$

式中，C 为单位膜面积电容；V_m 为膜电势；$I(t)$ 为膜电流。

该模型认为神经元仅仅是一个电容器，因此也就仅满足电容定律。当施加一个电流时，膜电势随着时间的增加而增大。该模型虽然能解释神经元的电容特性，但神经元的其他特性没有被考虑，所以该模型是非常不完整的。1935 年，希尔（Hill）在 Lapicque 模型的基础上，引入了积分方法，被称为整合发放（integrate-and-fire）神经元模型，该模型写为[70,71]

$$-\frac{dU}{dt} = \frac{U - U_0}{\lambda} \tag{1-15}$$

式中，U 为膜电势；λ 为时间常数。

对于不同条件下的膜电势，可通过式（1-15）积分获得。该模型通过时间尺度调节实现神经元阈下慢变行为和阈上快速尖峰电位，并且模型也简单。值得注意的是，Hill 模型通过描述电压依赖性钠和钾离子通道，第一次实现了对神经元阈下局部膜电位的解释。但和 Lapicque 模型一样，Hill 模型也只考虑了神经元的电容特性，对于神经元的电阻以及其他神经元电学特性没有考虑。1943 年，McCulloch 等[72]利用线性阈值门控原理建立了描述细胞膜电势全或无（all or no）特性的模型，该模型既简单，又具有较强的计算能力，并有精确的数学定义。该神经元模型由多个输入 $I_1, I_2, I_3, \cdots, I_m$ 和一个输出 y 组成，并由一个线性阈值将多个输入划分成两类。因此输出是二值的，该模型的数学方程为

$$\begin{cases} \text{Sum} = \sum_{i=1}^{N} I_i W_i \\ y = f(\text{Sum}) \end{cases} \tag{1-16}$$

式中，W_i 为第 i 个输入权值；Sum 是输入加权和；f 是线性阶跃函数。

W_i 的范围为 $(0,1)$，或者 $(-1,1)$。麦卡洛克-皮茨（McCulloch-Pitts，M-P）神经元模型结构如图 1-11 所示。图 1-11 中，T' 是阈值常数，与线性阶跃函数有如图 1-12

所示的关系。从式（1-16）以及图 1-12 可以看出，由于该模型过于简单化而只有二值输出（0 和 1），同时，阈值也是固定的，因此，在应用上受到很多限制。

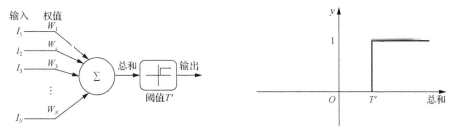

图 1-11 M-P 神经元模型结构示意图　　　图 1-12 线性阶跃函数与 T' 的关系

1952 年，霍奇金（Hodgkin）和赫胥黎（Huxley）基于欧姆定律描述了神经膜激发现象，并给出不同电压条件下的离子流变化公式，即 Hodgkin-Huxley（H-H）方程[73-75]：

$$I = \overline{g}_{Na} m^3 h \left(V_m - E_{Na} \right) + \overline{g}_K n^4 h \left(V_m - E_K \right) + \overline{g}_L m^3 h \left(V_m - E_L \right) \tag{1-17}$$

式中，V_m 是膜电势（mV）；E_{Na}、E_K、E_L 分别是钠、钾、氯离子通道静息电势（mV）；$\overline{g}_{Na}$、$\overline{g}_K$、$\overline{g}_L$ 分别是钠、钾、氯离子通道电导常数（cm^{-2}）。

H-H 神经元模型结构如图 1-13 所示。虽然，H-H 神经元模型能较好地量化神经元电生理活动，如去极化、动作电位、复极化等，但由于该模型是建立在六个经验函数基础上的，因此，影响了量化精度。为了简化 H-H 神经元模型，1961 年，FitzHugh[76]提出了所谓的 Bonhoeffer-van der Pol 神经元模型，次年，Nagumo 等[77]也建立了相同的神经元模型，该模型有一个拥有正反馈再生自激励的电压立方非线性项和一个可提供慢负反馈的具有线性动态特性的恢复项。该模型的方程为[77,78]

$$\begin{cases} \dot{v} = v - v^3 - w + I_{ext} \\ \tau w^3 = v - a - bw \end{cases} \tag{1-18}$$

式中，I_{ext} 为外部刺激；v 为电压；w 为反馈；τ、a、b 为常数。

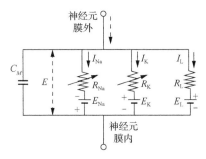

图 1-13 H-H 神经元模型结构示意图

式（1-18）被称为菲茨休-南云（FitzHugh-Nagumo，FHN）神经元模型，该模型将 H-H 神经元模型中的三个一阶微分方程组［式(1-1)］用一个范德波尔（van der Pol）方程替代，因此大大简化了 H-H 神经元模型，从而将刺激本质上所具有的数学特性与钠、钾离子流传播的电化学特性隔离。虽然，FHN 神经元模型有效简化了 H-H 神经元模型，并能解释神经元膜电压变化与刺激的关系，但神经元的电生理特性被忽略了，所以，FHN 神经元模型是仅能描述神经元外在电特性的一种简单模型。1962 年，Rall[79]建立了描述神经元突触树导电特性的神经元模型，该模型被称为拉尔（Rall）模型，模型的方程[79,80]为

$$
\begin{cases}
\dfrac{\partial V}{\partial \Gamma} = -V + \dfrac{\delta^2 V}{\delta X^2} \\
V = V_m - E_r
\end{cases}
\tag{1-19}
$$

式中，E_r 为神经元静息电位；V_m 为细胞膜外电势；E_r 为细胞膜内电位。

$$
\begin{cases}
\Gamma = \dfrac{t}{R_m C_m} \\
X = \dfrac{x}{\sqrt{\dfrac{R_m d}{R_i 4}}}
\end{cases}
\tag{1-20}
$$

其中，t 为系统时间；R_m 为单位膜面积电阻；C_m 为单位长度的膜容量；R_i 为膜内媒介的容积电阻；d 为理想化的圆柱形树突直径；x 为神经元树突前端至末梢的长度。

虽然 Rall 模型说明了不同的树突输入位置对整个神经元响应的重要意义，但一个边界问题一直限制着 Rall 模型的应用，即树突与胞体的连接处到底该如何划分，因此，需要更多的边界条件和方程加以约束，极大地增加了该模型的复杂性。

1965 年，Stein 在 Lapicque 所建立的神经元模型和 Hill 所建立的整合发放神经元模型的基础上，引入了电容漏流的概念，建立了带泄漏整合发放（leaky integrate-and-fire）神经元模型[81,82]。该模型为

$$
I(t) - \frac{V_m(t)}{R_m} = C_m \frac{\mathrm{d}V_m(t)}{\mathrm{d}t}
\tag{1-21}
$$

为了引起神经元爆发峰值，设置一个电流阈值 I_{th}，且 $I_{th}=V_{th}/R_{th}$（R_{th} 为膜面积电阻阈值）。因此，产生峰值的频率为

$$
f(t) = \begin{cases}
0, & I < I_{th} \\
t_{ref} - C_m R_m \log\left(1 - \dfrac{V_{th}}{IR_m}\right), & I > I_{th}
\end{cases}
\tag{1-22}
$$

式中，t_{ref} 为动作电位激发后的不应期。

整合发放神经元模型结构如图 1-14 所示。

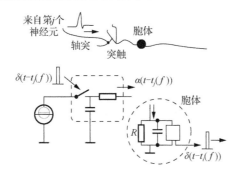

图 1-14　整合发放神经元模型结构示意图

此外，该模型引入了神经元峰值间的恢复期，使得模型能更好描述神经元产生电位峰值的电生理特性。由于该模型本质上还是 Lapicque 所建立的神经元模型，虽然能描述神经元电峰值行为，但与 Lapicque 所建立的神经元模型以及整合发放神经元模型一样，对其他神经元电行为的描述，该模型依然无能为力。

1984 年，Hindmarsh 等[83,84]建立了由三个非线性常微分方程组成的神经元模型：

$$\begin{cases} \dfrac{\mathrm{d}x}{\mathrm{d}t} = y + \Phi(x) - z + I \\[2mm] \dfrac{\mathrm{d}y}{\mathrm{d}t} = \delta(x) - y \\[2mm] \dfrac{\mathrm{d}z}{\mathrm{d}t} = r\left[s(x - x_R) - z \right] \end{cases} \tag{1-23}$$

式中，$x(t)$ 是膜电势；$y(t)$ 是尖峰（spiking）变量；I 是输入电流；$z(t)$ 是爆发（bursting）变量；x_R 是稳态膜电势；r、s 为常数；

$$\begin{cases} \Phi(x) = ax^2 - x^3 \\ \delta(x) = 1 - bx^2 \end{cases} \tag{1-24}$$

其中，a、b 为控制参数。

该模型是一种旨在研究一个神经元膜电位的尖峰-爆发（spiking-bursting）行为的神经元模型。在欣德马什-罗斯（Hindmarsh-Rose，H-R）模型中，由于引入爆发变量 $z(t)$，该模型能够描述更多的膜电势动态行为，包括不可预知的混沌行为。同时，由于该模型相对简单，并能定性地描述神经元电活动，因此应用范围也相对于 Rall 模型更广。然而，从式（1-23）可以看出，该模型虽然用了三个非线性常微分方程，但只能解释神经元依时间的电行为，对依空间的神经元动态行为显得无能为力。1986 年，Ermentrout 等[85]利用余弦函数建立了埃门特劳特-科佩尔

（Ermentrout-Kopell）余弦神经元模型，又被称为神经元 θ 模型，该模型方程为

$$\frac{\mathrm{d}\theta}{\mathrm{d}t}=1-\cos\theta+\left(1+\cos\theta\right)I\left(t\right) \qquad (1\text{-}25)$$

式中，$I(t)$为输入电流。

在模型中，变量 θ 位于单位圆上，当 $\theta=\pi$ 时，神经元产生尖峰电位。θ 模型较 H-R 模型在结构上更为简单，控制参数更少，也更容易理解和应用，因此产生了其他的一些改进模型，如噪声 θ 模型、相 θ 模型等。但无论是 θ 模型，还是改进的 θ 模型，除了描述神经元尖峰-爆发行为外，几乎不能解释其他神经元的动态行为。

上述膜电势模型虽然在描述神经元电学特性上各有优势，但也各自存在明显的缺陷[86,87]。一方面，上述膜电势模型注重于描述神经元宏观的膜电势特征，而较少注重于产生膜电势的微观机理，另一方面，上述膜电势模型多为基于时间维数的模型，不能用于研究神经元膜电势的空间分布。特别是近些年来，随着人工智能、神经科学、认知科学、控制科学以及信息科学研究的逐渐深入，对神经元膜电势的产生、发展、消亡的时空动态特性认识和理解的需求变得越来越强烈，上述膜电势模型在研究神经元膜电势空间分布特性以及产生机理时，其自身固有的不足越来越突出。

1.1.2.5　神经元振荡模型

所谓神经元振荡模型，指的是能将神经元从微观到宏观有效整合，并能描述神经元宏观现象的神经元模型，因此也被称为整体模型。由于神经元振荡模型是神经元微观到宏观的整合，因此这类神经元模型既能用于研究、解释神经元电信号产生的微观机理，又能用于研究这种微观机理向神经元电信号过渡的中间过程，更能用于研究神经元膜电势的宏观动态特性，所以神经元振荡模型对神经元模型在各个领域的应用非常重要。

从 20 世纪 80 年代开始，研究人员尝试建立神经元振荡模型，如下。

1984 年，Montroll 等[88]提出了三维随机网格模型，也称为威廉斯-沃茨（Williams-Watts）模型，该模型如图 1-15 所示。

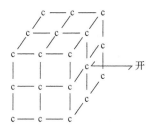

图 1-15　3×3×3 的网格模型

该模型数学表达式为

$$W(t) = \frac{\beta}{\alpha \Gamma\left(\frac{1}{\beta}\right)} \exp\left[-\left(\frac{t}{\tau}\right)^{\beta}\right] \qquad (1-26)$$

式中，Γ 为伽马函数；α、β 为常数。

1987 年，Liebovitch 等[89,90]利用分形学建立了神经元分形模型，该模型为

$$C_l \xrightarrow{k(t)} O \qquad (1-27)$$

式中，C_l 为离子通道关状态；O 为离子通道开状态；

$$k(t) = At^{1-D} \qquad (1-28)$$

其中，A、D 为常数。

1988 年，Millhauser 等[91]建立了随机扩散神经元模型，该模型为

$$C_{lN} \underset{\lambda}{\overset{\lambda}{\longleftrightarrow}} C_{lN-1} \underset{\lambda}{\overset{\lambda}{\longleftrightarrow}} \cdots \underset{\lambda}{\overset{\lambda}{\longleftrightarrow}} C_{l2} \underset{\lambda}{\overset{\lambda}{\longleftrightarrow}} C_{l1} \underset{\lambda}{\overset{\beta}{\longleftrightarrow}} O \qquad (1-29)$$

式中，β 为从离子通道关闭的 C_{l1} 到开放的速率；λ 为任意一对关闭状态之间过渡的速率。

上述模型并非严格意义上的神经元振荡模型，主要是因为不能描述神经元膜电势的动态特性，因此上述模型几乎较少被应用于其他领域[92]。

1.2 听觉信息处理

听觉系统是接收、传输、分析、处理声音信息的感觉系统，能感知的声音上下限频率可相差三个数量级。人的听觉系统可划分为外周听觉系统和中枢听觉系统两个部分。外周听觉系统将外环境信息处理成为神经信息，从而被中枢听觉系统接收和传导。中枢听觉系统实质上归属于神经系统。听觉系统对声音有很高的灵敏度和分辨能力，其输入刺激（声音）和输出反应（神经信号）在听觉生理学中可以较为容易地进行测量。在人的各种感觉系统中，听觉因其在人类生活中的重要作用，一直以来都是研究人员关注的重点问题之一。

1.2.1 外周听觉系统结构

外周听觉系统主要包括外耳（outer ear）、中耳（middle ear）和内耳（inner ear）三部分，如图 1-16 所示[93]。

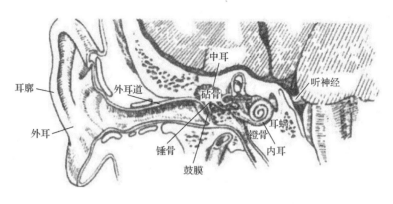

图 1-16　外周听觉系统

　　外耳包括耳廓（auricula）和外耳道（external auditory meatus），其主要功能是采集外界环境中的声音信息。当声音传入外耳时，外耳道中的空气压强会随之产生变换，进而触动外耳道末端的鼓膜（tympanic membrane）使之发生振动。中耳核心部分是由锤骨（malleus）、砧骨（incus）和镫骨（stapes）构成的听小骨链（ossiacular chain）。声波作用于鼓膜，鼓膜随之振动，而后听小骨链中的锤骨带动相继连接的砧骨和镫骨发生运动，将振动向下一级传递。镫骨末端的镫骨板附着在耳蜗基部的卵圆窗（oval window）薄膜上。卵圆窗薄膜的面积约为鼓膜面积的二十分之一，因此，听小骨链的杠杆作用会使鼓膜振幅大、力量小的振动转换为卵圆窗薄膜上振幅小、力量大的振动。

　　内耳的听觉机制则存在于耳蜗（cochlea）中，耳蜗是一个呈螺旋卷曲状的骨质结构，一端较粗，为耳蜗基部，另一端较细，为蜗顶[93]。人耳耳蜗的立体结构如图 1-17 所示[94]。耳蜗内部有软组织分隔三个充满液体（内淋巴液和外淋巴液）的空腔，分别为前庭阶（scala vestibuli）、蜗管（scala media）和鼓阶（scala tympani）。前庭阶底端是卵圆窗，连接于镫骨板，是镫骨施力的部位。因此，中耳内镫骨的运动带动卵圆窗和镫骨板振动，进而推动内耳前庭阶内的淋巴液流动。

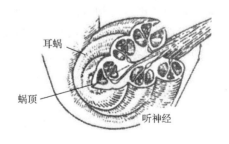

图 1-17　人耳耳蜗立体结构及剖面示意图

　　耳蜗内前庭阶和蜗管由赖斯纳氏膜隔开，蜗管和鼓阶则由基底膜（basilar membrane）隔开，蜗管位于前庭阶和鼓阶之间。耳蜗剖面示意图如图 1-18 所示[94]。科蒂器（organ of Corti），也称为螺旋器（spiral organ），规则地分布在基底膜上，它主要由毛细胞（hair cell）和听神经纤维（auditory nerve fibers）等构成。毛细胞主要分为两类，分别为内毛细胞（inner hair cell）和外毛细胞（outer hair cell）。人耳耳蜗约有 12000 个外毛细胞和 3000 个内毛细胞。其中外毛细胞在基底膜上排成三列，内毛细胞在基底膜上排成一列。毛细胞顶端是有弹性的纤毛（stereocilia），呈圆柱状，是耳蜗感知声信息的重要结构。外毛细胞内侧与耳蜗轴相连、外侧与游离在内淋巴中的盖膜（tectorial membrane）直接接触，内毛细胞则不一定与盖膜直接接触。内毛细胞底部与螺旋神经节细胞（spiral ganglion cell）通过突触相互联系，声信息经由突触传递进入听神经，进而进入中枢听觉系统[95]。

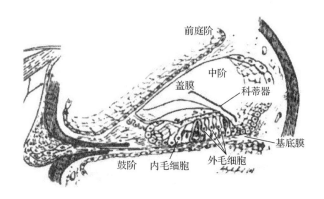

图 1-18　耳蜗剖面示意图

1.2.2　听觉学说与耳蜗模型

1.2.2.1　听觉学说

　　一个世纪前，亥姆霍兹（Helmhotz）提出了听觉共振学说，认为耳蜗可以视为在基底膜上分布的一系列并联且不耦合振子，能够与各自相应频率的声音共振，从而模拟耳蜗的频率分析能力[96]。此后，研究人员提出过多种学说解释听觉信息处理机制，但总体而言可划分为两类，即空间机制和时间机制。这两种学说中最具代表性的为行波论（traveling wave theory）和排放论（volley theory）[97]。

　　行波论是 von Békésy 等通过观察尸体耳蜗中基底膜对纯音的反应于 1960 年正式提出的[97,98]。该理论研究认为，声音引起基底膜上行波波动，该波动是从耳蜗蜗底逐渐向蜗顶移动的，且在波动过程中行波的振幅不断变化，当行波到达最大振幅后会很快衰减，如图 1-19 所示[96]。

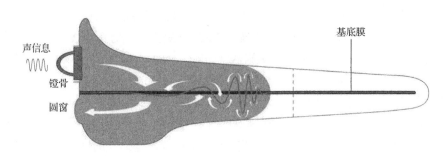

图 1-19　声音在基底膜上行波波动示意图

图 1-19 为展开的耳蜗纵切面，给出了 3kHz 声音在基底膜上引起的行波波动情况，行波波峰周围的箭头表示耳蜗内局部流体流动方向。据图 1-19 可见，声信息的振幅等特性随着行波波动发生变化。根据行波论，基底膜位于蜗底一侧响应高频声音，位于蜗顶一侧响应低频声音。

排放论由维弗（Wever）提出，其解释为：多根神经纤维随着声波的周期同步并锁相轮流发放，则总体纤维上冲动组成的排放即可跟上与声波一致的频率。神经冲动发放的同步和锁相是能够组成排放的必要条件[97]。

1.2.2.2　耳蜗模型

耳蜗是声信息转导和听觉机理实现的主要生理结构。von Békésy 等[97]在提出行波理论的实验过程中首次在耳蜗直接观察了基底膜的运动图形，测量了基底膜对声信息响应的物理特性。在此之后，研究人员为证明行波理论的正确性，进行了许多耳蜗模型研究，其中最具代表性的是 Zwislocki 等[99]提出的耳蜗简化物理模型、Peterson 等[100]提出的耳蜗流体动力学模型、Zweig 等[101]提出的耳蜗传输线模型等。耳蜗简化物理模型将耳蜗假设成被弹性膜（基底膜）分为内部充满流体且有刚性外壁的两个隔室，如图 1-20 所示。

Zwislocki 对于耳蜗结构的简化处理在此后的许多耳蜗模型构建过程中被采用。如 Peterson 等[100]所提出的耳蜗流体动力学模型就在该模型结构基础上成功证明了 von Békésy 耳蜗实验研究的正确性，Ramamoorthy 等[102]采用该模型结构假设从动力学角度研究和模拟听觉调制曲线等。1976 年，Zweig 等[101]首先将温策尔-克拉默斯-布里渊（Wentzel-Kramers-Brillion，WKB）估计应用于耳蜗传输线模型，并直接引出了耳蜗信息处理机制中"级联滤波器组"的概念，其模型如图 1-21 所示。

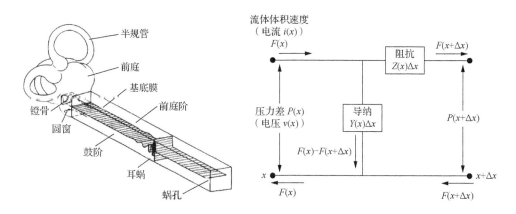

图 1-20　简化的耳蜗物理模型[100]

图 1-21　耳蜗传输线模型[101]

在 20 世纪 70 年代，耳声发射（otoacoustic emission，OAE）、外毛细胞能动性（hair cell motility）等现象的记录观察成为耳蜗主动机制的重要证据。耳蜗模型研究从聚焦声信息频率分解逐渐倾向于耳蜗主动机制。例如，1978 年，Kemp[103]提出了耳蜗内有某种机制产生机械能量，通过淋巴液振动引起听小骨链和鼓膜振动，使外耳道的空气发生振动从而产生声音。此后，许多聚焦耳蜗主动机制的研究相继出现，研究人员为探索耳蜗主动机制的源起和功能在耳蜗的结构形态和生理功能上进行大量研究。例如，1980 年，Mountain[104]提出了外毛细胞能够间接影响基底膜振动。1982 年，Weiss[105]提出了耳蜗"双向换能"概念。1983 年，Davis[106]提出了著名的"耳蜗放大器"学说。上述研究均反映了研究人员对于耳蜗的新认识，如耳蜗不仅接收声信息，同时还能够实现主动调控。1985 年，Brownell 等[107]发现耳声发射和电-机械正反馈来源于外毛细胞主动运动。Zwislocki 等[99,108]提出覆盖在科蒂器上的盖膜可看作耳蜗的第二个独立调制共振子，并将其称为耳蜗的"第二滤波器"等。这些研究均为进一步探索听觉信息处理机制提供了方向。在此背景下，耳蜗主动机制已成为耳蜗模型构建过程中考虑的重要问题。研究人员相继从机械、电学等角度提出了能够反映外毛细胞能动性、耳声发射等现象的模型，模拟耳蜗对听觉信息处理的主动调控过程。

在模拟耳蜗主动机制的模型构建过程中，可简单将模型划分为三类。一类是以模拟外毛细胞能动性为切入点，建立耳蜗主动模型。例如，Neely 等[109]在 1983 年在耳蜗"第二滤波器"和"耳蜗放大器"理论的基础上提出了耳蜗的第一个主动模型，以及在 1986 年提出了位于一个空间维度内的耳蜗主动模型[110]，分别如图 1-22（a）和（b）所示。Neely[111]的研究为从振动角度构建耳蜗主动模型提供了基础，但其模型也存在一定的不足，即没有表明外毛细胞与耳蜗主动机制的关联作用。Geisler[112]在 1993 年从机械角度建立了单质体模型，Markin 等[113]于

1995 年提出了双质体模型，这两种模型均从外毛细胞在耳蜗主动机制中的作用着手，模拟耳蜗的高听敏性和尖锐调制功能，分别如图 1-23（a）和（b）所示。单质体模型主要考虑的是基底膜振动情况，双质体模型则将网状板的影响包含在模型构建过程中，采用弹簧模拟基底膜和网状板的耦合。Mammano 等[114]则采用双质体模型模拟耳蜗的高听敏性和尖锐调制功能。Mammano 等[115]和 Nobili 等[116]分别在 1993 年和 1996 年采用动力学方法聚焦耳蜗的线性近似与非线性现象建立模型以分析究耳蜗外毛细胞主动性。

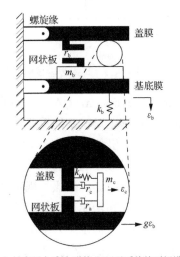
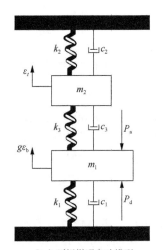

（a）具有两个质量-弹簧-阻尼子系统的耳蜗模型　　　（b）耳蜗微观主动模型

图 1-22　耳蜗的主动模型[109,110]

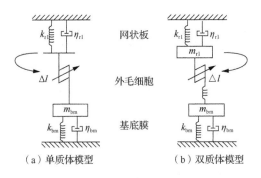

（a）单质体模型　　　　　（b）双质体模型

图 1-23　耳蜗的单质体模型和双质体模型[112,113]

　　第二类耳蜗模型则主要关注于耳声发射，模拟外毛细胞中存在电-机械反馈现象。例如，1994 年，Mountain 等[117]首先提出的耳蜗外毛细胞的压电模型，用于研究和分析外毛细胞在耳蜗听敏度和频率分解中的作用，该模型如图 1-24 所示。

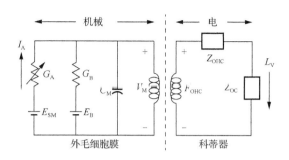

图 1-24　外毛细胞的线性压电模型[117]

此后数年间，文献[118]～[121]相继提出了各种压电模型，如双状态压电模型、非线性压电模型等，用于模拟听觉调制曲线和研究外毛细胞电-机械耦合中的非线性问题，验证了 Ruggero 等[122]、de Boer 等[123]、Cooper[124]、Ren 等[125]于 1990 年至 2001 年获得的听觉生理实验数据的正确性。Iwasa 双状态压电模型如图 1-25 所示，其中包含对耳蜗非线性现象的模拟压电元件[126]。

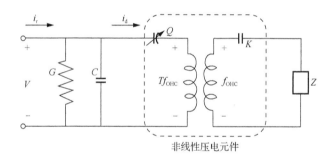

图 1-25　Iwasa 双状态压电模型[126]

第三类耳蜗模型则考虑到外毛细胞内纤毛的主动运动。2003 年和 2005 年，Fettiplace 实验室 Kennedy 等[127,128]发现哺乳动物耳蜗外毛细胞的纤毛具有能动性，且该能动性能够为耳蜗主动机制提供支持。此后，纤毛能动性成为继外毛细胞能动性之后研究人员关注的问题，由此展开了一系列相关研究。2011 年，Meaud 等[129]提出了同时模拟纤毛能动性与外毛细胞胞体能动性的耳蜗模型。2012 年，Ramamoorthy 等[130]在其 2007 年提出的"机械-电-听觉"模型基础上，将纤毛能动性、外毛细胞非线性的影响纳入该耳蜗模型的研究中。但值得注意的是，现阶段还没有足够的电生理实验数据支撑外毛细胞的胞体能动性和纤毛能动性对耳蜗主动机制调控的功能分配，这也意味着当前考虑到纤毛能动性的耳蜗模型还没有足够的生理学实验支持。

1.2.3　听觉滤波器

耳蜗对声信息处理的核心在于基底膜所实现的功能特性。基底膜具有频率分解能力和尖锐的频率选择特性。此外，耳蜗内外毛细胞具有能动性，能够对基底膜振动进行主动调控，同时也正是因为这种主动调控，基底膜振动响应往往呈现非线性变化。

在听觉仿生研究中，研究人员通常采用各种滤波方法模拟基底膜功能。Zweig 等[101]所提出的"级联滤波器组"（cascade filterbanks）的概念也是滤波方法在听觉仿生研究中应用的早期理论支撑之一。此后，研究人员又提出了并联滤波器组（parallel filterbanks）的概念。从行波理论角度来说，基底膜可以视为分别响应不同频率声音的通道的并联。因此，通过建立基底膜滤波器组模型，能够得到基底膜响应声信息时的振动特性[131,132]。研究人员又将采用上述方法建立的基底膜滤波器组模型称为听觉滤波器（auditory filter）或听觉滤波器模型（auditory filter model）[133,134]。听觉滤波器忽略了耳蜗对声信息处理的部分过程和功能，但其优势在于每个听觉通道都能采用具有简单函数形式的滤波方法进行模拟，进而分析每个通道的响应，在实际听觉仿生应用中计算负担更小、复杂度更低。本小节对当前最具有代表性的听觉滤波器进行介绍。

1.　共振滤波

共振滤波（resonance filter）方法由 Lyon[135]提出，其原理是 Helmhotz 所提出的听觉共振学说。该方法将耳蜗中的基底膜视为多个阻尼谐振子的级联。该方法的传递函数为

$$H(s) = \cfrac{1}{1 + \cfrac{s\tau}{Q} + s^2\tau^2} \tag{1-30}$$

式中，Q 为品质因子；s 为复变量；τ 为时间常数。

式（1-30）中，阻尼谐振子的品质因子 Q 和时间常数 τ 共同决定了谐振子的共振频率。当时间常数 τ 不变时，若品质因数 Q 的值越大，共振滤波响应的峰值频率处曲线就会越尖锐。图 1-26（a）给出了品质因数 Q 分别为 1、3 和 9 时的响应曲线，可见其响应峰值逐渐增加，曲线线形越发尖锐[135]。

2.　Roex 函数滤波

四舍五入指数（the rounded exponential，Roex）函数滤波是由 Patterson[136]提出的，源于人耳于噪声背景中识别特定信号的频率阈值掩蔽实验。该方法被 Rosen

等[137]用于拟合听觉掩蔽数据,在与实际掩蔽实验数据印证中获得了较好的听觉响应一致性。该方法的数学描述为

$$W(g) = (1-r)(1+pg)e^{-pg} + r \tag{1-31}$$

式中,r、p 为参数,其作用分别是控制幅频曲线的动态响应范围、调整幅频曲线的斜率和临界带宽变化。在参数 p 取值不变时,若参数 r 越大,幅频曲线的带宽越宽、动态响应范围越大。图 1-26(b)给出了当参数 r 分别为 0.01、0.1 和 0.5 时的幅频曲线,可见随着参数 r 增加,幅频响应带宽增加。g 表示幅频曲线峰值频率 f 与中心频率 f_0 的相对偏差,其定义为

$$g = \frac{|f - f_0|}{f_0} \tag{1-32}$$

Roex 函数滤波响应的幅频曲线形状类似于两个顶端圆滑、背靠背的非对称指数曲线,可模拟听觉调制曲线的非对称性。但值得注意的是,该滤波方法没有相频响应、时域等效、冲激响应函数、传递函数,其本质仅仅是得到与听觉调制曲线类似线形的数学方法[137-139]。

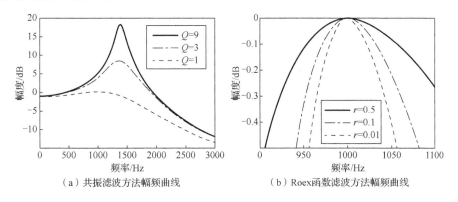

（a）共振滤波方法幅频曲线　　　　（b）Roex 函数滤波方法幅频曲线

图 1-26　共振滤波方法与 Roex 函数滤波方法的幅频曲线

3. Gammatone 滤波

Gammatone 滤波(Gammatone filer,GTF)由 Johannesma 等[140]提出,用于模拟猫的听神经生理学冲激响应特性。de Boer[141]证明了该方法所获得的仿真数据与电生理实验中猫的听神经生理数据具有一致性。现阶段 Gammatone 滤波是听觉仿生中较常用的方法之一,其优势在于不仅能够模拟基底膜幅频响应的曲线形状和频率分解特性,还具有简单形式的冲激响应函数[142]。Gammatone 滤波的时域表达式为

$$g(t) = B^n t^{n-1} e^{-2\pi Bt} \cos(2\pi f_0 t + \varphi) u(t) \tag{1-33}$$

式中，参数 $B=b_1 \cdot ERB(f_0)$，$b_1=1.019$，f_0 为中心频率（Hz），$ERB(f_0)$ 为 Gammatone 滤波方法在中心频率为 f_0 情况下的等价矩形带宽；n 为阶数；φ 为初始相位；$u(t)$ 为单位阶跃函数。$ERB(f_0)$ 与中心频率 f_0 的关系为

$$ERB(f_0) = 24.7 + 0.108 f_0 \qquad (1\text{-}34)$$

　　Gammatone 滤波方法能够分别从时域和频域进行响应特性分析。它的时域响应振动频率等于其中心频率 f_0，且振动包络符合 Gamma 函数。图 1-27 给出了中心频率 f_0 分别为 500Hz、1000Hz、2000Hz、3000Hz 和 4000Hz 时 Gammatone 滤波方法的时域响应，可见随着中心频率 f_0 增加，其时域响应时间缩短，且时域响应到达最大振幅所需要的时间缩短。该特性与生理学中听神经的冲激响应特性相一致[143]。

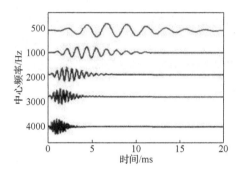

图 1-27　Gammatone 滤波方法的时频响应曲线[143]

　　Gammatone 滤波方法的幅频响应如图 1-28（a）所示。据图 1-28（a）可见，Gammatone 滤波的幅频响应中心频率不同，其响应的带宽也不同。同时，其幅频响应曲线呈对称性，其对称轴频率为中心频率。该方法的不足之处主要在于，不能模拟听觉调制曲线的非对称性和没有描述强度的参数。

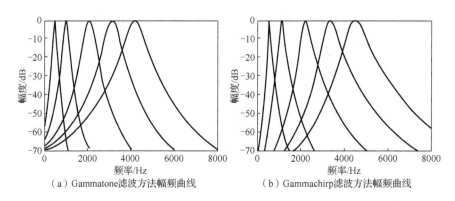

（a）Gammatone滤波方法幅频曲线　　　　　　（b）Gammachirp滤波方法幅频曲线

图 1-28　Gammatone 滤波方法与 Gammachirp 滤波方法的幅频曲线[143]

研究人员以 Gammatone 滤波方法为基础,相继提出了 Gammachirp 滤波方法、全极点 Gammatone 滤波方法、单零点 Gammatone 滤波方法等,统称为 Gammatone 族滤波方法。其中由 Irino 等[144]提出的 Gammachirp 滤波方法具有与 Gammatone 滤波方法相同的时域响应特征,且其幅频响应曲线具有非对称性,但其非对称形状与生理学上听觉调制曲线非对称线形相反,即峰值频率右侧边沿较左侧平缓,如图 1-28（b）所示。Gammachirp 滤波方法的冲激响应函数为

$$g(t) = B^n t^{n-1} \mathrm{e}^{-2\pi Bt} \cos(2\pi f_r t + c \ln t + \varphi) u(t) \tag{1-35}$$

式中, n 为阶数; c 为频率调制参数; f_r 为中心频率（Hz）。中心频率 f_r 随频率调制参数 c 变化而变化,且依赖于参数 B 和阶数 n。

Irino 等[145,146]在研究中将 Gammachirp 滤波器分解,并采用了相互独立的高通非对称滤波器和 Gammatone 滤波器进行了等效。该研究同时也验证了 Gammachirp 滤波方法相较于 Gammatone 滤波方法具有更高的计算负担和复杂程度。

1.2.4　神经元滤波

1959 年,Hubel 等[147]发现了听觉神经元滤波性能,研究人员逐渐证实了神经元具有滤波特性。此后,一些研究人员相继在生物的各种感觉如体觉、视觉等神经元中发现了神经元滤波（neuron filter）的重要作用[148]。例如,Mountcastle 等[149]于 1968 年提出了滤波时生物对外界传入信息进行处理的重要过程,Le Bars 等[150,151]于 1979 年发现生物体觉感受器的滤波能力能够有效抑制有害信息,Rind 等[152]、Harris 等[153]分别于 1992 年和 1999 年在视觉神经元的研究中发现滤波在运动时的影响。

进入 21 世纪后,神经元突触在神经元滤波中的作用逐渐进入研究人员视野。2001 年,约翰霍普金斯大学 Fortune 等[154,155]通过对哺乳动物、非脊椎动物以及鱼的体觉神经元研究提出了神经元突触短时程可塑性能够进行突触抑制和突触易化,从而实现神经元滤波。突触抑制和突触易化的功能相反,其中突触抑制使神经元的兴奋性降低,而突触易化使神经元信息更容易传递。二者各自对应的功能表现分别为某些生理活动减弱或者停止、某些生理功能变得容易发生。图 1-29 为 Fortune 等[154]通过对突触抑制和突触易化的电生理学给出的生物神经元滤波示意图。

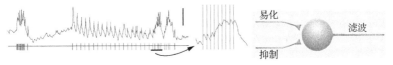

（a）突触抑制和易化的相互影响对于传入刺激的响应　（b）神经元滤波产生机制示意图

图 1-29　神经元突触刺激响应原理与滤波产生机制[154]

　　图 1-29（a）为人为干预产生突触易化后，神经元兴奋性提升使传入刺激响应的波形和幅值都得到了恢复，实现了神经元滤波过程。图 1-29（b）则为 Fortune 等[154]给出的神经元滤波产生机制示意图。此后，一些研究人员相继发现突触短时程可塑性与噪声滤除机制、神经元运算、神经信息传递的关联[156-162]。在此过程中，研究人员也逐渐聚焦突触囊泡释放可变性、突触易化和突触抑制整合调制等方面研究，更深层次地探索神经元滤波产生的化学机制。

　　近年来，已有研究人员利用人工神经元模型模拟神经元滤波机制。例如，Masuda 等[163]利用 FHN 神经元模型实现了对 30～40Hz 频段信号的滤波，Kliper 等[164]、Stafford 等[165]、Horcholle-Bossavit 等[166]分别在 M-P 神经元模型和 H-H 神经元模型基础上，提出了动态神经元滤波（dynamic neuron filtering，DNF）方法，用于嗅觉二进制编码等不同的研究。然而值得注意的是，上述研究虽然通过人工神经元模型实现了噪声滤除或突出了主要神经信息，但往往或是未考虑到突触短时程可塑性的作用，或是忽略了作为神经元滤波机制产生载体的神经元的信息处理过程。这也意味着现阶段神经元滤波机制与神经元信息处理机制二者并未整合在同一研究中，突触与神经元并未视为一个整体同时进行神经信息传递和神经元滤波机制的模拟研究。

第一部分

神经元模型

第2章　神经元离子通道中的门粒子动力学模型

目前，无论是人工智能理论和方法，还是神经元模型，都存在一个共同的缺陷，即宏观与微观的隔离。这一缺陷限制了利用神经元模型深入研究神经元电信息的宏观现象与神经元微观特性之间的联系，又制约了利用神经元模型研究智能的宏观表象。要想从根本上解决这一问题，需采用先微观、后宏观的研究方法。在电压型离子通道（如钠、钾、氯、钙离子通道等）中，其开放与关闭状态的变化是由门粒子在离子通道内的位置所决定的，仅当门粒子处于某一特定位置时，离子通道才能开放，神经元膜内外离子才能顺浓度梯度通过离子通道进行流动，从而改变当前神经元膜电势大小。因此，门粒子的动态变化是控制神经元膜电势的基础。在本章中将重点讨论以下问题：①如何结合门粒子运动特性，建立能描述门粒子微观控制机理的门粒子动力学模型？②如何根据膜电势对门粒子运动的正反馈作用，建立具有膜电势正反馈作用的门粒子动力学模型？

2.1　膜电势产生机理简介

对于一个实际的生物神经元，其所产生的宏观的电信息现象如图 2-1（a）所示。神经元微观离子渗透如图 2-1（b）所示。门粒子控制机理示意图如图 2-1（c）所示。在图 2-1 中，$E(K)$、$E(M)$和 $E(Na)$分别为钾离子静息电位、细胞膜静息电位和钠离子静息电位，单位为 mV。

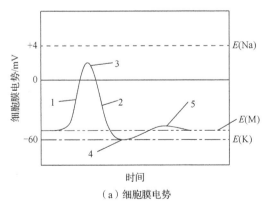

（a）细胞膜电势

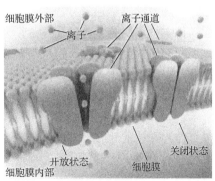

（b）细胞膜与离子通道

1-去极化；2-再极化；3-峰值；4-过极化；5-负后电势

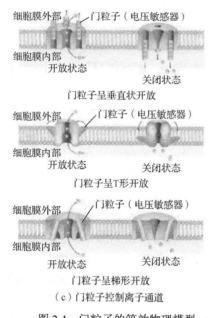

图 2-1 门粒子的等效物理模型

从图 2-1 可以看出，神经元宏观的膜电势产生的机理如下。

（1）当神经元受到电刺激时，细胞膜上钠离子通道门粒子从关闭位置向开放位置运动，使得钠离子通道由关闭状态向开放状态过渡。

（2）当钠离子通道门粒子到达开放位置时，钠离子通道开放，细胞膜外钠离子顺浓度梯度流入膜内，如图 2-1（b）所示。膜电势被流入膜内的钠离子推高，产生去极化，即膜电势上升段，如图 2-1（a）中 1 所示。

（3）膜电势去极化会对钠离子通道产生正反馈作用，促使其他未开放钠离子通道门粒子从关闭位置向开放位置移动，使得部分或全部（由刺激电势的大小决定）未开放钠离子通道开放，并进一步推高去极化，如果去极化超过阈值，将形成动作电位，如图 2-1（a）中 3 所示。

（4）当去极化达到一定水平时，钾离子通道门粒子开始从关闭位置向开放位置移动，当到达开放位置时，钾离子通道开放，细胞膜内钾离子顺浓度梯度向膜外流出［图 2-1（c）］，从而降低细胞膜电势，产生再极化，如图 2-1（a）中 2 所示。

（5）开放的钾离子通道可能会引起 K^+ 的过度外流，从而产生过极化（产生过极化的另一个可能的原因是受抑制性传递物质作用，由 K^+ 外流、Cl^- 内流引起）。

从神经元宏观的电信息现象与微观的门粒子控制机制上看，可将产生膜电势变化的核心归为两点：门粒子的位置移动和正反馈作用。

2.2 随机振动系统与生物门粒子系统的物理等价性

电压型离子通道离子渗透如图 2-2 所示，S 为离散扩散分布区域在细胞膜上的投影面积。

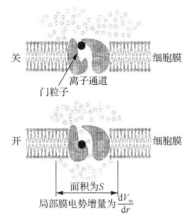

图 2-2 门粒子控制神经元细胞膜内外离子渗透示意图

门粒子运动除了具有随机性以外，门粒子及其所处环境的特征与随机振动系统有如下相同性。

（1）细胞液存在一定的黏度，使得门粒子在蛋白质孔道内运动时产生与细胞液相互作用的摩擦力，其与随机振动系统中阻尼的作用相同。

（2）细胞膜内外存在大量的液体，根据布朗运动理论，在某一温度下，门粒子受到液体分子随机运动的碰撞力。由于蛋白质孔道内壁并非光滑的，并存在很多凸起或者凹坑，而且门粒子在离子通道内运动是随机的，因此，门粒子会与蛋白质孔道之间产生随机的摩擦力。同时，细胞膜内外存在电势差，该电势差对门粒子产生电场力。上述三种力的合力对门粒子的作用与随机振动系统中的激振力的作用相同。

（3）门粒子本身是具有确定质量的，而且是可测的，其与随机振动系统中的质量所起的作用相同。

（4）门粒子本身具有一定塑性，而且离子通道也具有塑性，门粒子与细胞液中分子以及与离子通道的碰撞产生塑性变形，对门粒子来说是一种恢复力，该力与振动理论中的刚度引起的弹性恢复力作用是相同的。

从上述的物理事实可以看出，门粒子的随机动力学问题，实质就是一个单自由度随机振动系统的动力学问题。因此，完全有理由认为利用随机振动系统可以建立门粒子随机动力学模型。

通过上述分析可以发现，门粒子的微观机制与随机振动系统存在相似性。

另外，振动也是自然界普遍的现象之一。大至宇宙，小至亚原子粒子，无不存在振动。振动的种类繁多，形式各异，它们存在于各个角落、各种场所、各个部门。例如，建筑物和机器的振动，地震，声和光的波动，控制系统的振动，同步加速器与火箭发动机中的振动。此外，还有生物力学及生态学中的振动，化学反应过程中的振动，以及社会经济领域中的振动等。虽然在不同的领域中，振动的表现具有不同的形式，但可以用相同的数学工具加以描述，并且可以利用类似的数学模型来解决不同的振动问题。振动的普遍存在性和一致性使得采用从微观到宏观的研究方法成为可能。

因此，本章将介绍利用随机振动系统建立门粒子物理与动力学描述的方法。

通过对目前门粒子动力学模型研究现状进行分析可以发现，造成目前门粒子动力学模型较难应用的主要原因是：一方面，建模方法过于复杂，分子动力学和热动力学本身就是非常复杂的系统，因此，利用这两种方法进行门粒子动力学建模时，不可避免地会将系统自身所固有的复杂性施加于所建立的门粒子动力学模型中；另一方面，上述门粒子动力学模型中，明显没有考虑门粒子自身的塑性变形，而塑性变形对门粒子运动的恢复有着重要的作用。

而相对于分子动力学和热动力学，单自由度的振动系统要简单得多，并且，单自由度的振动系统本身就含有塑性变形力的影响。因此，利用单自由度振动系统建立门粒子动力学模型，将能有效解决目前门粒子动力学模型中所存在的缺陷。

门粒子的等效物理模型如图 2-3 所示。

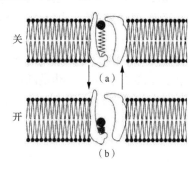

图 2-3　门粒子的等效物理模型

图 2-3 中，实心圆形符号为门粒子。在图 2-3（a）中，门粒子处于关闭位置，而在图 2-3（b）中，门粒子处于开放位置。此外，门粒子的运动受到非线性弹簧与离子通道两段位置的共同约束。

在神经元膜内外存在大量的液体，根据布朗运动理论，在某一温度下，门粒子受到液体分子随机运动的碰撞力，这种随机碰撞符合高斯分布[167,168]。由于目前无法测得每次碰撞时的相互作用力，因此，可以用一个不精确的力学常数 δ 与高斯白噪声 $\rho(t)$ 相乘来拟合该随机碰撞力[169-171]。

在 Markov 模型中，门粒子被认为仅经历两个过程，即开放或者关闭。后来研究人员在该模型中加入一些离散的中间过程来进一步完善 Markov 模型，如图 2-4 所示。

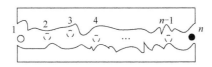

图 2-4　离子通道从关闭状态向开发状态过渡的过程

在图 2-4 中，空心圆形符号所示为门粒子处于关闭状态，虚线空心圆形符号所示为门粒子处于离散中间过程，数字为所处过程的编号，实心圆形符号所示为门粒子处于开放状态。

然而，离子通道从关闭状态过渡为开放状态，要经历大量的依时间的连续中间过程。在此过程中，由于蛋白质孔道内壁并非光滑的，并存在很多凸起或者凹坑（图 2-4），同时，门粒子在孔道内的运动是随机的，因此，门粒子与蛋白质孔道会产生随机的碰撞、摩擦。本书中，为了简化模型，假设蛋白质孔道相对于门粒子是刚性体，因此，在与门粒子碰撞时，蛋白质孔道不产生形变。

2.3　基于随机振动系统的门粒子动力学模型

门粒子在随机运动过程中可能与内壁发生碰撞或者不发生碰撞，因此，用随机函数 $s(t)$ 表征该随机碰撞，碰撞时 $s(t)=1$，不碰撞时 $s(t)=0$。

在图 2-5 中，实心圆形符号为门粒子，方向水平向右的箭头为与离子通道中心轴平行的门粒子从关闭位置向开放位置的运动方向，方向指向右下角的箭头为门粒子与蛋白质孔道内壁的碰撞方向。

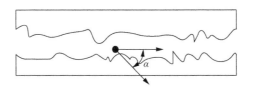

图 2-5　门粒子与蛋白质孔道内壁碰撞示意图

假设门粒子与蛋白质孔道内壁的碰撞角为 α（图 2-5），如果忽略碰撞持续时间，但考虑到门粒子相对蛋白质孔道是柔性体，存在一定的能量损失，因此用碰撞速度恢复系数 R_a 表征碰撞发生后门粒子反向运动速度与碰撞前速度关系为

$$\dot{x}_a = -s(t)R_a\dot{x}\cos\alpha \tag{2-1}$$

式中，$\dot{x}$ 为门粒子与蛋白质孔道发生碰撞前的速度（nm/ms）；$\dot{x}_a$ 为门粒子与蛋白质孔道发生碰撞后的速度（nm/ms）。

另外需要说明的是，当门粒子与蛋白质孔道两端发生碰撞时，由于门粒子与蛋白质孔道两端碰撞角 $\alpha=0$，因此，碰撞后门粒子速度为

$$\dot{x}_a = -R_a\dot{x} \tag{2-2}$$

门粒子自身带有一定的电荷，其在神经元膜内外电势差下受到的电场力为

$$f(E) = qE \tag{2-3}$$

式中，q 为门粒子电荷（C）；E 为神经元膜电势差（mV）。

$$E = V - V_0 \tag{2-4}$$

式中，V 为当前膜电势或外部刺激电势值（mV）；V_0 为最小膜电势差（mV）。

此外，细胞液存在一定的黏度，使得门粒子在蛋白质孔道内运动时产生与细胞液相互作用的黏滞摩擦力，其大小为

$$f(x) = \begin{cases} \eta_1\dot{x}\,\mathrm{sgn}(\dot{x}), & |\dot{x}| < \dot{x}_0 \\ \eta_2\dot{x}^2\mathrm{sgn}(\dot{x}), & |\dot{x}| \geqslant \dot{x}_0 \end{cases} \tag{2-5}$$

式中，$\dot{x}_0$ 为临界速度（nm/ms）；η 为黏滞摩擦系数（Pa·s）。

根据流体力学，η 的表达式为

$$\eta = \eta_0 \exp\left(\frac{\varepsilon}{RT_1}\right) \tag{2-6}$$

式中，R 为气体常数 [J/(K·mol)]；T_1 是绝对温度（K）；ε 为空间构象微状态之间过渡的特征活化能（J/mol），ε 的大小约在几个 RT_{room}（T_{room} 表示室温）。

根据式（2-6），黏滞摩擦系数与温度关系如图 2-6 所示。

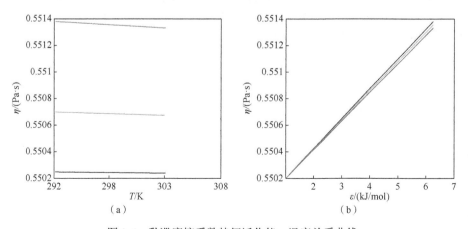

（a）　　　　　　　　　　　　（b）

图 2-6　黏滞摩擦系数特征活化能、温度关系曲线

从图 2-6 中可以看出，黏滞摩擦系数随着温度的升高而降低，但随着 ε 的增大而增大。

因此，综合上述分析，并结合随机振动方程，以及离子通道两端位置的制约作用（图 2-3），可得门粒子在蛋白质孔道内的运动方程为

$$\begin{cases} m\ddot{x} + f_F\dot{x} + k(x)x = f(E) + \sigma\rho(t), & x_1 < x < x_2, s(t) = 0 \\ \dot{x}_a = -s(t)R_a\dot{x}\cos\alpha, & x_1 < x < x_2, s(t) \neq 0, 0 < \alpha < \dfrac{\pi}{2} \\ \dot{x}_a = -R_a\dot{x}, & x \leqslant x_1 \text{ 或 } x \geqslant x_2 \\ x = x_1, & x < x_1 \\ x = x_2, & x > x_2 \end{cases} \qquad (2\text{-}7)$$

式中，m 为门粒子质量（kg）；f_F 为细胞液的黏滞系数；σ 为碰撞强度系数；x_1 为离子通道下限位（nm）；x_2 为离子通道上限位（nm）；$k(x)$ 为非线性弹簧刚度（N/mm）。并且 $k(x)=2.12m(1+x^2)$，$\sigma=\delta m$，$E[\sigma\rho(t)]=0$，$E\{[\sigma\rho(t)]^2\}=2\eta_0RT\delta I$。其中，$\delta$ 为液体中分子与门粒子发生碰撞时的相对速度系数，I 为 3×3 的单位张量。

2.4　仿真实验

门粒子的运动会改变其在离子通道内的位置，而门粒子位置的变化可能会改变离子通道开放、关闭状态。目前，检验一个门粒子动力学模型是否正确、有效，普遍采用的方法是验证该模型所描述的离子通道开放概率是否与生物离子通道开放概率电生理实验统计结果一致。因此，为了验证基于随机振动系统方法所建立的门粒子随机运动动力学模型的有效性和正确性，本节进行了离子通道开放概率数值仿真实验，并将仿真实验结果与电生理实验统计结果进行了对比。

2.4.1　模型的参数选择

1. 黏滞摩擦系数 η

2007 年，Purrucker 等[172]利用流体动力学建立了多聚体衬垫（微米级细胞膜）在细胞液中运动的流体动力学模型，并通过实验测得细胞液黏滞摩擦系数的范围为 0.42N·s/m$^2<\eta<$0.62N·s/m^2，特征活化能的范围为 1<ε<6.1。因此，本节取黏滞摩擦系数为 0.55N·s/m^2，特征活化能为 4。

2. 门粒子质量 m

1989 年，Ball 等[173]测得不同细胞上不同类型的离子通道中门粒子的分子量

约为 100~10000kDa（1Da=1u=1.6605×10^{-27}kg），并通过计算获得其质量约为 1.66×10^{-27}~1.66×10^{-25}kg。而对于钠和钾离子通道的门粒子，其分子量分别约为 500kDa 和 700kDa，质量分别约为 8.3×10^{-27}kg 和 1.162×10^{-26}kg。因此，本节取钠、钾离子通道门粒子，门粒子质量分别为 8.3×10^{-27}kg 和 1.162×10^{-26}kg。

3. 速度系数 δ

2000 年，Corry 等[56]利用连续理论分析并模拟了细胞液中分子运动过程，认为当一个液体分子与门粒子发生碰撞时，二者的相对速度系数约为 30~33。因此，本节取速度系数为 31.5。

4. 离子通道长度 l

细胞膜上离子通道的跨膜长度约为 3~10nm[174,175]，因此，本节取离子通道长度为 7nm。

5. 碰撞速度恢复系数 R_a

2000 年，Moy 等[55]通过分析离子通道中门粒子运动特性，认为门粒子与蛋白质孔道内壁碰撞时，其碰撞后运动速度约为碰撞前的 0.7 倍。因此，本节取碰撞速度恢复系数 0.7。

门粒子随机运动动力学模型的参数值如表 2-1 所示。

表 2-1　模型参数值

参数	值	参数	值	参数	值
η_0	0.55N·s/m^2	ε	4	m	8.3×10^{-27}kg
R_a	0.7	δ	31.5	l	7nm
R	8.31J/(K·mol)	q	1.602×10^{-19}C	x_1	7nm
x_2	0	T	300K		

2.4.2　仿真实验结果

式（2-7）是由质量 m、黏滞系数 f_F、非线性弹簧刚度 $k(x)$ 以及随机激励组成的随机振动系统。它所描述的是门粒子在蛋白质孔道内的一种随机的振动，并用门粒子在孔道内的位置来表征离子通道的开放或者关闭状态。

令 $\bar{x}$ 为离子通道开放时门粒子所处的临界位置，即当 $x < \bar{x}$ 时，离子通道关闭，只有当 $x > \bar{x}$ 时，离子通道处于开放状态。因此，可以获得离子通道的开放、关闭概率为

$$P_o = \frac{t(x \geq \overline{x})}{t}, \quad P_c = \frac{t(x < \overline{x})}{t} \qquad (2\text{-}8)$$

式中，P_o 为离子通道开放概率；离子通道关闭概率为 $P_c=1-P_o$；t 是总时间（ms），$t(x \geq \overline{x})$ 为门粒子处于 $x \geq \overline{x}$ 位置的时间总和（ms）；$t(x < \overline{x})$ 为门粒子处于 $x < \overline{x}$ 位置的时间总和（ms），且

$$t(x < \overline{x}) = t - t(x \geq \overline{x}) \qquad (2\text{-}9)$$

从式（2-8）可以看出，离子通道的开放或关闭概率与时间有严格的关系，如图 2-7 所示。

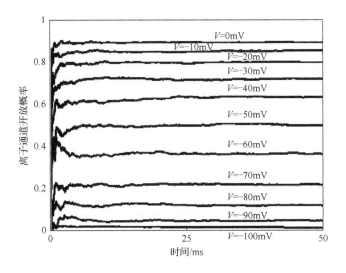

图 2-7　离子通道的开放概率与时间的关系曲线

从图 2-7 中可以看出，离子通道的开放概率随时间的增长而逐渐收敛在某一稳定数值上。并且，V 从-100mV 增加到-90mV、-80mV、-70mV 以及从-40mV 增加到-30mV、-20mV、-10mV 和 0mV 时，离子通道的开放概率增量比较小，而当 V 从-70mV 增加到-60mV、-50mV、-40mV 时，离子通道的开放概率增量比较大。

在式（2-7）中，等式的右侧除了膜电势差作为随机振动系统的激励外，还有一个细胞液分子与门粒子的随机碰撞 $\sigma \rho(t)$ 也是非线性振动系统激励的一部分。尤其是在神经元膜电势差很小的时候，离子通道的开放概率主要由细胞液分子与门粒子的随机碰撞 $\sigma \rho(t)$ 决定，如图 2-5 所示。

在某一细胞膜电势差下，细胞液分子与门粒子的随机碰撞速度系数 δ 与离子通道的开放概率的关系如图 2-8（a）所示。

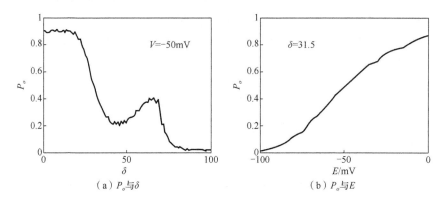

（a）P_o 与 δ　　　　　　　　（b）P_o 与 E

图 2-8　离子通道的开放概率与 δ 和 E 的关系曲线

当随机碰撞速度系数 δ 较小时，式（2-7）中随机振动方程的右侧主要激励项为 $f(E)$，离子通道的开放概率将由 $f(E)$ 的大小决定，并且随着 V 的增大而逐渐增大，如图 2-8（b）所示。因此，在 $E=-50\text{mV}$ 时，由于较大的电场力的作用，离子通道开放概率比较大。而随着的 E 增大，细胞液分子与门粒子的随机碰撞对离子通道开放概率的影响越来越大，使得 $f(E)$ 的一部分作用力被 $\sigma\rho(t)$ 抵消，因此，离子通道的开放概率逐渐减小。然而，当 δ 处于 $45\sim65$ 时，离子通道的开放概率随着 δ 的增大而增大，其原因主要是随着 δ 的增大，$f(E)$ 的作用逐渐减小，并且此时的门粒子与蛋白质孔道内壁的随机碰撞对离子通道的开放概率影响并不大，所以使得离子通道的开放概率随着 δ 增大而增大。但当 $\delta>65$ 时，在细胞液分子与门粒子强力的随机碰撞力作用下，门粒子与蛋白质孔道内壁的随机碰撞力的作用逐渐显现，从而影响离子通道的开放概率，使得离子通道开放概率再次逐渐减小。

一个对离子通道开放概率不可忽略的影响因素是细胞液的黏度摩擦系数 η，如式（2-5）所示，门粒子与细胞液之间的摩擦力与细胞液的黏度摩擦系数 η 成正比。η 越大，门粒子所受的细胞液摩擦力就越大。如果忽略其他因素，仅就细胞液摩擦力对门粒子的运动而言，在相同的其他外力作用下，细胞液摩擦力越大，门粒子所能产生的位移就越小，因此，其所能获得的时间也就越少，从而导致离子通道开放概率相应的越小，如图 2-9（a）所示。

然而，由式（2-6）可知，细胞液的黏度摩擦系数 η 是随着温度 T_1 的增大而减小的，在较高的温度下，细胞液摩擦力与门粒子间的摩擦力相对较小，从而使得离子通道的开放概率变大，如图 2-9（b）所示。

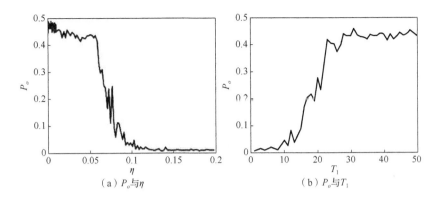

（a）P_o 与 η （b）P_o 与 T_1

图 2-9 随机碰撞速度系数 $\delta=31.5$、$V=-50\text{mV}$ 时，离子通道开放概率
与黏滞摩擦系数 η 和温度 T_1 的关系曲线

2.4.3 仿真实验结果分析

从式（2-7）可知，基于随机振动系统方法的门粒子动力学模型是依赖于时间连续的。这种连续的描述方法能更好地反映离子通道开放概率与时间的关系。

门粒子与细胞液间的黏度摩擦系数以及影响黏度摩擦系数的温度是不可忽略的，温度通过影响黏度摩擦系数而影响离子通道开放概率。同时式（2-7）包括了神经元膜电势对门粒子的电场力，从而获得依赖于时间、膜电势差、温度和门粒子运动速度的离子通道开放概率的数学模型。

为了验证式（2-7）的正确性和有效性，将数值仿真实验结果与电生理实验统计结果[176]（图 2-10）进行对比。

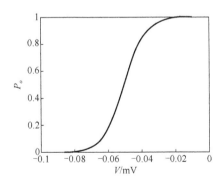

图 2-10 电生理实验统计的离子通道开放概率与膜电势的关系

从图 2-8 和图 2-10 中可以看出，式（2-7）所描述离子通道开放概率与电生理实验所统计的离子通道开放概率并不相同。其主要原因是，在本节所描述的基于随机振动系统的门粒子动力学模型中，不精确地将液体分子与门粒子的随机碰撞

视为与温度无关，而将温度的影响考虑在黏度摩擦系数 η 的计算中，其目的是简化非线性振动系统的门粒子模型。另外一个缺陷是该模型不得不面对的，即离子通道的开放概率与膜电势差的关系并不能很好地反映生物细胞膜离子通道开放与膜电势的实际情况，例如，当膜电势差大于或等于阈值时，离子通道的开放概率会产生急剧的爆发（图 2-10），从而形成峰值电位。然而，在本节的模型中却看不到这种现象，如图 2-8（b）所示，离子通道开放概率相对平缓，没有急剧爆发。其主要原因是该模型未考虑开放离子通道局部神经元膜电势对离子通道开放概率的正反馈影响。

2.5　基于膜电势正反馈的门粒子动力学模型的修正方法

当神经元受到阈下刺激时，神经元局部膜两侧产生微弱的电变化（较小的膜去极化或超极化反应），或者说是神经元受刺激后去极化未达到阈电位的电位变化，从而产生局部高电位[177]。该局部高电位能增大离子通道附近的电场力，并产生对门粒子的正反馈作用[178]。因此，本节利用二维高斯函数建立了局部膜电势模型，在该模型的基础上，利用计算获得的局部膜电位值，对门粒子动力学模型中的电场力进行正反馈修正，从而获得更接近生物神经元离子通道开放概率电生理实验结果的门粒子动力学模型。

2.5.1　修正方法

离子扩散方程[75]如下：

$$u_t = \frac{\partial}{\partial x}(Du_x) + \frac{\partial}{\partial y}(Du_y) + \frac{\partial}{\partial z}(Du_z) \tag{2-10}$$

式中，D 是离子扩散系数；$u = u(x, y, z, t)$ 为离子浓度在空间和时间上的变化，u_x、u_y、u_z 和 u_t 分别为 u 在 x、y、z 和 t 轴上的投影。

设点源在坐标原点(0,0,0)处，$t = 0$ 时离子浓度为 W，则式（2-10）的解为

$$u(x, y, z, t) = \frac{W}{(8\pi Dt)^{\frac{3}{2}}} \exp\left(-\frac{x^2 + y^2 + z^2}{4Dt}\right) \tag{2-11}$$

从解的表达式中可以看出，离子扩散形成了一个由中心向外浓度逐渐降低的高斯分布。

将式（2-11）简化为二维高斯扩散：

$$g(r) = a\exp(-br^2) \tag{2-12}$$

式中，a 是幅值系数；b 是扩散系数；

$$r^2 = x^2 + y^2 \tag{2-13}$$

其中，x、y 为神经元膜上的点与离子通道之间距离在 x、y 轴上的投影。

扩散系数决定了式（2-12）的扩散程度，其值越大，扩散在 xOy 平面上的投影面积越小，即在 xOy 平面上的扩散距离越小，如图 2-11 所示。

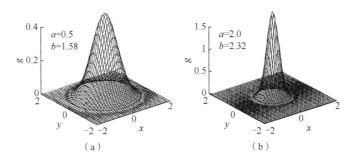

图 2-11　二维高斯扩散值

结合式（2-12）和图 2-11 可以看出，因为 a 为常系数，所以 a 越大，$g(r)$ 的峰值越大。

根据神经元电生理实验结果，神经元局部膜电位的大小、扩散距离与刺激强度或膜电势正相关，而刺激强度也决定着离子通道门粒子所处的位置。一方面，神经元的局部膜电位的扩散距离应与离子通道开放概率 $P_o(t)$ 成正比；另一方面，局部膜电位对门粒子所处电场大小形成正反馈，从而进一步增大离子通道开放概率 $P_o(t)$。因此，离子通道的开放概率 $P_o(t)$ 越大，局部膜电位扩散距离越远。

令

$$\begin{cases} a = \dfrac{\pi}{[1+P_o(t)]^2} \\ b = \left[\dfrac{\pi}{1+P_o(t)}\right]^2 \end{cases} \tag{2-14}$$

在式（2-14）中，显然有 $P_o(t)$ 与 a、b 存在反比关系，如图 2-12 所示。图 2-12（a）为 $P_o(t)=0.4$ 时二维高斯扩散值与 x、y 的关系曲线，图 2-12（b）为 $P_o(t)=0.8$ 时二维高斯扩散值与 x、y 的关系曲线。

从图 2-12 中可以看出，二维高斯扩散距离与离子通道开放概率成正比。

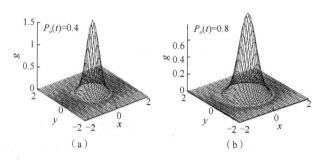

图 2-12　二维高斯扩散值

　　另外，离子通道不仅会受到自身所产生的局部膜电位的正反馈作用，而且也会受到附近其他离子通道所产生的局部膜电位的影响，如图 2-13 所示。

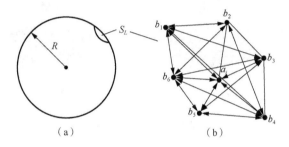

图 2-13　神经元局部膜上离子通道分布示意图

　　假设神经元胞体为球形，半径为 R，S_L 为膜上某一局部 [图 2-13（a）]。图 2-13（b）为 S_L 的放大结构，a_i 为膜上某一离子通道，b_j 为分布在 a_i 附近的其他离子通道，r_{ij} 为 a_i 离子通道与 b_j 离子通道的距离。

　　设在神经元某一局部膜上分布着 N 个离子通道，则共有 M 条边，即有 M 个距离：

$$M = \sum_{i=1}^{N} i - 1 = \frac{N(N-1)}{2} \tag{2-15}$$

　　若这 M 个距离分别为 $r_1, r_2, r_3, \cdots, r_M$，则离子通道间的平均距离 r_0 为

$$r_0 = \frac{\sum_{j=1}^{M} r_j}{M} \tag{2-16}$$

　　但是，由于离子通道间距 r 是非常非常小的（约为几纳米至数百纳米），对于式（2-12）来说，r 的变化几乎不会引起 g 值的变化，无法反映二维高斯扩散值对距离的响应。所以令 x 为离子通道间距离相对于平均距离的比值，则

$$x = \frac{r_0}{r} \tag{2-17}$$

神经元局部膜电位没有不应期,外部刺激的变化将会引起局部膜电位的变化,并且刺激越大,局部膜电位也就越大,其扩散的距离也就越远。

令

$$v = \frac{E_m - V}{E_m}$$　　　　　　　　（2-18）

式中,V 为外部刺激电位或膜电势（mV）;E_m 是膜静息电位（mV）。

因为 $E_m<0$,所以 y 随着 $V(t)$ 的增大而逐渐减小,代入式（2-7）后可知,局部膜电位的扩散随着 $V(t)$ 的增大而增大。

需要指出的是,神经元局部膜电位的扩散幅值除了随距离的增大而衰减之外,也随着时间的延长而减小。主要原因是:离子通道部分开放时,由于膜内外离子浓度差,离子顺浓度差而注入低浓度一边,如图 2-14（a）所示,形成局部高浓度,并在低浓度一侧的离子通道附近形成局部膜电位,但随着时间增加,离子逐渐向内扩散,从而被逐渐稀释,如图 2-14（b）所示,导致低浓度一侧离子通道附近的局部膜电位逐渐降低。在图 2-14 中,实心圆形符号为离子,H 为离子黏度浓度高的一侧,L 为离子通道低的一侧。

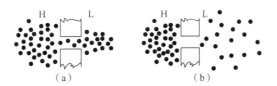

图 2-14　离子顺浓度梯度注入与稀释示意图

综合式（2-12）、式（2-14）和式（2-18）,可以获得局部膜电位及其正反馈模型为

$$\begin{cases} g(V,r,P_o(t),t) = \dfrac{zP_o(t)\pi^2 \exp\left(-2\left\{\dfrac{\pi}{2[1+P_o(t)]}\right\}^2 \cdot \left[\left(1-\dfrac{2V^2}{E_m}\right)+\left(\dfrac{r^2}{r_0}\right)\right]\right)}{[1+P_o(t)]^2 \cdot \left(1+\dfrac{t}{4}\right)} \\ \\ z = 4 \\ \dot{V} = g \end{cases}$$　　（2-19）

式中,r 为离子扩散半径;r_0 为离子通道半径;z 为粒子数（个）;$P_o(t)$ 是膜离子通道开放概率;t 为时间变量（ms）。

将式（2-19）代入式（2-7）,可得修正后的门粒子动力学模型。

2.5.2　仿真实验结果

当不考虑神经元局部膜电位的正反馈作用时，局部膜电位及其扩散距离分布如图 2-15、图 2-16 所示。

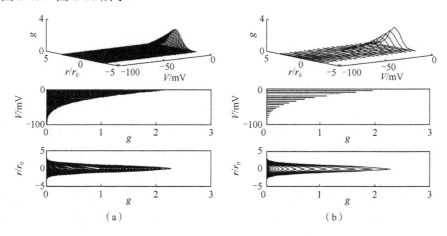

图 2-15　细胞膜电势差、局部膜电位与扩散距离关系曲线（$P_o(t)$=0.8）

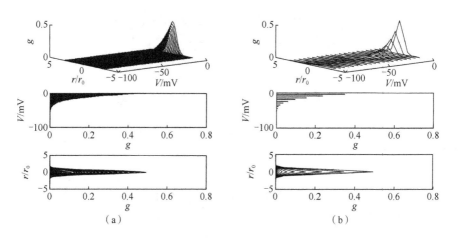

图 2-16　细胞膜电势差、局部膜电位与扩散距离关系曲线（$P_o(t)$=0.2）

图 2-15 为不考虑神经元局部膜电位的正反馈作用，当离子通道开放概率 $P_o(t)$=0.8 时，外部刺激电势、局部膜电位与扩散距离关系曲线图，其中图 2-15（b）为图 2-15（a）的稀疏化。上部为外部刺激电势、局部膜电位与扩散距离关系三维曲线，r_0=100nm；中部为外部刺激电势与局部膜电位的关系曲线，横坐标为局部膜电位，纵坐标为外部刺激电势；下部为局部膜电位与扩散距离关系曲线，横坐标为局部膜电位，纵坐标为扩散距离与平均距离比。

图 2-16 为不考虑神经元局部膜电位的正反馈作用，当离子通道开放概率 $P_o(t)=0.2$ 时，外部刺激电势、局部膜电位与扩散距离关系曲线图，其中图 2-16（b）为图 2-16（a）的稀疏化。上部为细胞膜电势差、局部膜电位与扩散距离关系三维曲线，$r_0=100$nm；中部为细胞膜电势差与局部膜电位的关系曲线；下部为局部膜电位与扩散距离关系曲线。

从图 2-15 和图 2-16 中可以看出，当不考虑局部膜电位对细胞膜电势差的正反馈作用时，离子通道开放概率越大局部膜电位就越大，而且局部膜电位随外部刺激势的增大而增大，其扩散距离也是随局部膜电位的增大而增大。当离子通道开放概率 $P_o(t)=0.2$，细胞膜电势差较小时，几乎不产生局部膜电位，如图 2-16（b）中部所示，而当离子通道开放概率 $P_o(t)=0.8$ 时，较小的外部刺激也可能产生局部膜电位，如图 2-15（b）中部所示。

需要说明的是，在图 2-15 和图 2-16 中，为了描述离子通道开放概率以及外部刺激与局部膜电位的关系，将离子通道开放概率与局部膜电位，以及外部刺激与局部膜电位的关系视为独立的，事实上，离子通道的概率与外部刺激是严格相关的。

当不考虑局部膜电位的正反馈作用，$r_0=40$nm 和 $r_0=140$nm 时，局部膜电位以及扩散距离如图 2-17 所示。其中离子通道开放概率 $P_o(t)=0.8$。

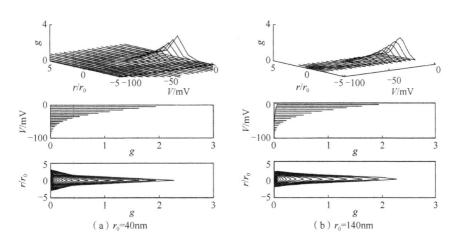

图 2-17　离子通道平均距离对局部膜电位以及扩散距离的关系影响

在图 2-17 中，上部为在不同的离子通道平均距离下，外部刺激、局部膜电位与扩散距离关系三维曲线；中部为外部刺激与局部膜电位的关系曲线；下部为局部膜电位与扩散距离关系曲线。

从图 2-17 中可以看出，平均距离 r_0 越大，局部膜电位所能扩散的距离越小。其中，图 2-17（a）的下部为 $r_0=40$nm 时，r/r_0 的范围约为[-0.3,0.3]；图 2-17（b）

的下部为 r_0=140nm 时，r/r_0 的范围约为[-0.2,0.2]。然而，在某一离子通道开放概率下，平均距离 r_0 的变化并不会引起局部膜电位最大值的改变，如图 2-15 下部所示。

当考虑局部膜电位的正反馈作用，即 $V=V+g$，r_0=100nm 时，局部膜电位及其扩散距离分布如图 2-18 所示。其中，图 2-18（a）为离子通道开放概率 $P_o(t)$=0.2 时，外部刺激、局部膜电位与扩散距离关系曲线，图 2-18（b）为离子通道开放概率 $P_o(t)$=0.8 时，外部刺激、局部膜电位与扩散距离关系曲线。

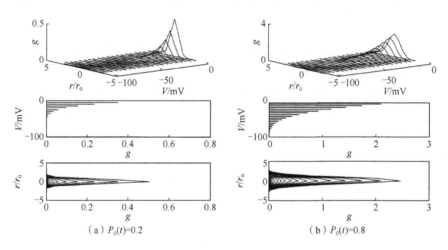

图 2-18　外部刺激电势、局部膜电位与扩散距离关系曲线

从图 2-18 中可以看出，当考虑局部膜电位对门粒子的正反馈作用时，在相同的外部刺激下，局部膜电位要比不考虑局部膜电位对门粒子的正反馈作用时大，且其扩散距离也会相应地增大，如图 2-15、图 2-16 和图 2-18 所示。需要指出的是，外部刺激越大，局部膜电位的正反馈作用越明显，相反，当外部刺激很小时，局部膜电位的正反馈作用虽然存在，但其作用已经很小，可以忽略，如图 2-16（a）与图 2-18（a）所示，二者的局部膜电位幅值与扩散距离基本相同。

图 2-15～图 2-18 为式（2-19）没有考虑局部膜电位依时间衰减的情况。当 V=-50mV，离子通道开放概率 $P_o(t)$=0.8 时，局部膜电位依时间衰减的情况如图 2-19 所示。

在图 2-19 中，上部为时间、局部膜电位与扩散距离关系三维曲线；中部为时间与局部膜电位的关系曲线；下部为局部膜电位与扩散距离关系曲线。

从图 2-19 中可以看出，局部膜电位随时间的增加而逐渐衰减。将式（2-19）代入离子通道门粒子动力学模型，用考虑局部膜电位对该模型中外部刺激电势进行修正，并重新计算离子通道开放概率。当随机碰撞强度为 31.5 时，离子通道开放概率如图 2-20 所示。对比图 2-10 和图 2-20 可以看出，计入局部膜电位的正反馈作用，修正后的离子通道开放概率能很好地反映生物神经元膜上离子通道开放概率。

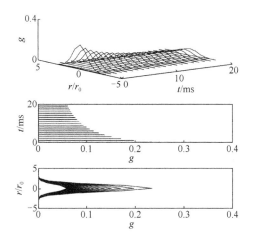

图 2-19　时间、局部膜电位与扩散距离关系曲线

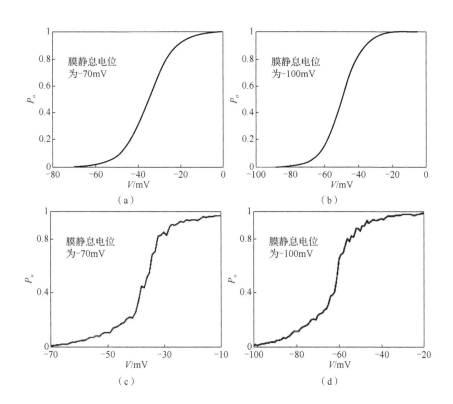

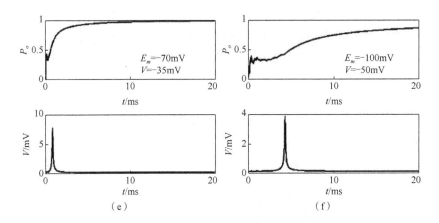

图 2-20　考虑局部膜电位影响的离子通道开放概率

在图 2-20 中，图 2-20（a）和（b）分别为膜静息电位 E_m=-70mV 和 E_m=-100mV 时，离子通道开放概率随外部刺激电势变化电生理统计结果；图 2-20（c）和（d）分别为膜静息电位 E_m=-70mV 和 E_m=-100mV 时，离子通道开放概率随外部刺激电势变化所建门粒子动力学模型仿真结果；图 2-20（e）的上部为膜静息电位 E_m=-70mV、V=-35mV 时，考虑局部膜电位的正反馈作用，离子通道开放概率随时间变化曲线，图 2-20（e）的下部为在相同条件下的局部膜电位与时间关系曲线；图 2-20（f）的上部为膜静息电位 E_m=-100mV、V=-50mV 时，考虑局部膜电位正反馈作用的离子通道开放概率随时间变化曲线，图 2-20（f）的下部为在相同条件下的局部膜电位与时间关系曲线。

从图 2-20 中可以看出，根据修正后的门粒子动力学模型计算获得的离子通道开放概率，当膜电势差（或外部刺激）大于或等于阈值时，离子通道开放概率会产生急剧的爆发［图 2-20（a）和（c）、（b）和（d）］，从而形成峰值电位。

为了进一步验证所建立的门粒子动力学模型的正确性，本节也进行了不同温度下，当 E_m=-100mV 时，离子通道开放概率电生理统计结果与门粒子动力学模型计算获得的离子通道开放概率对比实验，如图 2-21 所示。

图 2-21（a）为离子通道开放概率电生理统计结果，图 2-21（b）为门粒子动力学模型计算获得的离子通道开放概率。从图 2-21 中可以看出，不同温度下，离子通道开放概率的电生理统计结果和门粒子动力学模型计算结果是吻合的。

当 E_m=-100mV、阈值为-100mV 时，在不同的刺激下，离子通道开放概率如图 2-22 所示。图 2-22（a）为不同刺激下，离子通道开放概率电生理实验统计结果。图 2-22（b）为不同刺激下，通过门粒子动力学模型计算获得的离子通道开放概率。从图 2-22 中可以看出，当刺激分别为-55mV、-65mV 和-67.5mV 时，对应的电生理实验获得的离子通道开放概率分别为 0.746、0.339 和 0.249。在相同的条件和刺激下，通过门粒子动力学模型计算获得的离子通道开放概率分别为 0.710、0.325 和 0.262。误差分别为 4.8%、4.13% 和 5.1%，因此，误差约为 5%，说明门粒子动力学模型计算获得的离子通道开放概率与电生理实验统计结果基本一致。

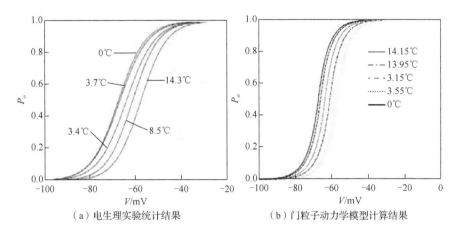

（a）电生理实验统计结果　　　　　（b）门粒子动力学模型计算结果

图 2-21　不同温度下的离子通道开放概率

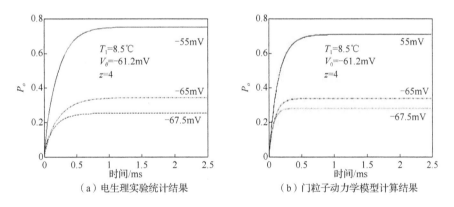

（a）电生理实验统计结果　　　　　（b）门粒子动力学模型计算结果

图 2-22　不同刺激下的离子通道开放概率

　　此外，当静息电位与外部刺激电势之间差的绝对值越大，门粒子位于开放位置的可能性越大，离子通道开放概率也就越大，相应地，局部膜电位也越大，如图 2-20（e）和（f）所示。

　　在不同的外部刺激电势下，局部膜电位大小以及产生峰值时间的变化如图 2-23 所示。其中实线为 $V=-60$mV 时局部膜电位曲线，虚线为 $V=-50$mV 时局部膜电位曲线。

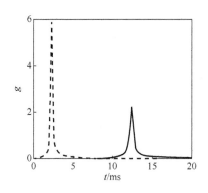

图 2-23　局部膜电位大小以及产生峰值时间的关系

在局部膜电位正反馈作用下，当 $V=-50\text{mV}$，离子通道开放概率随时间逐渐增大，并逐渐接近 1。但局部膜电位的正反馈作用随着时间的增加而逐渐减弱直至接近于 0。需要指出的是，在不同的外部刺激电势下，局部膜电位除了大小不同外，产生的时间也不相同，外部刺激电势越大，局部膜电位产生的时间就越早，如图 2-20（e）和（f）所示。

2.5.3　仿真实验结果分析

从上述仿真实验结果可以获知，本节所建立的修正后的门粒子动力学模型可以很好地说明局部膜电位与离子通道开放概率的几个主要电生理特性。

（1）局部膜电位与细胞膜两侧离子浓度差无关，在式（2-19）中，离子浓度并未被考虑在模型中，同时，局部膜电位不是"全或无"形式的，如图 2-23 所示。局部膜电位的幅度与离子通道开放概率是正相关的，一定的离子通道开放概率会产生相应的局部膜电位，这一点从式（2-19）中可以看到。局部膜电位的大小受细胞膜电势（或外部刺激电势）的影响，同时也对离子通道附近的电场力产生正反馈作用，从而使得离子通道附近的电场力增大。

（2）局部膜电位在细胞膜上的扩散是随着距离的增大而迅速减小的，这一点在图 2-15～图 2-18 中都有说明。

（3）局部膜电位并不会沿细胞内的空间扩散，因此它不能通过细胞内液影响膜电势和离子通道开放概率。

同时，在式（2-19）中考虑了局部膜电位与时间的关系，如图 2-14 所示，局部膜电位产生于高浓度一侧，离子注入低浓度一侧，但是注入的离子随着时间的增加而向空间扩散，相当于低浓度一侧的离子通道周围注入离子被逐渐稀释，因此局部膜电位会相应地逐渐减小。

考虑了局部膜电位正反馈作用的离子通道开放概率，当外部刺激电势大于或等于阈值时，离子通道开放概率会产生急剧的爆发，从而形成峰值电位，如图 2-20（c）和（d）所示。因此，在局部膜电位的影响下，离子通道开放概率模型能更好地反映离子通道开放概率的实际情况。

第 3 章 基于光学点扩散函数的离子通道物理等效模型

离子通道是一切生命活动的基础。无论动物或植物、单细胞生物或多细胞生物的细胞膜上，几乎都有离子通道。离子通道的存在让一切对生命来讲至关重要的水溶性物质，特别是无机离子出入细胞膜变成可能，因而离子通道被称为"生命物质出入细胞的走廊和门户"。正因为离子通道的基础性和重要性，所以众多研究人员建立离子通道模型以实现对神经元膜电势建模，并且这种方法获得了广泛的认可。然而，这些模型要么过于复杂，计算量过于庞大，要么维数单一，不利于应用。本章将重点探讨如下问题：①如何利用光具有可视的、连续的时空动态性这一独特优势建立离子通道模型？②光与离子通道属于两种不同性质的物质，且二者的物理量间的物理意义也不相同，如何建立二者间一一对应的物理参数以及参数的计算方法？③离子是建立离子通道模型不可回避的，那么如何既能规避离子运动的细节，又能实现离子运动对所建立的离子通道模型的影响？

3.1 离子通道结构与分类以及离子渗透机理

3.1.1 离子通道结构

离子通道由细胞产生的特殊蛋白质构成，它们聚集起来并镶嵌在细胞膜［如图 3-1（c）中间的箭头所示］上[179]。离子通道是由多个蛋白质亚基形成的，这种亚基单元被称为 α 单元，如图 3-1（a）所示，而其他辅助亚基单元则被称为 β 单元、γ 单元等。单个离子通道结构示意图如图 3-1（b）所示。

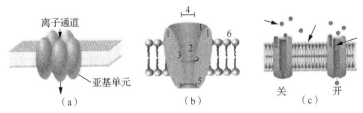

1-通道蛋白质结构；2-外前庭；3-选择性过滤器；
4-选择性过滤器的直径；5-磷酸化位点；6-细胞

图 3-1 单个离子通道

3.1.2　离子通道分类

离子通道可以通过门控方式来进行分类[180-182]。

（1）电压门控：电压门控离子通道的开和关是受控于跨膜电压的。

（2）配体门控：这类通道在特定的配体分子附着在受体蛋白细胞外的部分时才会打开。配体和受体的结合会改变通道蛋白结构的构象，并最终打开通道让离子穿过细胞膜。

（3）其他门控：机械门控、第二信使门控离子通道等。

3.1.3　离子渗透机理

所有的细胞都是通过离子通道来控制穿越细胞膜的离子流的，并且电压激活的通道是神经冲动的基础，因此本章研究对象为电压门控离子通道。对于电压门控离子通道，其控制离子渗透的过程为：受外部电势刺激，离子通道由关闭变为开放，如图 3-1（c）所示，离子［如图 3-1（c）左侧箭头所示］从不能渗透转为可由离子通道渗透，如图 3-1（c）右侧箭头所示，并在细胞膜低浓度一侧形成分布，具体分布如图 3-2 所示，图中"+"符号表示正离子。

当外部刺激电势为 V_1 时，离子通道开放，离子经离子通道渗透后，在细胞膜低浓度一侧形成面积为 S_1 的分布，如图 3-2（a）所示。当外部刺激电势为 V_2 且 $V_2 > V_1$ 时，离子经离子通道渗透后，在细胞膜低浓度一侧形成面积为 S_2 的分布，则 $S_2 > S_1$，如图 3-2（b）所示。这说明外部刺激电势越大，离子经离子通道渗透后，在细胞膜低浓度一侧形成面积越大。由于离子本身是带电的，并会在低浓度一侧细胞膜上产生膜电势增量，从而改变神经元膜电势的大小，因此，无论是离子渗透、扩散分布，还是膜电势的变化，都是具有多维特征的。

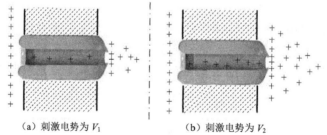

　　（a）刺激电势为 V_1　　　　　　　（b）刺激电势为 V_2

图 3-2　离子通过离子通道后，在细胞膜低浓度一侧形成的分布示意图

3.2　光学设备记录方法研究膜电势时空（多维）动态过程

鉴于离子通道与膜电势变化的直接联系，以及离子渗透、扩散分布、膜电势变化的多维特征，研究人员利用光具有可视的时空动态性这一独特优势来研究神经元膜电势的产生、发展、消亡的时空（多维）动态特性。

1995 年，Sinha 等[183]利用自制的光学记录系统成功记录了哺乳动物脑片的膜电势变化的光学影像，如图 3-3 所示，但由于当时技术和硬件条件的限制，只能获得黑白影像。

2000 年，Yang 等[184]自制了一套彩色光学记录设备，利用电压敏感染色剂，成功获得了老鼠内耳前庭的神经节细胞的彩色影像，如图 3-4 所示。

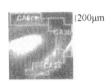

图 3-3　膜电势的光学黑白影像　　　图 3-4　老鼠内耳前庭的神经节细胞的彩色影像

2001 年，Tsutsui 等[185]利用电压敏感荧光染色剂，结合光学设备记录方法，记录了鱼类丘脑过突出活性时空动态过程的光学黑白影像，如图 3-5 所示。

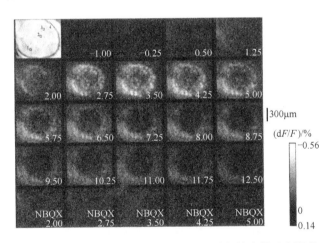

图 3-5　鱼类丘脑过突出活性时空动态过程的光学黑白影像

2001 年，Momose-Sato 等[186]利用电压敏感荧光染色剂，结合光学设备记录方法，成功获得了小鸡脑区中枢神经系统去极化波扩散的时空动态过程影像，如图 3-6 所示。

2001 年，Savtchenko 等[187]记录了海马趾神经元树突局部膜电位空间变化影像，如图 3-7 所示。

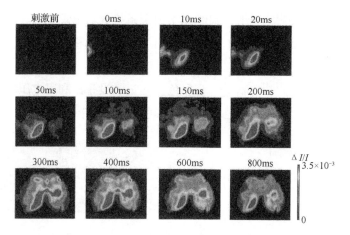

图 3-6 小鸡脑区中枢神经系统去极化波扩散的时空动态过程影像

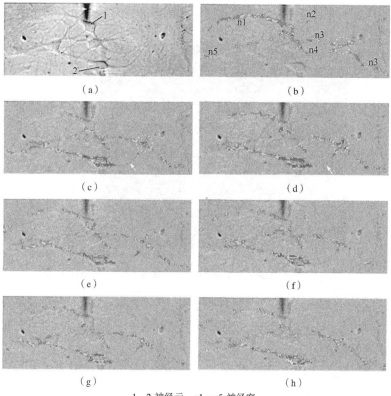

1、2-神经元；n1~n5-神经突

图 3-7 海马趾神经元树突局部膜电位空间变化影像

　　2003 年，Momose-Sato 等[188]利用电压敏感荧光染色剂，结合光学设备记录方法，记录了由多感觉输入和自发神经活动引起的胚胎中枢神经系统去极化波的时空动态过程影像，如图 3-8 所示。

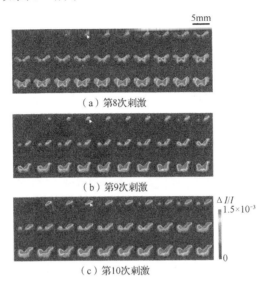

图 3-8　胚胎中枢神经系统去极化波的时空动态过程影像

　　2007 年，Zhou 等[189]利用紫外长波电压敏感染色剂，结合光学设备，获得了神经元轴突和细树突上动作电位，如图 3-9 所示。

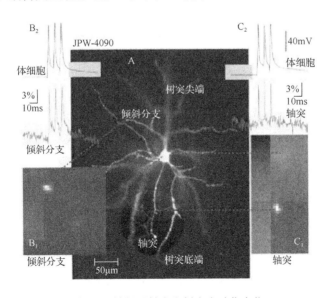

图 3-9　神经元轴突和树突上动作电位

虽然光学设备记录的方法能很好地解决目前已有神经元模型不能描述神经元膜电势产生、发展、消亡的时空动态过程的问题，但该方法也存在诸多无法回避的缺陷[190-192]。

（1）电压敏感染色剂对所要观察、记录的神经元胞体或多或少地产生影响，从而可能使得记录的结果失真。

（2）由于所观察、记录的细胞必须是活体的，并随着实验时间的增长，活体细胞逐渐失活、死亡，因此，记录的结果也逐渐失去意义。

（3）由于神经元胞体之间存在个体差异，在某一个胞体上观察、记录的结果较难在另一个胞体上再现，因此，具有随机性和不可重复性。

（4）一套光学记录设备是非常昂贵的，而且操作此设备需要相应的专业知识和技能，因此，无法在其他与神经科学相关的领域中广泛应用。

（5）由于电压敏感染色剂不能定向附着于某个靶位细胞，因此，只能对包含某个靶位细胞的大片区域同时附着电压敏感染色剂，从而使得所获得的光学信号较难与非靶位细胞分离，并在较大程度上影响了所测得的光学信号的可信度。

上述分析可以看出，神经元膜电势的变化是具有明显的时空维度特征的，而目前用于研究膜电势的离子通道模型要么过于复杂，很难有效应用，要么仅具有时间这一单一维度，从而制约了离子通道建模与神经元建模研究的发展、应用。

虽然利用光学结合电压敏感染色剂的方法记录膜电势时空动态变化过程的方法存在诸多不足，但光却具有可视的、连续的时空动态性这一独特优势，如果将光学的这一优势应用于离子通道建模，将使得离子通道具有时空维度，从而可有效解决目前离子通道模型维数单一的问题。

另外，建立离子通道模型，不可避免地需要考虑流经离子通道的离子。然而，目前建立离子动力学模型的方法主要是分子动力学，该方法过于注重离子运动的细节，因而存在两个被广泛诟病的缺陷。对于因离子通道开放引起的神经元膜电势的变化，更多的是需要关注电势变化过程，而不是离子运动的细节。

3.3　基于光学的离子通道物理等效模型

3.3.1　离子通道的两个假设

假设一：离子通道两边离子浓度高的一侧相对于低的一侧可以被认为是一种平行光源。

提出如此假设是基于如下物理事实。

（1）因为离子通道两边离子存在浓度差，从而形成神经元膜电势，例如，在正常情况下，神经元膜内 K^+ 的浓度是膜外的 30 倍，与此相反，膜外 Na^+ 和 Cl^- 的浓度分别是膜内的 12 倍和 14 倍。因此，根据 Nernst 方程，可以计算出神经元膜上每种离子的静息电势。Nernst 方程为[193,194]

$$V_i = \frac{K_B T_1}{q} \ln\left(\frac{C_{iO}}{C_{iI}}\right) \tag{3-1}$$

式中，C_{iO} 为膜外离子浓度；C_{iI} 为膜内离子浓度；

$$\begin{cases} K_B = 1.38 \times 10^{-23} \, \text{J/K} \\ q = 1.6 \times 10^{-19} \, \text{C} \end{cases} \tag{3-2}$$

根据式（3-1），可得 Na^+、K^+ 和 Cl^- 的静息电势分别为

$$\begin{cases} V_{Na} = \dfrac{K_B T_1}{q} \ln 20 = 66.4 \text{mV} \\[2mm] V_{K} = \dfrac{K_B T_1}{q} \ln\left(\dfrac{1}{30}\right) = -90.9 \text{mV} \\[2mm] V_{Cl} = \dfrac{K_B T_1}{q} \ln 14 = -90.9 \text{mV} \end{cases} \tag{3-3}$$

（2）光与电在一定的条件下可以相互转化，例如光电效应（在光的照射下，某些物质内部的电子会被光子激发出来而形成电流）[195]和电光效应（将物质置于电场中时，物质的光学性质发生变化的现象）[196]。此外，众所周知，电在很多情况下是可以通过介质发光的，例如电灯、闪电等。

（3）由光电效应所产生的光电流与离子通道开放时形成的离子流有相同的表达式。

光电流的表达式为

$$i = ne \tag{3-4}$$

式中，e 为电子带电量（C），$e=1.6\times10^{-19}$C；n 为电子数量（个）。

离子流的表达式为

$$i = mq \tag{3-5}$$

式中，m 为离子数量（个）。

虽然无法计算出离子浓度差与平行光源强度之间的一一对应关系，而且离子通道开放会使离子通道附近的离子浓度降低。但是幸运的是，离子通道开放时所产生的稳态离子流是可以测量的，大约为 10^{-12}A 级[197-199]。根据光电流与离子流有相同的表示式这一特性，可以认为离子通道平行光源的单位强度脉冲也是以 10^{-12}A 级的。

假设二：离子通道存在某种未知的透镜效应，该透镜效应能使通过离子通道的光产生折射。

提出如此假设是基于如下物理事实。

（1）离子通道高浓度一侧的离子近似均匀地分布在该侧的细胞膜上，根据式（2-10）和式（2-11）可知，当某个离子通道开放时，在低浓度一侧细胞膜上形成一个以离子通道为圆心、以 r 为半径（该半径是非常小的）的圆形电势分布，并且该电势的大小是从圆心向外逐渐减小的。从解的表达式中可以看出，离子扩散形成了一个由中心向外浓度逐渐降低的高斯分布。

（2）平行光通过光学透镜所产生的光斑亮度也是服从高斯分布的，并且其分布表达式为

$$h(x, y) = \pi\xi^2 \exp\left[-(\pi\xi)^2(x^2 + y^2)\right]　　　　　　（3-6）$$

式中，ξ 为光学响应指数[200-202]。

（3）自然界中存在一些类似透镜的效应，如温度梯度可以产生热透镜效应[203,204]，相似地，溶液浓度的不同，也会影响光的折射率[205-209]。

离子通道的等效透镜效应如图 3-10 所示，其中图 3-10（a）为离子过离子通道后产生的扩散，图 3-10（b）为普通凹透镜所产生的光扩散分布，图 3-10（c）为普通凸透镜所产生的光扩散分布，图 3-10（d）为高斯透镜所产生的光扩散分布。

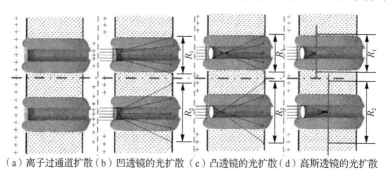

（a）离子过通道扩散（b）凹透镜的光扩散（c）凸透镜的光扩散（d）高斯透镜的光扩散

图 3-10　离子通道的等效透镜效应

如果将离子通道高浓度一侧假设为平行光源，那么当离子通道开放时，在离子通道低浓度一侧形成的电势分布如图 3-10（a）所示，可以被理解为由于离子通道的透镜作用而在低浓度一侧产生光分布（或者称之为像分布），如图 3-10（b）～（d）所示。

理论上，图 3-10（b）～（d）所示光通过透镜在像平面上形成的光斑分布都可以等效于离子过离子通道在细胞膜低浓度一侧形成的离子（电势）分布。普通凹、凸透镜属于普通（经典）光学范畴，主要用于研究宏观光学现象，而用于

研究离子通道这种微观现象是不适合的，而高斯透镜既可以用于研究宏观光学现象，也可以用于研究微观光学现象，因此本章选择高斯透镜。

如果离子通道高浓度一侧能被假设为平行光源的话，那么该平行光源离离子通道是非常近的，同时，离子通道的直径是非常小的，一般为几纳米，这更接近于近场光学所研究的对象[210-212]。那么，是不是利用近场光学方法来建立离子通道物理等效模型更合理或者更好呢？

虽然在常规显微镜中，光学分辨率在半波氏衍射极限被近场光学成功打破，但是求解麦克斯韦方程是很困难的，一般采用数值计算的方法[213-215]。这样复杂的方程是不利于建立离子通道物理等效模型的。

另一个事实是建立离子通道物理等效模型并不是为了观察离子通道高浓度一侧离子浓度的变化（或者是等效的光分布），而是为了研究离子通道低浓度一侧离子在细胞膜上的局部变化（或者是等效的像分布），因此即使存在衍射限，也不会影响离子通道物理等效模型的计算精度。为了避免不必要的复杂计算，本章并没有采用近场光学的相关理论来建立离子通道物理等效模型，而是采用普通光学来完成这个工作。

3.3.2　离子通道物理等效模型

在上述两个假设的基础上，建立离子通道的物理等效模型，如图 3-11 所示。

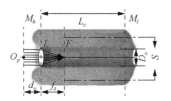

图 3-11　离子通道的物理等效模型

图 3-11 中，O_p 为离子通道高浓度一侧的平行光源，d_o 为物距，L 为离子通道透镜，L_c 为离子通道膜间长度，F 为透镜焦点，f_z 为离子通道透镜焦距，D_o 为离子通道直径，S 为离子通道透镜在焦点处形成的光斑扩散面积，该光斑区域可以直接投影在低浓度一侧的细胞膜上，以形成光斑投影（前提是该投影不产生任何能量损失）。M_h 为细胞膜高浓度一侧，M_l 为细胞膜低浓度一侧，左侧第二条竖直虚线为离子通道高浓度一侧的细胞膜，右侧第一条竖直虚线为离子通道低浓度一侧的细胞膜。

从图 3-11 中可以看出，透镜直径与离子通道直径是相等的。

根据傅里叶光学原理，其透镜点扩散函数为[216]

$$h(x_i - \tilde{x}_o, y_i - \tilde{y}_o) = M \iint_{-\infty}^{+\infty} P(\lambda d_i \tilde{x}, \lambda d_i \tilde{y}) \exp\{-j2\pi[(x_i - \tilde{x}_o)\tilde{x} + (y_i - \tilde{y}_o)\tilde{y}]\} d\tilde{x} d\tilde{y}$$

$$(3-7)$$

式中，λ 为光波长（nm）；d_i 为像距（nm）；(x_i, y_i) 为像平面上的点；(x_o, y_o) 为物分布；(x, y) 为透镜孔径上的点；

$$\begin{cases} \tilde{x}_o = Mx_o \\ \tilde{y}_o = My_o \\ \tilde{x} = \dfrac{x}{\lambda d_i} \\ \tilde{y} = \dfrac{y}{\lambda d_i} \end{cases} \qquad (3\text{-}8)$$

在离子通道透镜的光学特性中点扩散函数是非常重要的，因此对离子通道透镜的点扩散函数进行分析是必要的，也是很关键的。

3.3.3　两个容易混淆的概念

1. 光的传播以及传播速度

在均匀介质中光是直线传播的，但当光遇到另一介质（均匀介质）时方向会发生改变，改变后依然沿直线传播。而在非均匀介质中，光一般是按曲线传播的。光（电磁波）在真空中的传播速度目前公认值为299792458m/s（精确值）。

2. 光的扩散以及扩散速度

光的扩散指的是光通过变化的小孔、透镜等中间物体后，在像平面上所形成的光斑（光亮度）分布的变化，如小孔形状、半径的变化、透镜焦距的大小都会引起在像平面上所形成的光斑分布形状、半径的改变。光的扩散速度取决于中间物体（小孔、透镜等）自身物理参数（如小孔形状、半径、透镜焦距等）的变化速度。

3.4　离子通道等效透镜的点扩散函数的建立

高斯函数是许多光学成像系统和测量系统最常见的系统函数形式，如照相机、电荷耦合器件（charge coupled device，CCD）摄像机、计算机断层扫描（computed tomography，CT）机、成像雷达和显微光学系统等。对于这些系统，决定系统光学点扩散函数的因素很多，比如光学系统衍射限、像差等因素综合作用的结果往往使得点扩散函数趋于高斯型[217]。

为了使点光源通过离子通道透镜在低浓度一侧细胞膜上形成近似汇聚的像，以及由于离子通道透镜的折射或反射引起的偏差，本章将复空间下的点扩散函数变换为实空间，即将式（3-7）从复域变换为实域，同时将离子通道透镜的点扩散函数选择为高斯型点扩散函数，获得单位脉冲高斯型点扩散函数表达式[218,219]：

$$h(x, y) = \pi \xi^2 \exp \left[-(\pi \xi)^2 (x^2 + y^2) \right] \tag{3-9}$$

在假设一中，虽然给出了离子通道高浓度一侧的点光源假设，但依然无法从该假设中计算出点光源的亮度，换句话说，无法获得该点光源亮度的明确表达式。幸运的是，可以通过实验测得离子通道开放时所产生的离子流的大小，通过离子流的计算公式 $i = nq$，可以计算出离子通道开放时的稳态电流大小约为 10^{-12}A，并有理由认为平行光源 O_p 所产生的脉冲强度和 i 成正比，因此，对于任意脉冲的高斯型点扩散函数表达式可以写为

$$h(x, y) = \pi \xi^2 I_t \exp \left[-\frac{(\pi \xi)^2 (x^2 + y^2)}{\sqrt{\delta}} \right] \tag{3-10}$$

式中，I_t 为平行光源 O_p 所产生的脉冲强度；δ 为离子通道密度系数，

$$\delta = \frac{\rho_{\max}}{\rho} \tag{3-11}$$

其中，$\rho_{\max}$ 为离子通道最大密度（个/μm^2），ρ 为某一神经元膜上离子通道密度（个/μm^2）。

3.5　光学响应指数 ξ 的计算方法

将式（3-9）写成光学传递函数形式[220]：

$$\mathrm{OPT}_{\mathrm{gauss}} (f, \xi) = I_t \exp \left(-\frac{f^2}{\xi^2} \right) \tag{3-12}$$

式中，f 为空间频率（Hz）。

考虑衍射限时，光学传递函数为

$$\mathrm{OPT}_{\mathrm{diff}} (f) = \frac{2}{\pi} \left[\arccos \left(f \frac{\lambda f_l}{D_0} \right) - \left(f \frac{\lambda f_l}{D_0} \right) \cdot \sqrt{1 - \left(f \frac{\lambda f_l}{D_0} \right)^2} \right] \tag{3-13}$$

式中，D_0 为系统透镜直径（nm）；f_l 为系统透镜焦距（nm）。

考虑像差因素影响时，光学系统的光学传递函数为

$$\mathrm{OPT}_{\mathrm{optics}} (f) = \mathrm{OPT}_{\mathrm{diff}} (f) \cdot \mathrm{OPT}_{\mathrm{ober}} (f) \tag{3-14}$$

式中，像差光学传递函数为

$$\mathrm{OPT}_{\mathrm{ober}} (f) = 1 - \left(f \frac{W_{\mathrm{rms}}}{A} \right)^2 \cdot \left[1 - 4 \left(f \frac{\lambda f_l}{D_0} - \frac{1}{2} \right) \right] \tag{3-15}$$

其中，W_{rms} 为波前均方误差，A 为常数。W_{rms} 可取 1/14 波长，$A=0.18$。

根据估计误差最小原则，并结合式（3-12）～式（3-15），光学响应指数的范围 ξ_1～ξ_2 应分别保证式（3-16）和式（3-17）成立[220]：

$$\begin{cases} \iint |OTF_{optics}(f) - OPT_{gauss}(f,\xi_1)|^2 \, df = min \\ \int |OTF_{diff}(f) - OPT_{gauss}(f,\xi_2)|^2 \, df = min \end{cases} \tag{3-16}$$

式中，min 为表达式取最小值。

3.6　离子通道物理等效模型的参数选择与计算方法

由式（3-10）可以看出，在 I_t 为常数的情况下，光学响应指数 ξ 决定了点光源 O_p 通过离子通道透镜 L 在细胞膜低浓度一侧形成的像分布。从式（3-13）～式（3-15）可以看出，ξ 是由 D_0、f_l 以及 λ 决定。因此，合理选择 D_0、f_l 以及 λ 的大小是很重要的。

3.6.1　离子通道等效透镜的直径 D_0 和焦距力的计算方法

因为离子通道透镜位于离子浓度高的一侧并在离子通道内部，其直径应该和离子通道直径相等，如图 3-11 所示。不同的离子通道，其直径也不相同，钾离子通道直径约为 $1.0～1.8nm$[221]，钠离子通道直径约为 $1.1～2.0nm$[222]。

如图 3-11 所示，因离子通道开放而形成的离子扩散可以被视为是离子通道透镜在焦距上的光斑对细胞膜低浓度的一侧形成的投影，那么离子扩散浓度和面积的变化则可以视为离子通道透镜焦距的变化引起光斑亮度与半径的改变，以及光斑亮度与半径的改变在细胞膜低浓度的一侧形成的投影分布区域的变化，如图 3-12 所示。

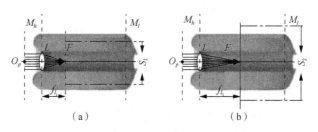

图 3-12　离子通道等效透镜的焦距变化引起的像分布区域的变化

在 t_1 时刻，离子通道焦距为 f_{l_1}，离子通道透镜在焦点处产生光斑区域为 S_1，如图 3-12（a）左侧第三条竖直虚线所示，其在细胞膜低浓度一侧形成的投影区域也为 S_1。而在 t_2 时刻，离子通道焦距为 f_{l_2}，离子通道透镜在焦点处产生

光斑区域为 S_2，如图 3-12（b）竖直实线所示，其在细胞膜低浓度一侧形成的投影区域也为 S_2。

从图 3-12 中可以看出，离子通道透镜焦距的变化引起了光斑在细胞膜低浓度一侧投影区域的变化，从而形成像的投影的光斑扩散。那么，离子通道透镜的焦距由什么控制呢？

对于电压门控型离子通道，其离子通道的开放与关闭由门粒子控制。以钠离子通道为例，每个钠离子通道由四个两状态（开或关状态）门粒子组成，四个门粒子都处于开状态时钠离子通道才能开放。这四个门粒子中有三个活化粒子和一个失活粒子。细胞膜电位的大小决定了这些粒子的速度，包括开放和关闭速度。

$$\begin{cases} \alpha_m = \dfrac{0.49(V-25.41)}{1-e^{(25.41-V)/6.06}} \\[2mm] \beta_m = \dfrac{1.04(21-V)}{1-e^{(V-21)/9.41}} \\[2mm] \alpha_h = \dfrac{-0.09(V+27.74)}{1-e^{(V+27.74)/9.06}} \\[2mm] \beta_h = \dfrac{3.7}{1+e^{(56-V)/12.5}} \end{cases} \tag{3-17}$$

式中，α_m 为活化粒子的开放速率常数；β_m 为活化粒子的关闭速率常数；α_h 为失活粒子的开放速率常数；β_h 为失活粒子的关闭速率常数。

粒子速度的改变致使离子通道开放和关闭的平均维持时间产生相应的改变。当神经元膜电势为 V 时，粒子的平均开放状态维持时间 T_β 由 $(\beta_m)^{-1}$ 给定[223]，而粒子的平均关闭状态维持时间 T_α 由 $(\alpha_m)^{-1}$ 给定。在时间 T_β 内，离子通道完成局部膜电位的形成到向外扩散，因此，有理由认为离子通道焦距的变化与 β_m 直接相关。

根据本章所建立的门粒子动力学模型仿真实验结果，可得钠离子通道概率表达式为

$$P_o = \left\{ 1 + \exp\left[-\frac{ze}{K_B T_1}(V-\theta) \right] \right\}^{-1} \tag{3-18}$$

式中，θ 为神经元阈值（mV）；z 为粒子数（个）；T_1 为绝对温度（K）。

其中，K_B 与式（3-2）相同，e 的意义与式（3-2）中的 q 相同。对于钠、钾离子通道 $z=4$。

$$\theta = -\frac{\varepsilon_1 - \varepsilon_2}{ze_0} \tag{3-19}$$

式中，ε_1 为离子通道关状态能；ε_2 为离子通道开状态能。

根据上述分析，离子通道焦距变化与其自身开放概率以及门粒子关闭速率相关。当神经元膜电势差很低或离子通道开放概率接近于 0（$P_o \approx 0$）时，离子通道焦点几乎落在透镜上。由于离子通道透镜右侧为点光源，因此在像平面上只产生极小的光斑（光斑半径 $r \to 0$），因此，可以认为此时不产生局部膜电位。如果细胞膜电势差足够大，或者离子通道开放概率接近于 1（$P_o \approx 1$）时，焦距较大，形成的光斑区域也较大[在离子通道开放的驻留时间（dwell time）T 内，细胞膜上形成的动作电位可做远距离扩散]，即低浓度一侧细胞膜上形成较大的投影光斑。通过上述分析，可以获得离子通道透镜焦距与离子通道开放概率、开放时间的表达式为

$$f_l(t) = \frac{P_o L_c}{2} + \beta_m t \times 10^{-9}, \quad 0 \leqslant t \leqslant T \tag{3-20}$$

式中，f_l 为离子通道焦距（nm）；T 为子通道开放驻留时间（ms）；L_c 为介于细胞膜内外之间的离子通道长度（nm）。

一般地，细胞膜厚度约为 3～10nm，因此，根据图 3-1，离子通道膜间长度 L_c 也约为 3～10nm，P_o 为离子通道初始焦距系数，可由式（3-18）计算得到。

式（3-20）的物理意义为：在细胞膜电势为 V 时，离子通道透镜有一个与之对应的初始焦距 f_{l_0}。同时，以速度 v_β（$v_\beta = \beta_m \times 10^{-9}$）来调节离子通道透镜焦距。

3.6.2 平行光源 O_p 的波长 λ 的选择

根据经典光学理论，小孔的透过率 T_r 大小与小孔的尺寸和入射光波波长有重要的关系[224]：

$$T_r = \frac{64}{27\pi^2} \cdot \left(\frac{2\pi r}{\lambda} \right)^4 \tag{3-21}$$

对于尺寸小于入射光半波长的小孔，可以计算出其透过率是非常低的。在离子通道透镜直径（$D_0 = 1.6 \times 10^{-9}$m）一定的情况下，要提高离子通道的透过效率，选择光的波长要尽量小。因此，本章选择紫外光，其波长约为 $\lambda = 4 \times 10^{-9}$m。如果离子通道直径范围为 1.0～2.0nm，代入上式得 $T_r = 0.0914$～1.4622，$T_r > 0.05$，符合光学理论要求。

3.6.3 平行光源 O_p 所产生的脉冲强度 I_t 的计算方法

为了计算平行光源所产生的脉冲强度，首先定义一个单位时间内，经离子通道流过的电流量 $\tilde{I}_t$，且 $\tilde{I}_t = I \times t_u$，$I$=1A，$t_u$=1s。因此，$\tilde{I}_t$ = 1A·s，其物理意义为

在 1s 内，流经离子通道的电流（或离子）流量。那么，如果时间长度为 t，电流大小为 i_t 时，流经离子通道的电流流量为 $I_t=i_t \times t$，则该流量大小相对于单位流量的比值为 $I_t = I_t / \tilde{I}_t = i_t \times t$。那么，$I_t$ 即相对于 $\tilde{I}_t$ 的电流流量脉冲强度，简称脉冲强度。其物理意义为任意时刻流经离子通道的电流流量相对于单位电流流量的强度。

根据假设　，光电流 $I_f=ne$ 以及离子电流 $i_t=nq$，可知，如果能获得单个离子通道电流脉冲大小，就可以获得光电流脉冲的强度（$I_f=i_t \times t$，其中 i_t 为离子通道电流，t 为时间）。对于在不同电压的情况下，离子流的大小可以通过戈德曼-霍奇金-卡茨（Goldman-Hodgkin-Katz）方程计算得到[225]。

$$I_i = \left(\frac{P_i F^2 V}{BT} \right) \cdot \frac{[i]_{\mathrm{in}} - [i]_{\mathrm{out}} \exp\left(\dfrac{-FV}{BT_1} \right)}{1 - \exp\left(\dfrac{-FV}{BT_1} \right)} \qquad (3\text{-}22)$$

式中，i 为某一特定的离子；$[]_{\mathrm{in}}$ 为内部离子浓度（mol/L）；$[]_{\mathrm{out}}$ 为外部离子浓度（mol/L）；P_i 为某一特定的离子的渗透率；F 为法拉第常数（C/mol）。

如果能够测得神经元的电导，则可用更为简单的方法计算离子流：

$$\begin{cases} I_i = \gamma_i (E - E_i) \\ E = V - V_r \\ E_i = V_i - V_r \end{cases} \qquad (3\text{-}23)$$

式中，γ_i 为第 i 类离子通道电导（pS）；V_r 为神经元膜静息电势的绝对值（mV）；V_i 为第 i 类离子的静息电势（mV），V_i 能通过置换静息电势来直接测得。

3.7　仿　真　实　验

3.7.1　仿真实验结果

仿真实验中的主要参数如表 3-1 所示。

表 3-1　仿真实验中的主要参数

参数	值	参数	值	参数	值
L_c	7nm	D_0	1.2nm	S	$100 \times 100 \mathrm{nm}^2$
ρ	$1 \mu\mathrm{m}^{-2}$	$\rho_{\max}$	$1 \mu\mathrm{m}^{-2}$	γ	25pS

以 $\beta=4\exp(V/18)$ 为例，因为关闭速率的作用时间是从离子通道开放起始时刻开始计算的，因此，可粗略地认为离子通道开放驻留时间 $T=1/\beta$，可得离子通道开放概率与开放驻留时间的关系，如图 3-13（a）所示，而膜电势差与开放驻留时

间的关系如图 3-13（b）所示。从图 3-13（a）中可以看出，离子通道开放概率越大，离子通道开放驻留时间就越长。

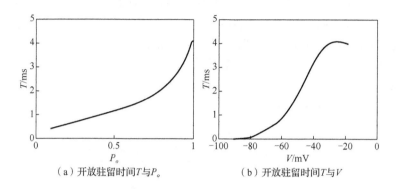

（a）开放驻留时间T与P_o　　　　　（b）开放驻留时间T与V

图 3-13　钠离子通道开放驻留时间与开放概率、细胞膜电势差的关系

　　离子通道透镜的焦距受门粒子关闭速度以及相应的电势差下门粒子开放时间的控制，根据式（3-20），当 L_c=7nm 时，可以获得在不同离子通道开放概率下，离子通道焦距的变化曲线，如图 3-14 所示。实心圆形符号表示离子通道开放寿命终止点。

　　从图 3-14 中可以看出，离子通道透镜在某一细胞膜电势差下的最小焦距受离子通道门粒子开放驻留时间的制约，即离子通道门粒子开放驻留失活时间越长，离子通道透镜最小焦距就越小。

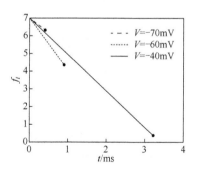

图 3-14　离子通道等效透镜的焦距与时间的关系曲线

　　根据式（3-16），由于离子通道透镜焦距的变化，直接影响了离子通道光学响应指数的大小，将式（3-20）代入式（3-16），并考虑离子通道开放驻留时间，可得到离子通道光学响应指数与细胞膜电势差的关系，如图 3-15 所示。

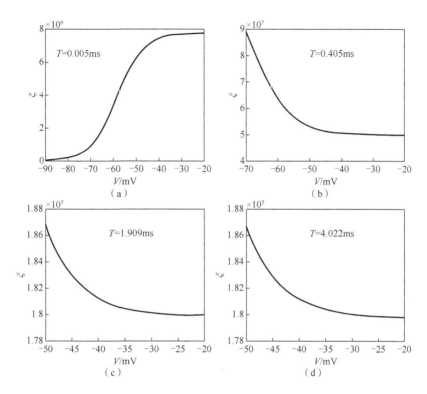

图 3-15   离子通道等效透镜的光学响应指数与细胞膜电势差关系

由于离子通道开放失活时间的约束，在 $T=0.005$ms 时，与其对应的最小细胞膜电势差约为 $V=-90$mV。如果细胞膜电势差小于-90mV，那么离子通道已经失活，即离子通道处于关闭状态，因此，只有 $V \geqslant -90$mV 才能使离子通道依然处于开放状态。此时，随着细胞膜电势差的增大，离子通道光学响应指数也增大，并呈现 S 型函数特征。当 $V>-40$mV，离子通道光学响应指数几乎处于饱和状态，如图 3-15（a）所示。在 $T>0.005$ms 时，随着细胞膜电势差的增大，离子通道光学响应指数逐渐减小。同样地，当 $V>-40$mV，离子通道光学响应指数几乎处于饱和状态，如图 3-15（b）～（d）所示。例如，如图 3-15（d）所示，当 $T=4.022$ms 时，对于 $V>-30$mV，离子通道光学响应指数几乎不变。

然而，式（3-12）～式（3-16）较为复杂，不利于计算。通过对式（3-12）～式（3-16）计算的结果进行拟合，可以获得离子通道光学响应指数与离子通道开放概率、离子通道开放时间之间关系的近似表达式：

$$\xi = 5 \times 10^{6} \times \left\{ 1.219 \times \exp\left[1.439 \times P_o^{-0.189} \times \left(t + \frac{0.02}{P_o} \right)^{-0.4346} \right] \right.$$

$$\left. -60970 \times \exp\left[-32.87 \times P_o^{-0.03867} \times \left(t + \frac{0.02}{P_o} \right)^{-0.5226} \right] \right\} \qquad (3\text{-}24)$$

式中，t 为时间变量（ms），$0 \leqslant t \leqslant T$。

将离子通道开放驻留时间 T 以及式（3-18）代入式（3-24），可以求得离子通道光学响应指数与细胞膜电势差以及时间关系的拟合函数，拟合结果如图 3-16 和图 3-17 所示。图中，点为式（3-16）的计算结果，实线为式（3-24）的拟合结果。

从图 3-16 和图 3-17 可以看出，离子通道光学响应指数与细胞膜电势差以及时间关系的拟合函数可以很好地反映式（3-16）所计算的结果，并且拟合函数相对于式（3-16）要简单很多。

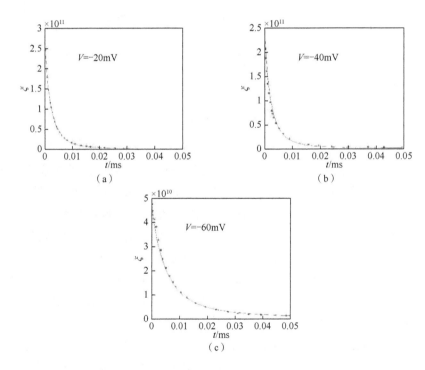

图 3-16　离子通道光学响应指数与时间关系拟合曲线（一）

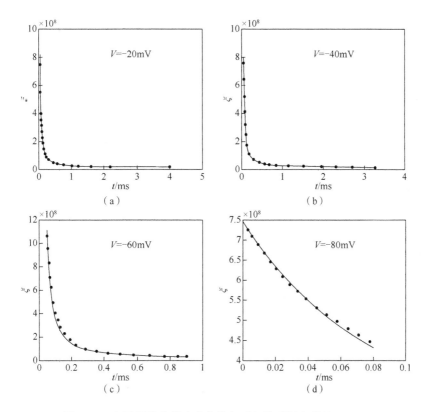

图 3-17　离子通道光学响应指数与时间关系拟合曲线（二）

将离子通道光学响应指数与细胞膜电势差以及时间关系的拟合函数代入式（3-10），可获得离子通道光扩散与细胞膜电势差以及时间关系曲线，如图 3-18 所示。

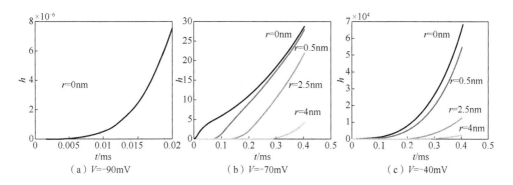

图 3-18　在不同的细胞膜电势下，离子通道等效透镜的光扩散与时间的关系曲线

在细胞膜电势差较低时，离子通道开放驻留时间很短［如 V=-90mV 时，通过式（3-20），可计算得 P_o=0.0081，离子通道的开放驻留时间 $T\approx0.02$ms］，稳定状态时通过开放离子通道的离子流量很小（实验测得单个离子通道电流 i=0.0071pA，可计算得 I_t=0.048），其产生的光脉冲强度很小，此时所产生的光扩散也很小，如图 3-18（a）所示。在离子通道中心处，其光扩散也是非常小的，表明了 V=-90mV 时，离子通道几乎不产生光扩散或者说不产生局部膜电位扩散。当细胞膜电势差较高时，如 V=-40mV，一方面，此时离子通道开放驻留时间长，$T\approx3.25$ms，另一方面，稳定状态单个离子通道离子流量也较大，i=0.2476pA，I_t=0.3976，其产生的光脉冲强度就大，持续时间长，从而形成较大的光扩散，如图 3-18（c）所示。并且可沿细胞膜向四周扩散，形成类高斯型扩散光亮斑。此外，从图 3-18（c）中可以看出，在 t=$T\approx3.25$ms 时，离离子通道中心 40nm 的细胞膜上，依然有 h=2546.36 光扩散。在 V=-70mV、t=$T\approx0.405$ms 时，离离子通道中心 40nm 的细胞膜上，有 h=4.27699 光扩散，这也可以说明当细胞膜电势差小于阈值时，其在离子通道附近形成的局部膜电位不能做远距离扩散，并在短时间内迅速消亡，如图 3-18（b）所示。

因此，从图 3-18 中可以看出，随着细胞膜电势差的增大，离子通道的光扩散也增大，其扩散半径 r 也相应地增大，例如当 V=-30mV 时，离子通道的光扩散半径可达到约 80nm，如图 3-19（b）中曲线所示。

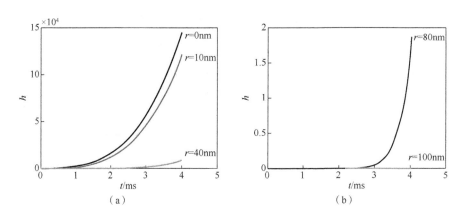

图 3-19　离子通道光扩散与时间的关系曲线

离子通道的光扩散随着 r 的增大而迅速减小，如图 3-18（b）和图 3-19（a）所示。

对于面积为 S=(100×100)nm^2 的细胞膜上的一个离子通道，其在 t=T 时，离子通道光扩散分布如图 3-20 所示。

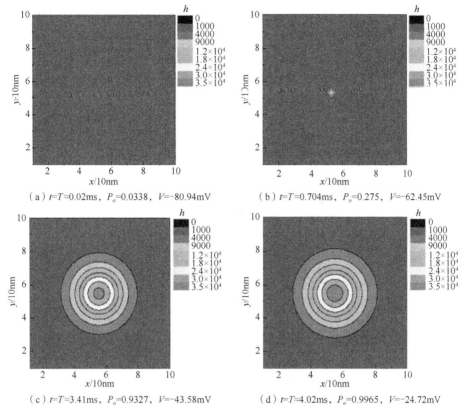

（a）$t=T\approx0.02$ms，$P_o=0.0338$，$V=-80.94$mV　　　（b）$t=T\approx0.704$ms，$P_o=0.275$，$V=-62.45$mV

（c）$t=T\approx3.41$ms，$P_o=0.9327$，$V=-43.58$mV　　　（d）$t=T\approx4.02$ms，$P_o=0.9965$，$V=-24.72$mV

图 3-20　一个离子通道的光扩散

　　从图 3-20 中可以看出，在细胞膜电势差很小时，如 $V=-80.94$mV，此时因离子通道开放概率很小，离子通道开放时间也很短，约为 $T\approx0.02$ms，其产生的光脉冲强度很小，根据式（3-10），离子通道 $r=0$ 处的光扩散函数值为 $h=8.0\times10^{-6}$，因此，在像平面（低浓度侧的细胞膜）上几乎没有光斑，如图 3-20（a）所示。随着细胞膜电势差的升高，离子通道开放概率与时间同时增大，如 $V=-62.45$mV，因此在像平面上产生一个明显的光斑，但由于此时离子通道开放概率与时间相对较小（$P_o=0.275$，$T\approx0.704$ms），根据光脉冲强度计算表达式可得 $I_i=0.203$，表明此时的光脉冲强度也较小，因此其在像平面上产生的光斑（局部膜电位）很小，并且在短距离内消亡，不会产生远距离扩散，如图 3-20（b）所示。但随着细胞膜电势差继续增大，当细胞膜电势差超过阈值时，离子通道开放概率迅速增大，离子通道开放时间也相应增大，如 $V=-43.58$mV 时，$P_o=0.9327$，$T\approx3.41$ms，$I_i=0.3258$，其产生的光斑比细胞膜电势差低于阈值时亮得多，扩散距离也大得多，此时的离子通道局部膜电位并不仅仅局限于离子通道附近，而是可以向较远距离传播的，从而形成细胞膜动作电位，如图 3-20（c）所示。如果继续增大细胞膜电势差，由于离子通道开放概率接近饱和，离子通道开放时间也不会有显著增加，如 V=-24.72mV 时，P_o=0.9965，T≈4.02ms，I_t=1.013，此时，像平面上产生的光斑并没有比 V=-43.58mV 时有显著增加，如图 3-20（d）所示。

在某一特定的细胞膜电势差下，从 t=0 到 t=T 时间过程，开放离子通道光所形成的光斑（局部膜电位）变化过程如图 3-21 所示。

从图 3-21 中可以看出，像平面上的光斑形成初期是很小并且较暗的，说明此时局部膜电位的值很小，但随着 t→T，光斑逐渐增亮、增大，说明局部膜电位逐渐增大并向外传播。但在细胞膜电势差较小时，如 V=-60mV 时，局部膜电位向外传播的距离很短，约为 r≈10nm，说明此时局部膜电位并不能做远距离扩散，如图 3-21（a）所示。

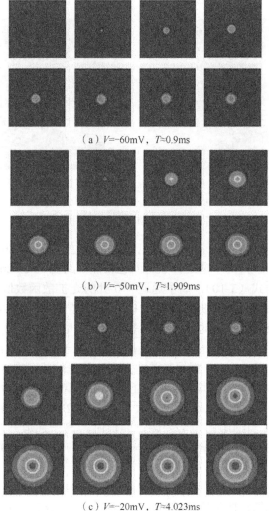

（a）V=-60mV，T≈0.9ms

（b）V=-50mV，T≈1.909ms

（c）V=-20mV，T≈4.023ms

图 3-21　单个离子通道光扩散随时空变化过程（步长 0.1285ms）

当细胞膜电势差增高到 $V=-50\text{mV}$ 时，光斑明显亮于 $V=-60\text{mV}$ 时，表明 $V=-50\text{mV}$ 时的局部膜电位较 $V=-60\text{mV}$ 时要大，并且 $V=-50\text{mV}$ 时局部膜电位传播距离也明显增大，$r\approx20\text{nm}$，如图 3-21（b）所示。对于 $V=-20\text{mV}$ 时，随着 $t\rightarrow T$，局部膜电位逐渐向远距离传播，$r\approx36\text{nm}$，如图 3-21（c）所示。

3.7.2　仿真实验结果分析

从仿真实验结果可以获知，本章所建立的离子通道物理等效模型可以很好地说明开放离子通道附近膜电势的几个主要特性。

（1）开放离子通道附近膜电势不是"全或无"形式的，其大小（光斑的亮度）与离子通道开放概率是正相关的，一定的离子通道开放概率会产生相应的开放离子通道附近膜电势。如果膜电势小于阈值，开放离子通道附近膜电势不会做远距离扩散。

（2）开放离子通道附近膜电势在膜上的扩散是随着距离的增大而迅速减小的。

（3）开放离子通道附近膜电势并不会沿细胞内的空间扩散，因此它不能通过细胞内液影响膜电势和离子通道开放概率。

（4）如果膜电势超过阈值，局部膜电位迅速增大并向远距离传播，从而形成动作电位。

（5）在离子通道开放时间内，开放离子通道附近膜电势与时间成正比。

第 4 章　钠、钾离子通道物理等效模型

大多数细胞膜主要分布着钠、钾离子通道，神经元信号的产生与消亡主要是由钠、钾等离子通道的共同作用引起的，因此，二者在神经元建模领域受到研究人员的广泛关注。在本章中，基于第 2 章获得的离子通道开放概率和所建立的离子通道物理等效模型，结合生物神经元细胞膜上钠、钾离子通道物理特性与参数，分别描述建立单个钠、钾离子通道物理等效模型的过程，在此基础上，利用光学线性叠加原理，进一步描述如何建立多钠、钾离子通道物理等效模型。

从图 1-3 和图 1-4 可以看出，开放的钠离子通道会使神经元细胞膜产生去极化，而开放的钾离子通道会使神经元细胞膜产生再极化，因此，钠、钾离子通道是细胞膜电势变化的主要原因，但钠、钾离子通道之间有许多不同，如通道直径、分布密度、门粒子运动速度等，因此，以下问题需要考虑：如何结合钠、钾离子通道各自物理特性与参数，建立相应的钠、钾离子通道物理等效模型？在绝大多数神经元细胞膜上分布的钠、钾离子通道并非只有一个，如图 1-1（b）所示，细胞膜的去极化、再极化是由众多钠、钾离子通道共同作用的结果，如何建立多钠、钾离子通道物理等效模型？

4.1　单个钠离子通道物理等效模型

4.1.1　单个钠离子通道物理等效模型主要参数

4.1.1.1　钠离子通道等效透镜焦距 f_{lNa}

根据式（3-20），可得钠离子通道等效透镜焦距表达式：

$$f_{lNa}(t) = \frac{P_{oNa}L_{cNa}}{2} + \beta_m t \times 10^{-9}, \quad 0 \leqslant t \leqslant T_{Na} \tag{4-1}$$

式中，f_{lNa} 为钠离子通道焦距（nm）；T_{Na} 为钠离子通道开放驻留时间（ms）；L_{cNa} 为介于细胞膜内外之间的钠离子通道长度（nm）；P_{oNa} 为钠离子通道开放概率。

一般地，细胞膜厚度为 3～10nm，因此，L_{cNa} 也为 3～10nm。从式（4-1）可以看出，当 $t=0$ 时，钠离子通道等效透镜焦距被称为初始焦距，则 $f_{lNa}(0)=P_{oNa}L_{cNa}/2$。

由于 L_{cNa} 为常数，$f_{lNa}(0)$ 大小仅由 P_{oNa} 决定，因此，P_{oNa} 也可称为离子通道初始焦距系数。钠离子通道等效透镜点扩散函数.

$$
\begin{cases}
h_{Na}(r,t) = \pi\xi_{Na}^2 I_{tNa} \exp\left[-(\pi\xi_{Na})^2 \dfrac{r^2}{\sqrt{\delta_{Na}}}\right] \\
\delta_{Na} = \dfrac{\rho_{Namax}}{\rho_{Na}}
\end{cases}
\tag{4-2}
$$

式中，ξ_{Na} 为钠离子通道光学响应指数；I_{tNa} 为钠离子通道高浓度一侧点光源所产生的光脉冲强度；r 为细胞膜上某一点到钠离子通道的距离（nm）；δ_{Na} 为某类神经元膜上钠离子通道密度系数；ρ_{Namax} 为膜上钠离子通道最大密度（个/μm）；ρ_{Na} 为膜上钠离子通道密度（个/μm）。

对于不同类型的细胞膜，其上钠离子通道密度也不相同，如胞体上钠离子通道密度为 30～100 个/μm²，初节上钠离子通道密度为 1～5 个/μm²，轴突上钠离子通道密度为 1～5 个/μm²[226-229]。

4.1.1.2　钠离子通道开放驻留时间 T_{Na}

式（4-1）中的钠离子通道开放驻留时间与膜电势间有密切的关系，膜电势在 -60～20mV，钠离子通道开放驻留时间如图 4-1 所示。其中空心圆形符号为电生理实验实际测量值[230]，图 4-1（a）中曲线为钠离子通道开放驻留时间拟合值，图 4-1（a）为式（4-4）的拟合结果，图 4-1（b）为拟合误差百分比，图 4-1（c）为拟合误差，图 4-1（d）为最大与最小误差值，柱状图从左到右分别为最大误差率（%）、最大误差（ms）、最小误差率（%）、最小误差（ms）、平均误差率（%）、平均误差（ms）。

从图 4-1 中空心圆形符号所示结果可以看出，钠离子通道开放驻留时间随着膜电势的增大而增大，说明钠离子通道开放驻留时间与膜电势成正比，而且离子通道开放概率也与膜电势存在正比关系，因此，有理由认为钠离子通道开放驻留时间与开放概率之间存在关系。

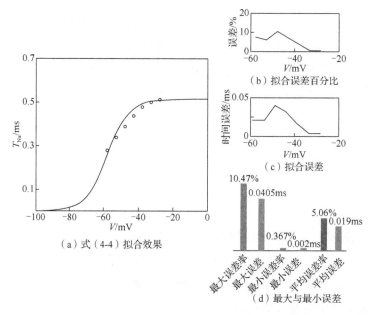

图 4-1　钠离子通道开放驻留时间与细胞膜电势的关系

根据式（3-18），可得钠离子通道开放驻留时间拟合方程：

$$\begin{cases} T_{Na} = a_{Na} \left\{ 0.4 + b_{Na} \exp\left[-\dfrac{ze_0}{K_B T_1}(V - c_{Na}) \right] \right\}^{-1} \\ a_{Na} = 0.205 \\ b_{Na} = 0.06 \\ c_{Na} = -0.046 \end{cases} \tag{4-3}$$

拟合结果如图 4-1（a）中实线所示。

最大误差发生在神经元膜电势为 −47.74mV 时，误差百分比与误差值分别为 10.47% 和 0.0405ms，分别如图 4-1（d）中左起第一个和第二个条柱所示；而最小误差发生在神经元膜电势为 −27.8mV 时，误差百分比与误差值分别为 0.367% 和 0.002ms，分别如图 4-1（d）中左起第三个和第四个条柱所示；整个拟合的平均误差百分比与误差值分别为 5.06% 和 0.019ms，分别如图 4-1（d）中左起第五个和第六个条柱所示。因此，式（4-3）对钠离子通道开放驻留时间的拟合是满足精度要求的。

由于在不同的刺激下，钠离子通道开放驻留时间 T_{Na} 的大小不同，例如，在 −70mV 时，$T_{Na} \approx 0.0064$ms。随着膜电势的增大，钠离子通道开放驻留时间 T_{Na} 也逐渐增大，在 −30mV 时，$T_{Na} \approx 0.51$ms，如图 4-1（a）所示。

根据式（4-1），离子通道等效透镜的焦距受门粒子关闭速度以及相应的膜电势下离子通道开放驻留时间的控制，因此，将式（4-3）代入式（4-1），当 $L_{cNa}=7nm$ 时，可以获得在不同的膜电势下，钠离子通道等效透镜焦距的变化曲线如图 4-2 所示。其中，纵坐标上的空心圆形符号为钠离子通道等效透镜初始焦距，星形符号为钠离子通道开放驻留时间终止点。

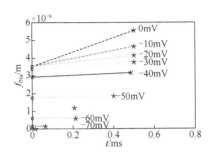

图 4-2　钠离子通道等效透镜焦距与时间的关系曲线

从图 4-2 中可以看出，钠离子通道等效透镜在某一膜电势下的最小焦距即等效透镜的初始焦距，如图 4-2 空心圆形符号所示。当 $V<-50mV$ 时，由于 β_m 较小，等效透镜焦距的变化较为缓慢，但当 $V \geqslant -50mV$ 时，由于 β_m 相对较大，因此等效透镜的焦距产生明显变化。

4.1.1.3　钠离子通道等效透镜的光学响应指数 ξ_{Na}

对于钠离子通道，其在胞体上 $\rho_{Na} \approx 30$ 个/μm^2，初节上 $\rho_{Na} \approx 1 \sim 5$ 个/μm^2，轴突上 $\rho_{Na} \approx 1 \sim 5$ 个/μm^2，而 $\rho_{Namax} \approx 2000$ 个/μm^2，因此，根据式（3-16），ξ_{Na} 满足：

$$\begin{cases} \iint \left| OTF_{optics}(f) - OPF_{gauss}(f, \xi_{Na}^{(1)}) \right|^2 df = min \\ \iint \left| OTF_{diff}(f) - OPF_{gauss}(f, \xi_{Na}^{(2)}) \right|^2 df = min \end{cases} \qquad (4-4)$$

将式（4-1）和式（4-3）代入式（4-4），可得在不同的膜电势下，ξ_{Na} 与时间的关系如图 4-3 所示。图 4-3（a）为神经元膜电势变化从 -90mV 增加到 0mV，间隔 10mV，分别对应图中从下到上的曲线。

在细胞膜电势较低时，ξ_{Na} 与时间关系几乎呈线性的，如图 4-3（b）和（c）所示。在神经元膜电势 $V>-30mV$，ξ_{Na} 与时间关系越来越呈现非线性特征，如图 4-3（a）所示。这是因为在神经元电势小时，钠离子通道等效透镜焦距 f_{lNa} 很小，使 $OTF_{gauss}(\cdot)$ 和 $OTF_{diff}(\cdot)$ 中非线性项几乎可以忽略，因此 ξ_{Na} 与时间也几乎呈线性关系。当膜电势较大时，f_{lNa} 也相应地增大，其变化范围也会变大，使 $OTF_{gauss}(\cdot)$ 和 $OTF_{diff}(\cdot)$ 中非线性项不可忽略，因此 ξ_{Na} 与时间呈现出非线性特征。

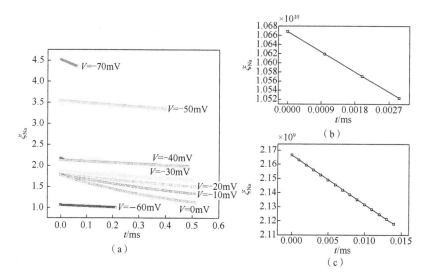

图 4-3　ξ_{Na} 与时间关系

　　然而，式（4-4）较为复杂。为了便于应用，对式（4-4）计算的结果进行拟合，可以获得 ξ_{Na} 与膜电势、时间之间关系的拟合方程：

$$\xi_{Na} = P_{Na1}t^2 + P_{Na2}t + P_{Na3} \tag{4-5}$$

式中，t 为时间变量（ms，$0 \leqslant t \leqslant T_{Na}$）；

$$P_{Na1} = \begin{cases} \alpha_{11}\exp\{-[(V-\beta_{11})/\eta_{11}]^2\} + \alpha_{12}\exp\{-[(V-\beta_{12})/\eta_{12}]^2\}, & V < -75\text{mV} \\ \mu_{11}\exp(\delta_{11}V), & -75\text{mV} \leqslant V < -50\text{mV} \\ \omega_{11}\exp\{-[(V-\varepsilon_{11})/\nu_{11}]^2\} + \omega_{12}\exp\{-[(V-\varepsilon_{12})/\nu_{12}]^2\}, & V \geqslant -50\text{mV} \end{cases}$$

$$P_{Na2} = \begin{cases} \alpha_{21}\exp(\beta_{21}V), & V < -75\text{mV} \\ \mu_{21}\exp(\delta_{21}V), & -75\text{mV} \leqslant V < -50\text{mV} \\ \omega_{21}\exp\{-[(V-\varepsilon_{21})/\nu_{21}]^2\} + \omega_{22}\exp\{-[(V-\varepsilon_{22})/\nu_{22}]^2\}, & V \geqslant -50\text{mV} \end{cases}$$

$$P_{Na3} = \begin{cases} \alpha_{31}\exp(\beta_{31}V), & V < -75\text{mV} \\ \mu_{31}\exp(\delta_{31}V), & -75\text{mV} \leqslant V < -50\text{mV} \\ \omega_{31}\exp\{-[(V-\varepsilon_{31})/\nu_{31}]^2\} + \omega_{32}\exp\{-[(V-\varepsilon_{32})/\nu_{32}]^2\}, & V \geqslant -50\text{mV} \end{cases}$$

$$\tag{4-6}$$

　　式（4-6）中各个参数值如表 4-1 所示。

表 4-1　式（4-6）的各个参数值

参数	值	参数	值	参数	值	参数	值
α_{11}	5.584×10^{11}	β_{11}	-89.8	ν_{11}	136.5	ω_{11}	1.041×10^{21}
α_{12}	1.39×10^{11}	β_{12}	-90.23	ν_{12}	46.33	ω_{12}	-2.246×10^{7}
α_{13}	-2.118	β_{21}	-0.2654	ν_{21}	27.04	ω_{21}	-2.246×10^{7}
α_{14}	6.256×10^{3}	β_{31}	-0.1594	ν_{22}	4642	ω_{22}	-2.3×10^{11}
η_{11}	0.4623	η_{12}	5.087	ν_{31}	66.43	ω_{31}	3.014×10^{19}
ε_{11}	-861	ε_{12}	84.69	ν_{32}	7812	ω_{32}	4.008×10^{7}
ε_{21}	17.69	ε_{22}	1.549×10^{4}	δ_{11}	-0.3683	μ_{11}	9.409×10^{4}
ε_{31}	-402.6	ε_{32}	-7088	δ_{21}	-0.2535	μ_{21}	-5.326
				δ_{31}	-0.151	μ_{31}	1.174×10^{4}

利用式（4-5），可以求得 ξ_{Na} 与膜电势以及时间关系拟合曲线，其拟合结果如图 4-4 所示，其中星形符号为式（4-5）的计算值，实线为式（4-6）的计算值。

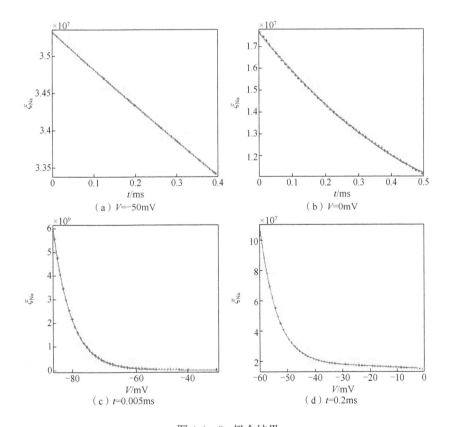

（a）$V=-50\text{mV}$　　　　　　（b）$V=0\text{mV}$

（c）$t=0.005\text{ms}$　　　　　　（d）$t=0.2\text{ms}$

图 4-4　ξ_{Na} 拟合结果

从图 4-4 中可以看出，ξ_{Na} 与膜电势以及时间关系的拟合方程可以很好地拟合式（4-5）所计算的结果，并且拟合方程相对于式（4-5）要简单、方便很多。

根据式（4-5），可得出 ξ_{Na} 与膜电势以及时间关系如图 4-5 所示。

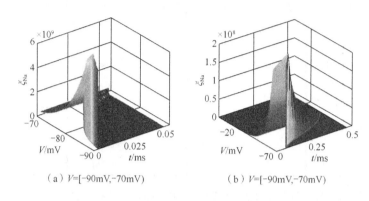

（a）V=[-90mV,-70mV)　　　　（b）V=[-90mV,-70mV)

图 4-5　ξ_{Na} 与膜电势以及时间的关系

从图 4-5 中可以看出，随着膜电势、时间的增大，ξ_{Na} 逐渐减小。同时，随着膜电势的增加，钠离子通道开放驻留时间也逐渐增大，如图 4-5 中灰色曲线所示。

4.1.1.4　单个钠离子通道开放时形成的光斑扩散与膜电势增量

根据式（4-2），在某一膜电势下，对于开放的钠离子通道，其能形成的最远的扩散发生在离子通道开放驻留时间终止时刻，即 $t=T_{Na}$，而此时的最大 h 值位于钠离子通道中心处。以 V=-40mV 时为例，其最大 h_{Na} 值产生于 r=0，$t=T_{Na}\approx0.4847$ms，如图 4-6 所示。

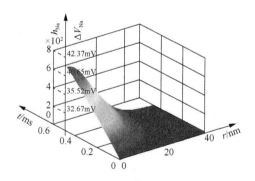

图 4-6　V=-40mV，h_{Na} 与低浓度一侧细胞膜电势关系

因此，如果能建立在低浓度一侧细胞膜钠离子通道中心处 h_{Na} 与膜电势的关系，即可获得低浓度一侧细胞膜电势增量 ΔV_{Na} 与 h_{Na} 的关系。根据这一原理，将 r=0 代入式（4-2），可得

$$h_{\mathrm{Namax}} = h(0, T_{\mathrm{Na}}) = \pi \xi_{\mathrm{Na}}^2 I_{T\mathrm{Na}} \tag{4-7}$$

将式（4-5）代入式（4-7），计算的膜电势 $V = -40\mathrm{mV}$ 时，h_{Na} 与 V 的关系如图 4-6 所示。根据同样的方法，可以计算出在不同的膜电势 V 时，h_{Na} 与 V 的分布。

因为低浓度一侧的细胞膜电位相对于高浓度一侧为低电位，因此可令其相对于高浓度一侧的细胞膜电位为 0，可得 h_{Na} 与 ΔV_{Na} 的近似关系式。根据这一原理，将 $r = 0$ 代入式（4-2），可得

$$h_{\mathrm{Na}}(0, T_{\mathrm{Na}}) = a \exp(\Delta V_{\mathrm{Na}} b) \tag{4-8}$$

在低浓度一侧细胞膜上形成的扩散电位是大于 0 的，因此可得开放钠离子通道产生的膜电势增量 ΔV_{Na} 的关系表达式为

$$\Delta V_{\mathrm{Na}} = \left| \left[\ln h_{\mathrm{Na}}(0, T_{\mathrm{Na}}) - \ln a \right] / b \right| \tag{4-9}$$

式中，

$$\begin{cases} a = 0.6598, b = 0.1676, & h > 2.193 \times 10^5 \\ a = 0.2312, b = 0.1810, & 2.193 \times 10^5 \geqslant h > 423 \\ a = 0.5120, b = 0.1620, & 423 \geqslant h > 0 \end{cases} \tag{4-10}$$

4.1.2　平均膜电势增量对比

根据式（4-10），可计算得单个钠离子通道开放引起的其附近细胞膜平均膜电势增量为

$$\Delta \overline{V}_{\mathrm{Na\text{-}local}} = \frac{\displaystyle\int_{-r}^{r} \int_{0}^{T_{\mathrm{Na}}} \left| \left[\ln h_{\mathrm{Na}}(u, v) - \ln a \right] / b \right| \mathrm{d}u \mathrm{d}v}{\pi r^2} \tag{4-11}$$

式中，$\Delta \overline{V}_{\mathrm{Na\text{-}local}}$ 为开放钠离子通道附近细胞膜平均膜电势增量。

根据式（4-2）、式（4-3）和式（4-11），针对不同的钠离子通道电导（γ_{Na}，单位为 pS），可计算的离子通道电流与膜电势增量关系如图 4-7 所示。

在图 4-7 中，图 4-7（a）为钠离子单通道电流与膜电势增量关系，其中实线为本书模型计算结果，"○""＊""□""◇""▽" 符号为电生理实验实测结果（数据摘自文献[230]～[233]，类型为电压敏感钠离子通道）。不同钠离子通道电导以及与之相对应的本书模型计算结果与电生理实验实测结果如图 4-7（a）所示。图 4-7（b）为本书模型计算结果与电生理实验实测结果间误差，其中 "○""＊""□""◇""▽" 符号为在相同的膜电势增量下，本书模型计算结果与电生理实验实测结果间误差，并且 "○""＊""□""◇""▽" 符号与 "●""⊛""■""◆""▼" 所对应的钠离子通道电导相同。

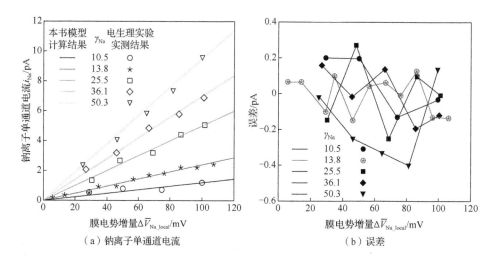

（a）钠离子单通道电流　　　　　　　　　（b）误差

图 4-7　单个开放钠离子通道电流与膜电势增量关系及二者间误差

从图 4-7 中可以发现，钠离子单通道电流与膜电势增量是成正比的，而且钠离子通道电导 γ_{Na} 越大，产生相同膜电势增量所需电流越大，其原因是：根据欧姆定律 $i=u/R=u\gamma$，其中，u 为电压，R 为电阻，γ 为电导，可得 $u=i/\gamma$，即当 u 相同时，电导 γ 越大，所需 i 就越大，这与图 4-7 中所观察到的现象相同。

从图 4-7 中可以看出，最大误差值出现在 γ_{Na}=50.3pS 时，其最大误差值约为 0.4pA，产生的膜电势增量约为 80mV 时，此时钠离子通道电流约为 8pA，0.4pA 的误差值相对于 8pA 的钠离子通道电流是非常小的，而其他的误差值大部分在 [-0.2,0.2]。因此，本书模型计算结果与电生理实验实测结果是非常相近的，说明本书模型可以很好地反映单个开放钠离子通道电流与膜电势增量的关系。

4.2　光学线性叠加原理

光学系统具有的线性特性可用如下表达式描述：

$$I_m(O_1+O_2)=I_m(O_1)+I_m(O_2) \tag{4-12}$$

式中，$I_m(\cdot)$ 为光学系统影像；O_i 为第 i 个观测对象。

同样地，对于溶液浓度的扩散，也是符合线性叠加原理的。假设在 $x=\varsigma$ 处有一点源，则经历 t 时刻后，其在 x 处的扩散可描述为

$$c(x,t)=\frac{M}{(4\pi Dt)^{1/2}}\exp\left[-\frac{(x-\varsigma)^2}{4Dt}\right] \tag{4-13}$$

式中，D 为离子扩散系数；M 为溶液浓度（mol/L）。

那么，如果令在 $x=\varsigma_1$ 和 $x=\varsigma_2$ 处分别有浓度为 $M(\varsigma_1)$ 和 $M(\varsigma_2)$ 的两个点源，则在位置 x 处，溶液的浓度可表示这两个点源分别在位置 x 处的扩散浓度的线性叠加，即

$$c(x,t)=\frac{M(\varsigma_1)}{(4\pi Dt)^{1/2}}\exp\left[-\frac{(x-\varsigma_1)^2}{4Dt}\right]+\frac{M(\varsigma_2)}{(4\pi Dt)^{1/2}}\exp\left[-\frac{(x-\varsigma_2)^2}{4Dt}\right] \qquad (4\text{-}14)$$

在细胞膜上，钠离子通过膜上钠离子通道的扩散同样适用于叠加原理，细胞膜上离子通道以及离子扩散叠加如图 4-8 所示。

在图 4-8 中，图 4-8（a）离子通道未开放，图 4-8（b）离子通道开放，离子从高浓度一侧向低浓度一侧扩散，阴影部分即离子浓度叠加区域。实心圆形符号为离子。

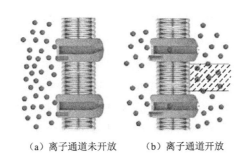

（a）离子通道未开放　　　　（b）离子通道开放

图 4-8　离子通过膜上离子通道后的扩散和叠加

对比式（4-11）、式（4-13）和图 4-8 可知，利用线性叠加原理对每个开放离子通道透镜所产生的光斑进行线性叠加符合生物电生理结果，且与光学特性相吻合。

4.3　多钠离子通道物理等效模型与仿真分析

4.3.1　多钠离子通道物理等效模型

钠离子通道随机分布在细胞膜上，如图 4-9 所示。其中，图 4-9（a）为 Yao 等[234]利用光学设备所记录的钠离子通道光学影像，图中光点为钠离子通道。图 4-9（b）为在面积为 $(2.25\times2.25)\mu m^2$ 的细胞膜上模拟随机分布的钠离子通道，其中空心圆为钠离子通道。

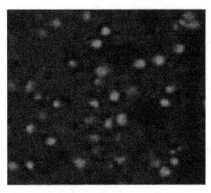

（a）钠离子通道分布的光学影像

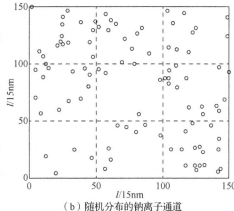

（b）随机分布的钠离子通道

图 4-9　面积为 $(2.25 \times 2.25) \mu m^2$ 细胞膜上的钠离子通道

根据式（4-2），对于细胞膜第 k 个开放的钠离子通道，其等效透镜的点扩散函数可表示为

$$\begin{cases} h_{k\text{Na}} = \pi \xi_{k\text{Na}}^2 I_{tk\text{Na}} \exp\left[-(\pi \xi_{k\text{Na}})^2 \dfrac{r^2}{\sqrt{\delta_{\text{Na}}}} \right] \\ I_{tk\text{Na}} = i_{k\text{Na}} \times t \end{cases} \qquad (4\text{-}15)$$

式中，$\xi_{k\text{Na}}$ 为第 k 个开放离子通道等效透镜光学响应指数；$I_{tk\text{Na}}$ 为由离子浓度差形成的点光源的光脉冲强度；$i_{k\text{Na}}$ 为第 k 个开放钠离子通道的离子流（pA）。

如果细胞膜上任意一个点 z 与第 k 个开放钠离子通道的距离为 d_{kz}，代入式（4-14），可得开放钠离子通道 k 对细胞膜上任意点 z 的扩散值为

$$h_{kz} = \pi \xi_{k\text{Na}}^2 I_{tk\text{Na}} \exp\left[-(\pi \xi_{k\text{Na}})^2 \dfrac{d_{kz}^2}{\sqrt{\delta_{\text{Na}}}} \right] \qquad (4\text{-}16)$$

如果细胞膜上随机分布着总数为 N 个钠离子通道，则开放钠离子通道数 $m = N \times P_{o\text{Na}}$，可计算得

$$m = N \left\{ 1 + \exp\left[-\dfrac{ze_0}{K_B T_1}(V - \theta) \right] \right\}^{-1} \qquad (4\text{-}17)$$

根据光学线性叠加原理，则所有开放钠离子通道对细胞膜上任意一点 z 的扩散值总和为

$$h_z = \sum_{k=1}^{m} \left\{ \pi \xi_{k\text{Na}}^2 I_{tk\text{Na}} \exp\left[-(\pi \xi_{k\text{Na}})^2 \dfrac{d_{kz}^2}{\sqrt{\delta_{\text{Na}}}} \right] \right\} \qquad (4\text{-}18)$$

需要指出的是，开放钠离子通道之间也存在相互扩散，如果第 k 个开放钠离子通道与其他任意第 $j(j \neq k)$ 个开放钠离子通道的距离为 d_{kj}，则第 k 个开放钠离子通道对第 j 个开放钠离子通道的扩散值为

$$h_{kj} = \pi \xi_{k\text{Na}}^2 I_{tk\text{Na}} \exp\left[-(\pi \xi_{k\text{Na}})^2 \frac{d_{kj}^2}{\sqrt{\delta_{\text{Na}}}} \right] \tag{4-19}$$

同样地，根据光学线性叠加原理，则所有 m-1 个开放钠离子通道对第 j 个开放钠离子通道的扩散值总和为

$$\tilde{h}_j = \sum_{k=1, k \ne j}^{m} \left\{ \pi \xi_{k\text{Na}}^2 I_{tk\text{Na}} \exp\left[-(\pi \xi_{k\text{Na}})^2 \frac{d_{kj}^2}{\sqrt{\delta_{\text{Na}}}} \right] \right\} \tag{4-20}$$

将式（4-18）和式（4-20）代入式（4-9），即可获得所有 m 个开放钠离子通道在低浓度一侧细胞膜上产生的总膜电势增量。

4.3.2　仿真与结果分析

为了证明钠离子通道模型的正确性，比较了在动作电位时，神经元膜去极化空间分布的光学影像记录与钠离子通道模型数值模拟结果。其中，神经元膜去极化空间分布的光学影像记录是由 Gogan 等[235]用光学设备所记录的，如图 4-10（a）～（d）所示。

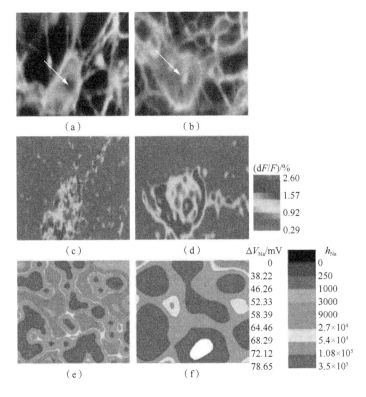

图 4-10　神经元膜去极化空间分布的光学影像记录与钠离子通道模型数值模拟结果对比

在图 4-10 中，箭头指示的为所记录的神经元胞体。本书钠离子通道模型数值模拟结果如图 4-10（e）和（f）所示，其中，右侧的条柱图为所有开放钠离子通道在膜上产生的扩散与对应的膜电势增量。另外，钠离子通道模型的参数如表 4-2 所示。

表 4-2　钠离子通道模型中的主要参数

参数	值	参数	值	参数	值
L_{cNa}	7nm	D_{0Na}	1.2nm	S	5.0625μm²
ρ_{Na}	20 个/μm²	ρ_{Namax}[126]	2000 个/μm²	γ_{Na}	10.5pS

在图 4-10 中，$dF/F=(I_1-I_2)/I_1$，其中，I_1 和 I_2 是图像采集系统的控制影像，图 4-10（d）右侧的每个横向条柱表示：对于图 4-10（c），变化范围为 0.30，而对于图 4-10（d）变化范围为 0.38，图 4-10（c）和（d）为去极化。此外，在图 4-10（c）和（d）中，细胞的阈值为-32mV，动作电位持续时间为 3～5ms，刺激分别为-30mV 和-27mV，详细描述请参阅文献[198]。图 4-10（e）和（f）中，细胞的阈值为-32mV，动作电位持续时间为 0.8～1.3ms，刺激也分别为-30mV 和-27mV。图 4-10（f）右侧条柱为钠离子通道等效透镜的点扩散值 h_{Na} 以及根据式（4-9）计算得到的神经元膜电势增量。

比较图 4-10（c）、（e）、（d）和（f），对于动作电位，无论是光学记录影像，还是钠离子通道模型数值模拟，去极化在细胞膜上空间分布都是随机的，并且，当动作电位较小时，去极化在细胞膜上空间分布面积小并呈碎片状，如图 4-10（c）和（e）所示。当动作电位较大时，去极化在细胞膜上空间分布面积大，且呈连续片状，如图 4-10（d）和（f）所示。

从图 4-10 中可以看出，在阈值相同时，无论是光学设备所记录的动作电位，还是通过所建模型进行动作电位仿真计算，其大小也是非常接近的。而光学设备所记录的动作电位维持时间较利用所建模型进行动作电位仿真计算获得的动作电位持续时间长，这主要是因为光学设备记录所使用的荧光染色剂的影响所致。因此，结果表明通过所建模型进行动作电位仿真计算与光学设备所记录的动作电位在分布形式与大小上是吻合的，则说明所建立的钠离子通道物理等效模型是正确且有效的。

当膜电势大于阈值（-32mV）时，细胞膜去极化时空动态过程数值模拟如图 4-11 所示。

从图 4-11 中可以看出，当膜电势为-30mV，在 t=0.24ms 时，细胞膜的部分区域已经产生了去极化，如图 4-11（a）中箭头所示，这些去极化区域随着时间的增加而逐渐向外扩散。而当膜电势为-27mV 时，细胞膜上去极化的扩散比膜电势为-30mV 时扩散得更远，从而形成面积更大的去极化区域，如图 4-11（b）所示。

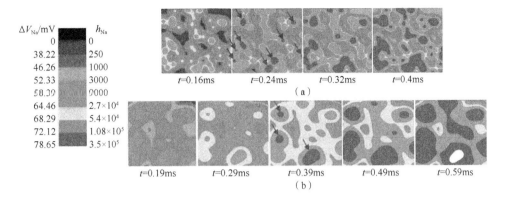

图 4-11　细胞膜去极化时空动态过程数值模拟

如果细胞膜的刺激电位小于阈值，细胞膜上并不会产生动作电位，而只能产生局部膜电位，与动作电位不同的是局部膜电位只能做短距离的扩散。例如，当刺激电位为−60mV 时，细胞膜电势扩散的时空动态过程如图 4-12 所示。

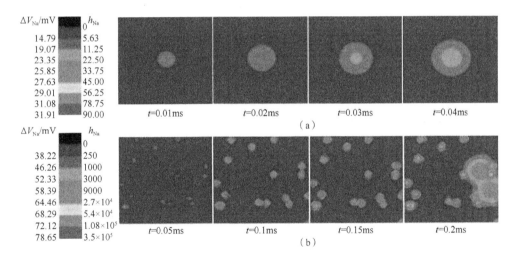

图 4-12　细胞膜上局部膜电位的产生与扩散动态过程

图 4-12 左侧条柱的意义与图 4-11 相同。其中，图 4-12（a）每个子图面积为 $(100×100)nm^2$，图 4-12（b）每个子图的面积为 $(2.25×2.25)μm^2$。

从图 4-12 中可以看出，局部膜电位只产生于开放钠离子通道附近，并在离子通道附近随时间的增加做短距离扩散，而不沿膜向做远距离扩散，如图 4-12（a）中 $t=0.05ms$、$t=0.1ms$ 和 $t=1.5ms$ 时所示，但如果细胞膜某处开放钠离子通道相对密集，根据叠加原理，局部膜电位也会形成叠加，而产生更大、扩散距离更远的局部膜电位，如图 4-12（b）中 $t=0.2ms$ 时所示。

4.4 单个钾离子通道物理等效模型

4.4.1 单个钾离子通道物理等效模型主要参数

虽然钾离子通道的物理模型与钠离子通道的物理模型是相同的，其物理模型可参看图 2-1 所示，但二者的部分参数是不同的。

4.4.1.1 钾离子通道透镜的焦距 f_{lK}

钾离子通道透镜焦距的调节方式与钠离子通道透镜的相同，因此钾离子通道焦距表达式为

$$f_{lK}(t) = \frac{P_{oK} L_{cK}}{2} + \beta_n t \times 10^{-9}, \quad 0 \leqslant t \leqslant T_K \qquad (4\text{-}21)$$

式中，f_{lK} 为钾离子通道焦距（nm）；T_K 为钾离子通道开放驻留时间（ms）；L_{cK} 为介于细胞膜内外之间的钾离子通道长度（nm）；P_{oK} 为钾离子通道开放概率。

如果细胞膜厚度是均匀的，那么钾离子通道长度应与钠离子通道长度相等的，都为 7nm。根据式（4-18），取钾离子通道如 $\theta_K = -40\text{mV}$，钾离子通道开放概率如图 4-13 所示。

图 4-13 的数据来源于第 2 章。

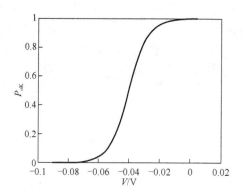

图 4-13　钾离子通道开放概率与神经元膜电势的关系

钾离子通道离子关闭速率为

$$\beta_n = 0.125 \exp\left(\frac{V}{80}\right) \qquad (4\text{-}22)$$

与钠离子通道相似的是，根据电生理实验结果的分析，可以获得钾离子通道开放驻留时间拟合表达式为

$$
\begin{cases}
T_{\mathrm{K}} = 0.09 + a_{\mathrm{K}} \left\{ 1 + b_{\mathrm{K}} \exp\left[-\dfrac{ze_0}{K_B T_1}(V - c_{\mathrm{K}}) \right] \right\}^{-1} \\
a_{\mathrm{K}} = 2.7 \\
b_{\mathrm{K}} = 2.0 \\
c_{\mathrm{K}} = -0.01
\end{cases} \tag{4-23}
$$

拟合结果如图 4-14 所示，其中，星形符号为钾离子通道开放驻留时间实际电生理实验测量值，实线为钠离子通道开放驻留时间拟合表达式（4-23）拟合计算结果。

从图 4-14 中可以看出，在神经元膜电势较小（<-40mV）时，钾离子通道开放驻留时间约为常数，即 $T_{\mathrm{K}} \approx 0.09\mathrm{ms}$。随着神经元膜电势的增大，钾离子通道开放驻留时间也就越长。当神经元膜电势大于 47mV 时，钾离子通道开放驻留时间进入饱和状态。

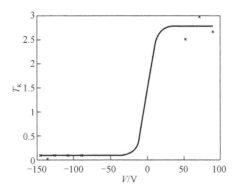

图 4-14　钾离子通道开放驻留时间与细胞膜电势差的关系

将式（4-22）和式（4-23）代入式（4-21），可得钾离子通道透镜焦距与时间的关系如图 4-15 所示。

根据式（4-23），当细胞膜电势小于-40mV 时，钾离子通道开放驻留时间为常数，且 $T_{\mathrm{K}} < 0.1\mathrm{ms}$，钾离子通道最大焦距小于 2nm。当 $V \leqslant -20\mathrm{mV}$ 时，钾离子通道透镜焦距在开放驻留时间 T_{K} 内的变化很小，反映在钾离子通道焦距与时间的关系曲线几乎是水平的，如图 4-15（a）和（b）所示。当 $V \geqslant -10\mathrm{mV}$ 时，钾离子通道开放驻留时间 $T_{\mathrm{K}} > 1\mathrm{ms}$，并且钾离子通道透镜焦距在开放驻留时间 T_{K} 内的变化很显著，并随 V 的增加，钾离子通道焦距与时间的关系曲线的斜率增大，如图 4-15（c）所示。

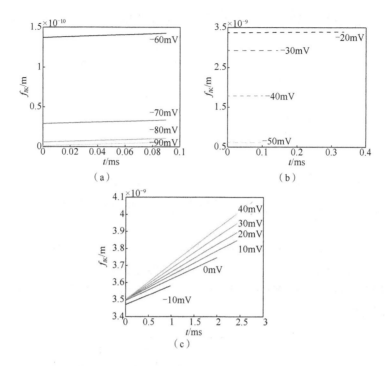

图 4-15　钾离子通道等效透镜焦距与时间的关系

结合式（4-21）与图 4-15，可以看出，随着 V 的增大，$t=0$ 时刻的初始钾离子通道透镜焦距逐渐接近 $L_{cK}/2$。

4.4.1.2　点光源 O_p 所产生的脉冲强度 I_{Kt}

根据脉冲强度 I_t 计算公式，则 $I_{Kt}=I_K \times t (0 \leqslant t \leqslant T_K)$，钾离子通道电流 I_K 为

$$I_K = \gamma_K (V - V_K) \tag{4-24}$$

式中，γ_K 为钾离子通道电导（pS）；V_K 为钾离子静息电位（mV）。

K^+ 的静息电势为

$$V_K = (K_B T_1 / q) \ln\left(\frac{1}{30}\right) = -90.9 \text{mV} \tag{4-25}$$

4.4.1.3　钾离子通道透镜的光学响应指数 ξ_K

钾离子通道透镜的光学传递函数可以写为

$$\text{OPT}_{\text{gauss}}(f, \xi_K) = I_t \exp\left(-\frac{f^2}{\xi_K^2}\right) \tag{4-26}$$

根据式（4-16），可得钾离子通道光学响应指数的范围 $\xi_K^{(1)} \sim \xi_K^{(2)}$ 应分别保证式（4-27）成立：

$$\begin{cases} \int \left| \text{OTF}_{\text{optics}}(f) - \text{OPT}_{\text{gauss}}(f, \xi_K^{(1)}) \right|^2 \mathrm{d}f = \min \\ \int \left| \text{OTF}_{\text{diff}}(f) - \text{OPT}_{\text{gauss}}(f, \xi_K^{(2)}) \right|^2 \mathrm{d}f = \min \end{cases} \quad (4\text{-}27)$$

根据式（4-27），可得在不同的细胞膜电势下钾离子通道光学响应指数 ξ_K 与时间的关系，如图 4-16（a）所示，其中，从上到下曲线中的星形符号分别为 V=10mV、V=0mV 和 V=−10mV。

在细胞膜电势较低时，钾离子通道等效透镜光学响应指数与时间关系呈非线性的，如图 4-16（a）中子图④和⑤所示。当神经元膜电势 V>−40mV，钾离子通道等效透镜光学响应指数与时间关系越来越呈现线性特征，如图 4-16（a）中子图①、②和③所示。这主要是因为在神经元电势小时，钾离子通道等效透镜焦距 f_{lK} 非常小，并且比钠离子通道等效透镜焦距 f_{lNa} 要小一个数量级［图 4-15（a）和图 4-2］，使 $\text{OTF}_{\text{gauss}}(\cdot)$ 和 $\text{OTF}_{\text{diff}}(\cdot)$ 中的非线性项几乎不可忽略，因此导致钾离子通道等效透镜光学响应指数与时间也几乎呈非线性关系。

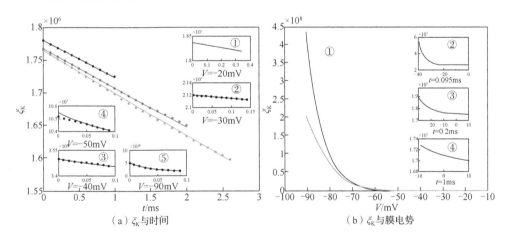

（a）ξ_K 与时间   （b）ξ_K 与膜电势

图 4-16 ξ_K 与时间、膜电势关系

然而，由于式（4-27）较为复杂，因此对其计算的结果进行拟合，可得钾离子通道光学响应指数与细胞膜电势、时间之间关系的拟合方程为

$$\xi_K = P_{K1} t^2 + P_{K2}, \quad 0 \leqslant t \leqslant T_K \quad (4\text{-}28)$$

$$\begin{cases} P_{K1} = a_{11} \exp\left\{ -\left[(V - b_{11}) / c_{11} \right]^2 \right\} + a_{12} \exp\left\{ -\left[(V - b_{12}) / c_{12} \right]^2 \right\} \\ P_{K2} = a_{21} \exp(b_{21} V) \end{cases} \quad (4\text{-}29)$$

式（4-29）中的各个参数值如表 4-3 所示。

表 4-3　式（4-29）的各个参数值

参数	值	参数	值	参数	值	参数	值
a_{11}	1.771×10^{15}	b_{11}	134.9	c_{11}	18.14	a_{21}	4.477×10^{4}
a_{12}	7.908×10^{12}	b_{12}	-102.2	c_{12}	10.63	b_{21}	-0.1548

对于不同时间，ξ_K 与细胞膜电势的关系如图 4-16（b）所示。对于在不同的时刻，由于钾离子通道开放驻留时间的存在，因此并非在所有时刻，ξ_K 都与细胞膜电势存在关系。例如，在 $t=0.095\text{ms}$ 时，与其对应的最小细胞膜电势差约为 $V \approx -42.7\text{mV}$，如果细胞膜电势差小于-42.7mV，那么钾离子通道已经失活，即钾离子通道进入关闭状态。因此，只有 $V \geqslant -42.7\text{mV}$ 才能使离子通道依然处于开放状态，此时，随着细胞膜电势差的增大，ξ_K 逐渐减小，如图 4-16（b）中子图②所示。类似地，在 $t=0.2\text{ms}$ 时，与其对应的最小细胞膜电势差约为 $V \approx -25.405\text{mV}$，如图 4-16（b）中子图③所示。在 $t=1\text{ms}$ 时，与其对应的最小细胞膜电势差约为 $V \approx -9.896\text{mV}$，如图 4-16（b）中子图④所示。

同时，从图 4-16 中可以看出，随着细胞膜电势和时间的增大，ξ_K 的变化范围逐渐减小，并且拟合表达式（4-28）可以很好地近似式（4-27）所计算的结果。

4.4.1.4　钾离子通道透镜的光学点扩散函数 h_K

对于任意光脉冲的高斯型钾离子通道透镜的点扩散函数表达式可以写为

$$
\begin{cases}
h_K(x,y) = \pi \xi_K^2 I_{tK} \exp\left[-(\pi \xi_K)^2 \dfrac{x^2 + y^2}{\sqrt{\delta_K}} \right] \\
\delta_K = \dfrac{\rho_{K\max}}{\rho_K}
\end{cases}
\tag{4-30}
$$

对于不同类型的细胞膜，其上钾离子通道密度也不相同，如无髓鞘轴突上钾离子通道密度约为 20 个/μm^2，胞体上钾离子道密度约为 0.5～5 个/μm^2，初节上钾离子通道密度约为 25 个/μm^2，轴突上钾离子通道密度约为 22 个/μm^2[226-229]。

如果令 $r^2 = x^2 + y^2$，则式（4-30）可以写为

$$
h_K(r) = \pi \xi_K^2 I_{tK} \exp\left[-(\pi \xi_K)^2 \frac{r^2}{\sqrt{\delta_K}} \right]
\tag{4-31}
$$

将式（4-28）代入式（4-31），可以获得在 $\theta = -40\text{mV}$ 时，对应不同的细胞膜电势差下，钾离子通道附近光扩散数值与细胞膜电势以及时间的关系，如图 4-17 所示。

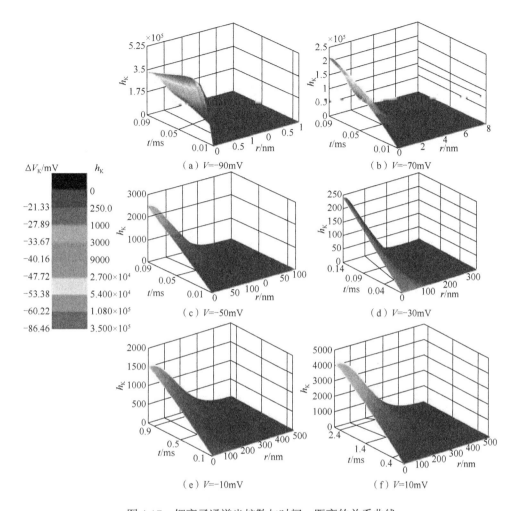

图 4-17 钾离子通道光扩散与时间、距离的关系曲线

钾离子静息电位与钠离子不同（E_{Na}=66.4mV，E_K=−90.9mV），并且 E_K<0、E_{Na}>0，代入 i_i=$\gamma_i(V-V_i)$ 可知，绝对钠离子流随细胞膜电势增大而减小，而绝对钾离子流却随细胞膜电势增大而增大。

在细胞膜电势较低时，钾离子通道开放驻留时间很小 [例如 V=−90mV 时，通过式（4-18）和式（4-23），可计算得钾离子通道的开放概率 P_{oK}≈0.0003，开放驻留时间 T_K≈0.09ms]，稳定状态时通过开放钾离子通道的绝对离子流量 $|i_K|$≈0.02pA，在很短的钾离子通道开放驻留时间作用下，形成一个很短的流量脉冲。因此，通过钾离子通道的钾离子流还没有来得及向外扩散，钾离子通道就已经进入关闭状态。对应的离子通道透镜可以理解为：虽然最大光脉冲强度很小（I_{Ktmax}≈0.0018），但透镜在此时的 ξ_K 很大，如图 4-16（a）所示，并且几乎不向外

扩散，导致点光源通过透镜后，几乎不形成光扩散，而是聚集在透镜焦点中心处，因此形成点扩散函数值 h_K 较大。同时，也因为 ξ_K 很大，致使光脉冲不能向远距离扩散，如图 4-17（a）所示，h_K 在 1nm 处几乎为 0，而钾离子通道半径约为 0.6nm，因此，此时几乎不产生钾离子通道附近电位变化。

当细胞膜电势差升高到 V=-70mV 时，稳定状态时通过开放钾离子通道的钾离子流量为 $|i_K|\approx0.42$pA，钾离子通道开放驻留时间依然为 $T_K\approx0.09$ms，相应的光脉冲强度增大到 $I_{tmax}\approx0.0378$，但细胞膜电势的增大，钾离子扩散系数也相应地增大，导致钾离子通过钾离子通道后即向周围扩散，虽然此时钾离子通道开放驻留时间依然为 0.09ms，但钾离子的扩散距离较 V=-90mV 有较大增加。对应的离子通道透镜可以理解为：在 V=-70mV 时的 ξ_K 没有 V=-90mV 时大（V=-90mV，t=0.09ms时，ξ_K=1.281×10^{10}；V=-70mV，t=0.09ms 时，ξ_K=1.861×10^9），通过式（4-31），可以计算得到点光源透过钾离子通道透镜后在焦点处形成了较 V=-90mV 时更大的扩散，扩散距离相应增大到约为 8nm。同时扩散增大使点光源在钾离子通道透镜焦点中心处的 h_K 较 V=-90mV 时小，该扩散距离已经大于钾离子通道半径。同样的原理，在 V=-50mV 时，$|i_K|\approx0.82$pA，$T_K\approx0.0922$ms，$I_{Ktmax}\approx0.0756$，钾离子通道透镜的光扩散距离相应增大到约为 100nm，如图 4-17（c）所示。在 V=-30mV 时（$|i_K|\approx1.22$pA，$T_K\approx0.1439$ms，$I_{Ktmax}\approx0.17556$），扩散距离约为 350nm，如图 4-17（d）所示。在 V=-10mV 时（$|i_K|\approx1.62$pA，$T_K\approx0.99$ms，$I_{Ktmax}\approx1.6038$），扩散距离约为 450nm，如图 4-17（e）所示。在 V=10mV 时（$|i_K|\approx2.02$pA，$T_K\approx2.5867$ms，$I_{Ktmax}\approx5.2251$），扩散距离约为 500nm，如图 4-17（f）所示。

从图 4-17 中可以看出，当细胞膜电势大于-40mV 时，钾离子通道透镜的光扩散距离迅速增加，这也说明当细胞膜电势大于阈值时，因钾离子通道开放而产生的钾离子通道附近细胞膜电势变化可向较远距离传播。

图 4-17 的主要结果如表 4-4 所示。

表 4-4　图 4-17 的主要结果

图号	V/mV	T_K/ms	$|I_K|$/pA	I_{tKmax}/pA	r_{max}/nm
图 4-17（a）	-90	0.09	0.02	0.0018	1
图 4-17（b）	-70	0.09	0.42	0.0378	8
图 4-17（c）	-50	0.0922	0.82	0.0756	100
图 4-17（d）	-30	0.1439	1.22	0.17556	350
图 4-17（e）	-10	0.99	1.62	1.6038	450
图 4-17（f）	0	2.5867	2.02	5.2251	500

从图 4-17 和表 4-4 中可以看出，在细胞膜电势 V 下，最大 h_K 值在 $t=T_K$、$r=0$ 处，即位于钾离子通道中心处。因此，建立在低浓度一侧细胞膜上钾离子通道中心处 h_K 与 V 的关系，即可获得低浓度一侧细胞膜电势与 h_K 的关系。根据这一原理，将 $r=0$ 代入式（4-31），可得

$$h_K(0) = \pi \xi_K^2 I_T \tag{4-32}$$

将式（4-28）代入式（4-32）可得在不同的细胞膜电势下，钾离子通道中心处相应的 h_K 值，对这些 h_K 值进行拟合，可得 h_K 与 V 的近似关系式：

$$h_K(0) = a \exp[-(V-b)/c] \tag{4-33}$$

对式（4-33）两边取自然对数，并用 V_h 表示因开放钾离子通道光扩散而在其附近形成的电势，可得

$$
\begin{cases}
V_h = \begin{cases} b + c\sqrt{\ln a - \ln h}, & h < a \\ b - c\sqrt{\ln h - \ln a}, & h \geqslant a \end{cases} \\
a = 3.5 \times 10^5 \\
b = -86.46 \\
c = 24.2
\end{cases} \tag{4-34}
$$

对于低浓度一侧的细胞膜，其相对于高浓度一侧电势为 0，因此在钾离子通道开放时形成的电势增量 ΔV_K 为

$$\Delta V_K = 0 - V_h \tag{4-35}$$

将式（4-34）代入式（4-35），可得

$$
\Delta V_K = \begin{cases} -b - c\sqrt{\ln a - \ln h_K}, & h < a \\ -b + c\sqrt{\ln h_K - \ln a}, & h \geqslant a \end{cases} \tag{4-36}
$$

4.4.1.5　单个钾离子通道的光扩散（膜电势扩散）仿真

钾离子通道物理等效模型中的主要参数如表 4-5 所示。

表 4-5　钾离子通道物理等效模型中的主要参数

参数	值	参数	值	参数	值
L_{cK}	7nm	D_{0K}	1.2nm	S	5.0625μm²
ρ_K	20 个/μm²	ρ_{Kmax}	25 个/μm²	γ_K	20pS

在钾离子通道密度 ρ_K=20 个/μm^2 时，如果在不同的刺激下，从 t=0 到 $t=T_K$ 时间过程，开放钾离子通道的光扩散及其相应电势增量的分布与扩散过程如图 4-18 所示。

通过式（4-36），可以计算出相应的开放钾离子通道形成的电势增量，图 4-18 中左侧条柱两侧分别为钾离子通道透镜的光学点扩散函数值与相对应的电势增量。

钾离子通道光扩散（相应电势增量扩散）形成初期其半径很小，说明此时因钾离子通道开放而形成的电势增量的扩散距离很小，但随着 $t \to T_K$，开放钾离子通道的光扩散（相应电势增量扩散）半径逐渐增大，说明因钾离子通道开放而形成的电势增量逐渐向外传播。但在刺激较小时，或者说在细胞膜电势绝对值较大时，如 V=−90mV 时，因钾离子通道开放而形成的电势增量逐渐向外传播的距离很短，约为 1nm，如图 4-18（a）所示。

当刺激增高到 $V \geqslant \theta_K$ 时，开放钾离子通道的光扩散（相应电势增量扩散）半径明显增大，说明此时因钾离子通道开放而形成的电势增量可做远距离传播，如图 4-18（c）和（d）所示。

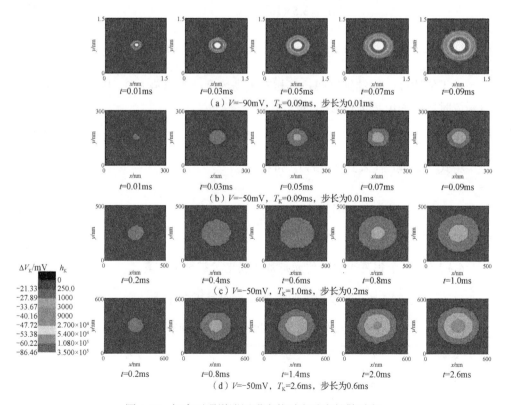

图 4-18　钾离子通道附近膜电势时空动态扩散过程

此外，从图 4-18 中可以看出，离钾离子通道中心越远，h_K 越小，ΔV_K 也越小。这说明 ΔV_K 与距离成反比。

4.4.2　平均膜电势增量对比

根据式 (4-33) ～式 (4-35)，可计算得单个钾离子通道开放引起的其附近细胞膜平均膜电势增量为

$$\Delta \overline{V}_{\text{K-local}} = \frac{1}{\pi r^2} \begin{cases} \displaystyle\int_{-r}^{r}\int_0^{T_K} -b - c\sqrt{\ln a - \ln h_K(u,v)}\mathrm{d}u\mathrm{d}v, & h < a \\ \displaystyle\int_{-r}^{r}\int_0^{T_K} -b + c\sqrt{\ln h_K(u,v) - \ln a}\mathrm{d}u\mathrm{d}v, & h \geqslant a \end{cases} \tag{4-37}$$

式中，$\Delta \overline{V}_{\text{K-local}}$ 为开放钾离子通道附近细胞膜平均膜电势增量。

由于钾离子通道开放所产生的电流方向与钠离子通道开放时所产生的电流方向相反，因此其产生的膜电势增量也与开放钠离子通道所产生的膜电势增量符号相反，即开放钠离子通道所产生的膜电势增量符号为正，开放钾离子通道开放所产生的膜电势增量符号为负。根据式 (4-36)，针对 8 种不同的钾离子通道电导（γ_K，单位为 pS），可计算得到钾离子通道电流与膜电势增量的关系，为了绘图方便，电流与膜电势增量均取绝对值，如图 4-19 所示。

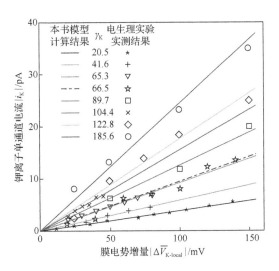

图 4-19　钾离子通道电流与膜电势增量的关系

在图 4-19 中，实线（包括点画线）为本书模型计算结果（模型参数如表 4-5 所示），"＊""＋""▽""○""□""×""◇""☆"为电生理实验实测结果（数据摘自文献[236]～[239]，类型为电压敏感快速开放钾离子通道）。8 种不同钾离子

通道电导以及与之相对应的本书模型计算结果与电生理实验实测结果如图 4-19 所示。

从图 4-19 中可以看出，本书模型计算获得的钾离子通道电流与膜电势增量的关系与电生理实验实测结果是非常近似的。

另外，从图 4-19 中可以发现，钾离子单通道电流与膜电势增量是成正比的，而且钾离子通道电导越大，产生相同膜电势增量所需电流越大，其原因是：根据欧姆定律 $i=u/R=u\gamma$，其中，u 为电压，R 为电阻，γ 为电导，可得 $u=i/\gamma$，即当 u 相同时，电导 γ 越大，所需 i 就越大，这与图 4-19 中所观察到的现象相同。

为了进一步比较本书模型计算结果与电生理实验实测结果之间的差别，对图 4-19 所示结果进行误差分析，如图 4-20 所示，其中，实心点为本书模型计算结果与电生理实验实测结果之间的误差。各条线对应的钾离子通道电导值如图 4-20（a）和（b）所示。

从图 4-20 中可以看出，γ_K 为 66.5pS、89.7pS、122.8pS 和 185.6pS 时，本书模型计算结果与电生理实验实测结果之间的误差较大，且误差的变化范围为 [−2,2]pA，主要原因是此时的钾离子通道电流本身较大，虽然误差的变化范围为 [−2,2]pA，但与较大的钾离子通道电流相比，依然较小。

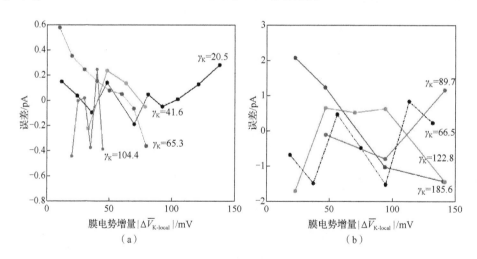

图 4-20　本书模型计算结果与电生理实验实测结果之间的误差

因此，从图 4-19 和图 4-20 中可以看出，本书模型计算的开放钾离子通道电流与该通道所产生的膜电势增量之间的关系符合电生理实验实测结果。

4.5　多钾离子通道物理等效模型与仿真分析

多个钾离子通道物理等效模型在结构上多钠离子通道物理等效模型相同。但是，由于多数细胞膜上钾离子通道密度要远小于钠离子通道密度，因此钾离子通道之间相互作用不能被忽略。为了说明钾离子通道之间相互作用对膜电势扩散的影响，将多钾离子通道光学模型分为无相互作用与相互作用两种模型，两种模型的参数如表 4-5 所示。模型的流程如图 4-21 所示。图 4-21（a）为无相互作用多钾离子通道模型计算流程图，图 4-21（b）为存在相互作用钾离子通道模型计算流程图。

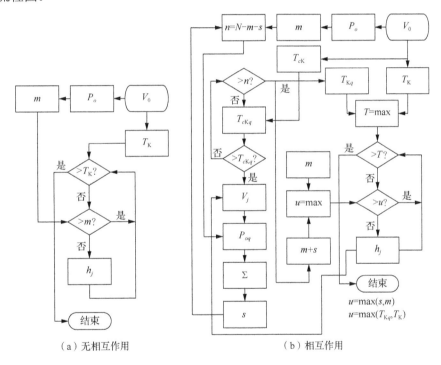

（a）无相互作用　　　　　　　　（b）相互作用

图 4-21　模型的流程图

4.5.1　无相互作用的多钾离子通道物理等效模型

4.5.1.1　物理等效模型

根据式（4-31），对于细胞膜上第 j 个开放的钾离子通道，其等效透镜点扩散函数可表示为

$$\begin{cases} h_{jK} = \pi\xi_{jK}^2 I_{tjK} \exp\left[-(\pi\xi_{jK})^2 \dfrac{r^2}{\sqrt{\delta_K}}\right] \\ I_{tjK} = i_{jK} \times t \end{cases} \qquad (4\text{-}38)$$

式中，ξ_{jK} 为第 j 个开放钾离子通道等效透镜光学响应指数；I_{tjK} 为由离子浓度差形成的点光源的光脉冲强度；i_{jK} 为第 j 个开放钾离子通道的离子流（pA）。

如果细胞膜上任意一个点 g 与第 j 个开放钾离子通道的距离为 d_{jg}，代入式（4-38），可得开放钾离子通道 j 对细胞膜上任意点 g 的扩散值为

$$h_{jg} = \pi\xi_{jK}^2 I_{tjK} \exp\left[-(\pi\xi_{jK})^2 \frac{d_{jg}^2}{\sqrt{\delta_K}}\right] \qquad (4\text{-}39)$$

如果细胞膜上随机分布着总数为 Q 个钾离子通道，则开放钾离子通道数 $w=Q\times P_{oK}$，可计算得

$$w = Q\left\{1 + \exp\left[-\frac{ze_0}{K_B T_1}(V-\theta_K)\right]\right\}^{-1} \qquad (4\text{-}40)$$

根据光学线性叠加原理，则所有开放钾离子通道对细胞膜上任意一点 g 的扩散值总和为

$$h_g = \sum_{j=1}^{w}\left\{\pi\xi_{jK}^2 I_{tjK} \exp\left[-(\pi\xi_{jK})^2 \frac{d_{jg}^2}{\sqrt{\delta_K}}\right]\right\} \qquad (4\text{-}41)$$

需要指出的是，开放钾离子通道之间也存在相互扩散，如果第 j 个开放钾离子通道与其他任意第 $u(u{\neq}j)$ 个开放钾离子通道的距离为 d_{ju}，则第 j 个开放钾离子通道对第 u 个开放钾离子通道的扩散值为

$$h_{ju} = \pi\xi_{jK}^2 I_{tjK} \exp\left[-(\pi\xi_{jK})^2 \frac{d_{ju}^2}{\sqrt{\delta_K}}\right] \qquad (4\text{-}42)$$

同样地，根据光学线性叠加原理，则所有 $w-1$ 个开放钾离子通道对第 u 个开放钾离子通道的扩散值总和为

$$\tilde{h}_u = \sum_{j=1, j\neq u}^{m}\left\{\pi\xi_{jK}^2 I_{tjK} \exp\left[-(\pi\xi_{jK})^2 \frac{d_{ju}^2}{\sqrt{\delta_K}}\right]\right\} \qquad (4\text{-}43)$$

将式（4-41）和式（4-43）代入式（4-36），即可获得所有 w 个开放钠离子通道在低浓度一侧细胞膜上产生的总膜电势增量。

4.5.1.2　仿真实验与结果分析

在不同的刺激下，钾离子通道开放概率不同，因此膜上开放钾离子通道数也不同，刺激越大，开放钾离子通道数越多。

细胞膜上钾离子通道分布以及在不同的刺激下开放钾离子通道分布如图 4-22 所示。其中，圆形符号为钾离子通道，实心圆形符号为开放钾离子通道。膜上随机分布着 100 个钾离子通道。

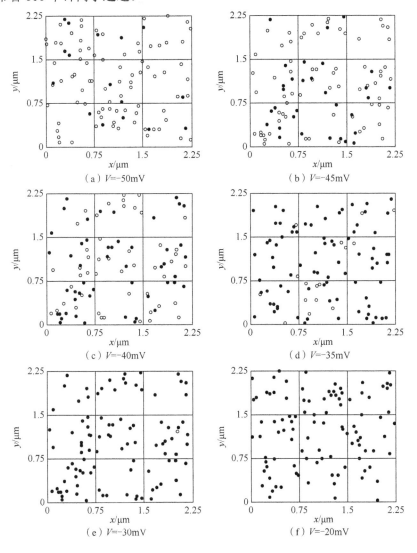

图 4-22　面积为(2.25×2.25)μm² 的细胞膜上钾离子通道与开放钾离子通道的随机分布（有相互作用）

　　仿真实验结果如图 4-23 所示。

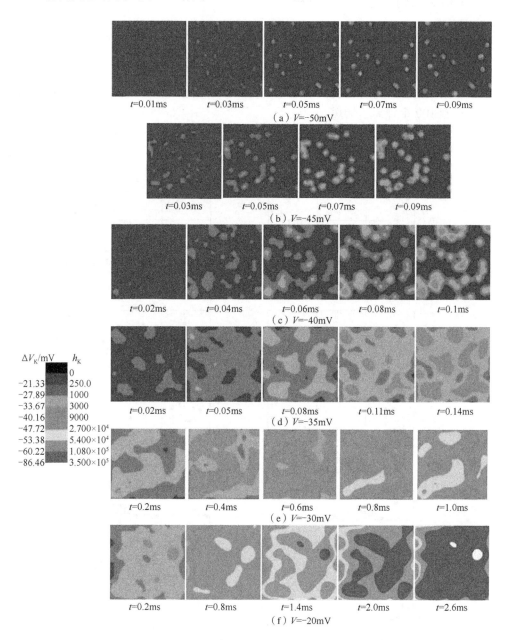

图 4-23　多钾离子通道膜电势增量时空动态扩散过程

　　比较图 4-23（a）～（f）可以看出，在刺激为-30mV 时，其开放钾离子通道的最远扩散（ΔV_K 扩散）距离约为 0.35μm，并且开放钾离子通道在多数区域分布较刺激为-50mV、-45mV、-40mV 和-35mV 时稠密得多。因此在很短的时间内（约为 0.08ms），开放钾离子通道产生的 h_K（低浓度一侧 ΔV_K）几乎扩散到整个（2.25×2.25）μm^2 细胞膜，如图 4-23（e）中 $t=0.08ms$ 所示。同时，对比图 4-23（a）中 $t=0.07ms$、图 4-23（b）中 $t=0.07ms$、图 4-23（c）中 $t=0.08ms$ 和图 4-23（d）中 $t=0.08ms$ 可以看出，在 $t\approx0.08ms$ 时，细胞膜上的 h_K（ΔV_K）数值几乎相等，其主要原因是：虽然在刺激较低时，开放钾离子通道透镜中心处的 h_K 比刺激高时要大，但刺激升高会增大 P_{oK}，相应地也会使膜上开放钾离子通道数量增多，通过光学线性叠加而使整个膜上开放钾离子通道透镜的 h_K（ΔV_K）增大，致使在 t 相同时，刺激在较小范围内变化，并不会带来细胞膜上 h_K（ΔV_K）的显著变化。

从图 4-23 中可以看出，当刺激小于 θ 时，由于 P_{oK} 较小（刺激等于 θ 时，$P_{oK}=0.5$），因此在整个膜上形成的开放钾离子通道个数相对较少，同时由于单个开放钾离子通道透镜的 h_K（ΔV_K）扩散距离也较小，因而在细胞膜上形成多个局部亮斑，如图 4-23（a）～（c）所示。当刺激大于 θ 时，由于 P_{oK} 的增大且大于 0.5，相应地，整个膜上形成的开放钾离子通道个数也相对较多。此外，在较高的刺激下，单个开放钾离子通道透镜的 h_K（ΔV_K）扩散距离也较大，致使整个膜都被开放钾离子通道透镜的 h_K（ΔV_K）扩散覆盖，如图 4-23（d）～（f）所示。

同样的原理，可以很好地理解开放钾离子通道引起的 ΔV_K 的变化、扩散。即当刺激小于 θ 时，开放钾离子通道形成的 ΔV_K 仅在细胞膜的局部区域内扩散，而不能扩散至整个膜上；当刺激大于 θ 时，开放钾离子通道形成的 ΔV_K 在整个膜上扩散。对比图 4-23（a）～（c）和图 4-23（d）～（f），上述结论可以很容易地被获得。

需要指出的是，由于钾离子浓度是内高外低的，因此钾离子通道的开放会产生钾离子外向流，从而进一步升高细胞膜外部电势，增大细胞膜内外电势差，使细胞膜形成再极化。

同时，从图 4-23 中还可以看到一个重要的特性：开放钾离子通道形成的 ΔV_K 可向任意方向传播，可与其他开放钾离子通道形成的 ΔV_K 线性叠加，并向整个细胞膜扩散；开放钾离子通道形成的 ΔV_K 初始时刻较小，但随着时间的增加而逐渐增大，扩散距离也逐渐增大。

4.5.2　相互作用的多钾离子通道物理等效模型

相互作用的多钾离子通道物理等效模型与无相互作用多钾离子通道物理等效模型在 $h_K(\Delta V_K)$ 的计算上是相同的，不同的是需要考虑开放钾离子通道所产生的 ΔV_K 对未开放钾离子通道开放概率的影响。相互作用的多钾离子通道光学模型中的参数与无相互作用多钾离子通道物理等效模型相同。

在不同的刺激下，相互作用多钾离子通道物理等效模型中膜上钾离子通道与开放钾离子通道分布如图 4-24 所示。其中，圆形符号为钾离子通道，实心圆形符号为初始开放钾离子通道。

为了便于比较，令在相同刺激下，相互作用多钾离子通道物理等效模型中神经元膜上，初始开放钾离子通道数及其分布与无相互作用模型中完全相同，如图 4-22 和图 4-24 所示。

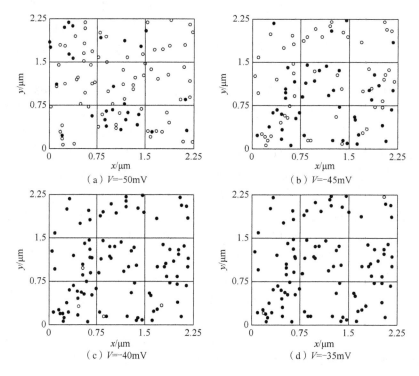

（a）V=−50mV

（b）V=−45mV

（c）V=−40mV

（d）V=−35mV

图 4-24　面积为$(2.25×2.25)\mu m^2$的细胞膜上钾离子通道与开放钾离子通道的随机分布（无相互作用）

在不同刺激下，相互作用多钾离子通道物理等效模型的 h_K（ΔV_K）动态过程如图 4-25 所示。图中各参数的意义与图 4-23 相同。

当刺激为−50mV 时，初始开放钾离子通道数较少，约为 11 个，如图 4-22（a）和图 4-24（a）中黑色实心圆形符号所示。初始开放的钾离子通道在细胞膜上分布相对稀疏，并且在刺激为−50mV 时，单个开放钾离子通道所产生的 h_K（ΔV_K）扩散的最大距离约为 100μm。因此，已开放钾离子通道间由于距离较大而较少形成 h_K（ΔV_K）扩散的重叠，因而形成几乎彼此独立的 h_K（ΔV_K）扩散，如图 4-23（a）和图 4-25（a）所示。同时，由于未开放钾离子通道处于关闭状态，驻留时间计算

表达式 $T_{cK}=T_K(1-P_{oK})/P_{oK}$，可以得到 $T_{cK}=0.4571\text{ms}$，在细胞膜上的 83 个未开放钾离子通道的 T_{cK} 是在 $0 \leqslant T_{cKi} \leqslant 0.4571\text{ms}(1<i<83)$ 随机分布的。因此，可能有一些未开放钾离子通道的 T_{cK} 小于 0.1ms，如果这些未开放钾离子通道距已开放离开放钾离子通道较近，那么就有可能受到已开放钾离子通道的 h_K（ΔV_K）扩散的影响而开放［对应于图 4-22（a）中实心圆所示］，因而当 $t \to 0.1\text{ms}$ 时，受影响开放的钾离子通道也将产生 h_K（ΔV_K）扩散，如图 4-23（a）$t=0.09\text{ms}$ 所示。

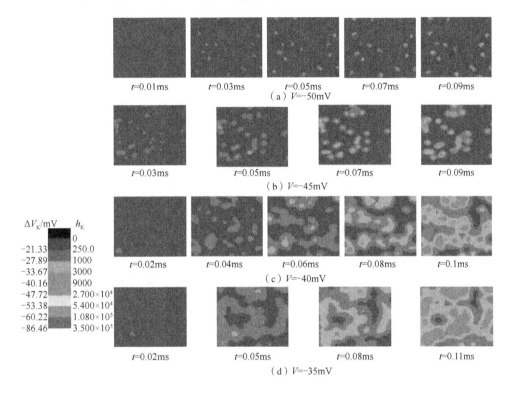

图 4-25　相互作用多钾离子通道物理等效模型的 ΔV_K 时空动态扩散过程

　　对比图 4-23（a）和图 4-25（a）可以发现，直到 $t=0.08\text{ms}$ 时，相互作用与无相互作用的多钾离子通道物理等效模型的 h_K（ΔV_K）扩散在形式上之间没有明显的区别，但 $t=0.09\text{ms}$ 时，相互作用多钾离子通道物理等效模型的 h_K（ΔV_K）扩散已经影响未开放钾离子通道而使其中部分开放，从而产生了与无相互作用多钾离子通道物理等效模型不同的 h_K（ΔV_K）扩散。

　　相似的情形在刺激为 -45mV、-40mV 和 -35mV 时都可以发现，如图 4-25（b）、（c）和（d）所示。但比较图 4-23 和图 4-25（b）、（c）和（d）会发现，已开放钾离子通道的 h_K（ΔV_K）扩散对未开放钾离子通道产生影响，并使其中部分开放的时间比刺激为-50mV时要早，或者说在更短的时间内即可使部分未开放钾离子通道结束关闭状态而进入开放状态，产生这种现象的主要原因如下。

（1）根据 T_{cK} 计算表达式，可以知道刺激越大，T_{cK} 越小，例如在刺激为-45mV、-40mV和35mV时，其 T_{cK} 分别为0.2114ms、0.101ms和0.0514ms，明显比刺激为-50mV时小很多，因此未开放钾离子通道可以更早地结束关闭状态而进入开放状态。

（2）刺激越大，单个开放钾离子通道产生的 h_K（ΔV_K）扩散距离越大，在刺激为-45mV、-40mV和-35mV时，开放钾离子通道的 h_K（ΔV_K）扩散距离 r 分别为170nm、200nm和250nm，较刺激为-50mV时 r=100nm大很多，可以在局部区域产生更多的重叠（根据线性叠加原理而进行的光扩散叠加），因而可以对附近未开放钾离子通道产生更大影响。

（3）随着刺激增大，相应地，细胞膜上钾离子通道的 P_{oK} 及初始开放数量也会增多，在刺激为-45mV、-40mV和-35mV时，P_{oK} 与初始开放数量分别为 P_{oK}=0.31、w=31，P_{oK}=0.5、w=50，P_{oK}=0.69、w=69 比刺激为-50mV时 P_{oK}=0.1679、w=17 显著增多，使细胞膜上已开放钾离子通道变得较为稠密，相互之间的 h_K（ΔV_K）扩散重叠区域增大，使能对某个未开放钾离子通道产生影响的已开放钾离子通道个数增多。

4.5.3 两种形式的多钾离子通道物理等效模型的仿真结果分析

两种形式的多钾离子通道模型的本质区别在于：在开放钾离子通道的 h_K（ΔV_K）扩散是否对细胞膜上未开放钾离子通道产生影响，并使其在 T_{cK} 终止时开放。通过开放钾离子通道物理等效模型和两种形式的多钾离子通道物理等效模型的仿真实验，可得以下结论。

（1）因钾离子通道开放而产生的通道附近电势增量扩散并非"全或无"的，这一点可以通过式（4-22），即 Goldman-Hodgkin-Katz 方程可以清楚地看到，证明了所建钾离子通道物理等效模型是正确和有效的。因此，即使在刺激很小的时候，如-90mV，ΔV_K 可向外扩散约 1nm。

（2）ΔV_K 扩散具有各向同性，即同时向所有方向扩散，这一点从图 4-17 可以清晰地看到。

（3）随着刺激增大，ΔV_K 扩散距离也逐渐增大，如图 4-16 和图 4-17 所示。主要原因是刺激的增大，钾离子的扩散系数 D 也随之增大，因而扩散入低浓度一侧后，在细胞膜上分布的钾离子也就越多，分布区域也越大，从而形成更大的 ΔV_K 扩散区域。对应到离子通道透镜，在刺激较小时，ξ_K 很大，如图 4-15（a）所示，导致点光源通过透镜时，几乎不形成 h_K 扩散，而是聚集在透镜焦点中心处，因此形成点扩

散函数值 h_K 较大。同时，ξ_K 很大，致使 h_K 不能向远距离扩散，如图 4-16（a）所示，h_K 在 1nm 处几乎为 0。如果增大细胞膜电势，通过式（4-28）可知 ξ_K 却随之减小，如图 4-15 所示，导致点光源通过透镜时形成的向外扩散的光斑分布，这种光斑分布随 ξ_K 进一步减小而逐渐增大，如图 4-17 所示。

（4）ξ_K 减小导致点光源通过透镜时向外扩散的能力增强，在开放钾离子通道中心处的光亮度也逐渐减小，通过式（4-31）和式（4-33）可知，对应的开放钾离子通道中心处的电势也会逐渐减小，如图 4-16 和图 4-17 所示。

（5）对于开放钾离子通道，在 T_K 内，开放时间越长，ΔV_K 越大，扩散距离越远。

（6）由式（4-30）可知，钾离子通道分布密度 ρ_K 的大小会影响因 ΔV_K 扩散距离，ρ_K 越大，扩散距离越小，反之亦然。

（7）开放钾离子通道对未开放钾离子通道的作用，可以使部分未开放钾离子通道，甚至几乎全部的未开放钾离子通道结束关闭状态，进入开放状态。

（8）无论是相互作用的多钾离子通道模型，还是无相互作用的多钾离子通道模型，都能很好地描述细胞膜上因钾离子通道开放而形成的扩散、传播的动态过程。

第5章 基于钠、钾离子通道物理等效模型的神经元膜电势时空动态模型

　　无论是运动神经系统，还是脑神经系统，其信息首先是在神经元上产生，并在神经元上发展、扩散、传播。一个能描述神经元膜电势产生、发展、扩散、传播的神经元时空动态模型不仅对研究神经元信息的时空（多维）动态过程与发展机理十分重要，而且也是研究和分析运动神经系统与脑神经系统之间的信息产生、发展、扩散、传播的时空动态特性与机理的基础。然而从目前神经元模型研究现状上看，还没有一种神经元模型可以满足上述要求。本章重点阐述利用第4章中的多钠、钾离子通道光学模型建立神经元膜电势时空动态模型。

　　神经元膜电势的产生与钠和钾离子通道密切相关。膜电势从产生到消亡大致可分为以下几个阶段。

　　（1）初始状态。初始时，细胞膜电势为静息电势。钠通道关闭，只有部分钾通道开放，钾离子决定了静息电势的大小。

　　（2）起始相。起始相中，只要有一个刺激即可使膜电势产生去极化。刺激可由突触后离子通道的开放或是旁边区域产生的动作电位而形成。当电位超过静息电势时，钾通道会被阻断，而一定数量的钠通道开放（由刺激大小决定开放钠离子通道的数量）。

　　（3）去极化。钠离子通道的开放，使膜外钠离子很快进入细胞内，造成细胞膜的去极化，开放钠离子通道越多，进入膜内的有钠离子就越多，如果去极化达到或超过阈值，就会形成动作电位。

　　（4）复极化。在去极化经历一段时间（约几毫秒）后，钠离子通道开放驻留时间结束，钠离子通道相继进入关闭状态。此时，钾离子通道相继开放，膜内钾离子流向膜外，膜电位因钾离子的流出而向静息水平发展。

　　神经元膜电势产生至消亡不但包括上述四个主要过程，还具有非常明显的时空动态特性，如图1-4所示（详细描述见神经信息的产生、发展、扩散传播过程）。目前神经元模型主要是基于时间维度建立的，对于能描述空间维度特性的神经元膜电势模型依然不多见，其主要原因是不能有效融合时间、空间以及膜电势这三个不同意义的物理量。因此，以下问题需被考虑：如何在第4章中所建立的多钠、钾离子通道物理等效模型的基础上，有效融合时间、空间以及膜电势这三个不同

意义的物理量，建立神经元膜电势时空动态模型？神经元信息是以膜电势增量形式出现的，如何利用神经元膜电势时空动态模型获得神经元平均膜电势增量计算方法？

5.1　基于多钠、钾离子通道物理等效模型的神经元时空动态模型

5.1.1　建立神经元膜电势时空动态模型

如果细胞膜上随机分布的钠、钾离子通道数分别为 m 和 w，它们与细胞膜上任意点之间的关系示意图如图 5-1 所示，图中 k 为钠离子通道（如浅色空心圆所示），g 为钾离子通道（如深色空心圆所示），a 为细胞膜上任意点，虚线为钠离子通道对膜上任意点的距离，双点画线箭头表示开放离子通道所产生的电势增量对膜上任意点的扩散，实线双向箭头线表示开放钠离子通道所产生的电势增量之间的相互扩散，点画线双向箭头线表示开放钾离子通道所产生的电势增量之间的相互扩散。

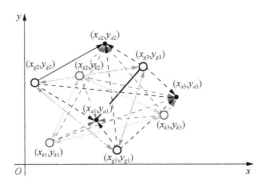

图 5-1　细胞膜上任意点与开放钠、钾离子通道的位置关系示意图

根据式（4-16）和式（4-19），所有 m 个开放钠离子通道对膜上任意一点 a_i 的扩散值为

$$\begin{cases} h_{\text{Na}}^i = \sum_{j=1}^{m} \pi \xi_{kj}^2 I_{kjt} \exp\left[-(\pi \xi_{kj})^2 \dfrac{d_j^2}{\sqrt{\delta_{\text{Na}}}} \right] \\ d_j = \sqrt{(x_{ai} - x_{kj})^2 - (y_{ai} - y_{kj})^2} \end{cases} \quad (5\text{-}1)$$

式中，x_{ai}、y_{ai} 为膜上第 i 个点的坐标，如图 5-1 中实心圆形符号所示；x_{kj}、y_{kj} 为膜上第 j 个开放钠离子通道的坐标，如图 5-1 中浅色空心圆所示；d_j 为膜上第 i 个

点与第 j 个开放钠离子通道之间的距离（nm）；ξ_{kj} 为膜上第 j 个开放钠离子通道的光学响应指数；I_{kjt} 为膜上第 j 个开放钠离子通道的光脉冲强度；h_{Na}^i 为所有 m 个开放钠离子通道对膜上第 i 个点的扩散总和。

同理，根据式（4-38）和式（4-39），所有 w 个开放钾离子通道对膜上任意一点 a_i 的扩散值为

$$\begin{cases} h_K^i = \sum_{q=1}^{w} \pi \xi_{gq}^2 I_{gqt} \exp\left[-(\pi \xi_{gq})^2 \dfrac{d_q^2}{\sqrt{\delta_K}} \right] \\ d_q = \sqrt{(x_{ai} - x_{gq})^2 - (y_{ai} - y_{gq})^2} \end{cases} \tag{5-2}$$

式中，x_{gq}、y_{gq} 为膜上第 q 个开放钾离子通道的坐标，如图 5-1 中深色空心圆所示；d_q 为膜上第 i 个点与第 q 个开放钾离子通道之间的距离（nm）；ξ_{gq} 为膜上第 q 个开放钾离子通道的光学响应指数；I_{gqt} 为膜上第 q 个开放钾离子通道的光脉冲强度；h_K^i 为所有 w 个开放钾离子通道对膜上第 i 个点的扩散总和。

在膜电势从产生到消亡的过程中，钾离子通道表现出特有的调节机制，即延迟整流。钾离子通道由膜电位去极化激活，并经历一段时间延迟后大量开放，从而使膜电位恢复到静息水平，为下一次膜电势去极化甚至产生动作电位做准备。

另外，在细胞膜产生动作电位过程中，当钠离子内流达到最大值时，钾离子通道才有一半开放，而当所有钠离子通道失活时，钾离子通道的开放才到了最大值。所以钠离子通道开放最多的时候就是电压最大值之时，而钾离子通道开放，则位于复极化开始后。

钾离子通道的开放除了受去极化的影响之外，另一个影响钾离子通道开放的重要因素是钾离子通道开放延迟时间，即钾离子通道延迟整流产生时间。此外，在膜电势的起始相，由于开放钾离子通道对钠离子通道的开放存在阻滞作用，因此，钠离子通道的开放也存在延时。

钠离子通道的开放延迟计算方程为

$$\begin{cases} \tau_m = (\alpha_m + \beta_m)^{-1} \\ \alpha_m = 0.1(V+25) \cdot \left[\exp\left(\dfrac{V+25}{10} \right) - 1 \right]^{-1} \\ \beta_m = 4 \exp\left(\dfrac{V}{18} \right) \end{cases} \tag{5-3}$$

式中，τ_m 为钠离子通道的开放延迟（ms）。

钾离子通道的开放延迟计算方程为

$$\begin{cases} \tau_n = (\alpha_n + \beta_n)^{-1} \\ \alpha_n = 0.01(V+10) \cdot \left[\exp\left(\dfrac{V+10}{10}\right) - 1 \right]^{-1} \\ \beta_n = 0.125 \exp\left(\dfrac{V}{80}\right) \end{cases} \tag{5-4}$$

式中，τ_n 为钾离子通道的开放延迟（ms）。

利用式（5-3）和式（5-4）计算获得的钠、钾离子通道的开放延迟时间与膜电势的关系如图 5-2 所示。

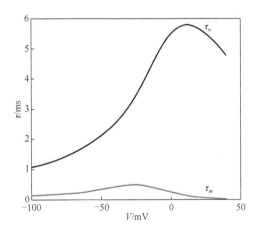

图 5-2　开放延迟时间与膜电势的关系

从图 5-2 中可以看出，在膜电势从−100mV 增加到 40mV 的过程中，钾离子通道的开放延迟时间（τ_n）始终大于钠离子通道的开放延迟时间（τ_m），而且 τ_n 和 τ_m 都不是单调的。当膜电势约为−26.1mV 时，τ_m 出现拐点，这时因为 α_m 是缓慢单调减的，而 β_m 是迅速单调增的，致使 $\alpha_m + \beta_m$ 在膜电势约为−26.1mV 时达到最小值。而当膜电势约为 12.2mV 时，τ_n 出现拐点，这时因为 β_n 是缓慢单调增的，而 α_n 随着膜电势增大而迅速减小，致使 $\alpha_n + \beta_n$ 在膜电势约为 12.2mV 时达到最小值。

根据上述分析，膜电势主要是由钠、钾离子通道开放产生的，并且钠、钾通道开放时所产生的离子流方向相反，因此令向内流为正、向外流为负。如果不考虑钠、钾离子通道的开放延迟，则所有 m 个开放钠离子通道和 w 个开放钾离子通道对膜上任意一点 a_i 的扩散值之和为

$$h = h_{Na}^i - h_K^i$$

$$= \sum_{j=1}^{m} \pi \xi_{kj}^2 I_{kjt} \exp\left[-\left(\pi\xi_{kj}\right)^2 \frac{d_j^2}{\sqrt{\delta_{Na}}}\right] - \sum_{q=1}^{w} \pi\xi_{gq}^2 I_{gqt} \exp\left[-\left(\pi\xi_{gq}\right)^2 \frac{d_q^2}{\sqrt{\delta_K}}\right] \quad （5\text{-}5）$$

如果考虑钠、钾离子通道的开放延迟，则所有 m 个开放钠离子通道和 w 个开放钾离子通道对膜上任意一点 a_i 的扩散值之和为

$$h(x,y,t) = h_{Na}(x,y,t-\tau_m) - h_K(x,y,t-\tau_n)$$

$$= \sum_{j=1}^{m} \pi\left[\xi_{kj}(t-\tau_m)\right]^2 I_{kjt}(t-\tau_m) \exp\left\{-\left[\pi\xi_{kj}(t-\tau_m)\right]^2 \frac{d_j^2}{\sqrt{\delta_{Na}}}\right\}$$

$$= \sum_{q=1}^{w} \pi\left[\xi_{gq}(t-\tau_n)\right]^2 I_{gqt}(t-\tau_n) \exp\left\{-\left[\pi\xi_{gq}(t-\tau_n)\right]^2 \frac{d_q^2}{\sqrt{\delta_K}}\right\} \quad （5\text{-}6）$$

从式（5-6）可知

$$\begin{cases} h_{Na}(x,y,t-\tau_m) = \sum_{j=1}^{m} \pi\left[\xi_{kj}(t-\tau_m)\right]^2 I_{kjt}(t-\tau_m) \exp\left[-\left[\pi\xi_{kj}(t-\tau_m)\right]^2 \frac{d_j^2}{\sqrt{\delta_{Na}}}\right] \\[4mm] h_K(x,y,t-\tau_n) = \sum_{q=1}^{w} \pi\left[\xi_{gq}(t-\tau_n)\right]^2 I_{gqt}(t-\tau_n) \exp\left\{-\left[\pi\xi_{gq}(t-\tau_n)\right]^2 \frac{d_q^2}{\sqrt{\delta_K}}\right\} \end{cases}$$

$$（5\text{-}7）$$

并且

$$\begin{cases} h_{Na}(x,y,t-\tau_m) = 0, & t-\tau_m \leqslant 0 \\ h_K(x,y,t-\tau_n) = 0, & t-\tau_n \leqslant 0 \end{cases} \quad （5\text{-}8）$$

将式（5-7）中 $h_{Na}(x,y,t-\tau_m)$ 和 $h_K(x,y,t-\tau_n)$ 分别代入式（4-9）和式（4-36），即可获得神经元膜电势增量及其时空动态变化。

5.1.2　开放钠、钾离子通道产生的电势增量扩散距离

在阈值为-45mV时，不同的膜电势下，开放钠、钾离子通道产生的光斑亮度与时间、半径的关系如图5-3所示。

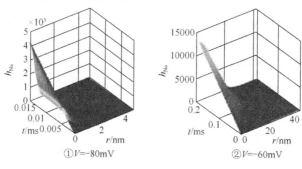

①$V=-80$mV　　　　　　②$V=-60$mV

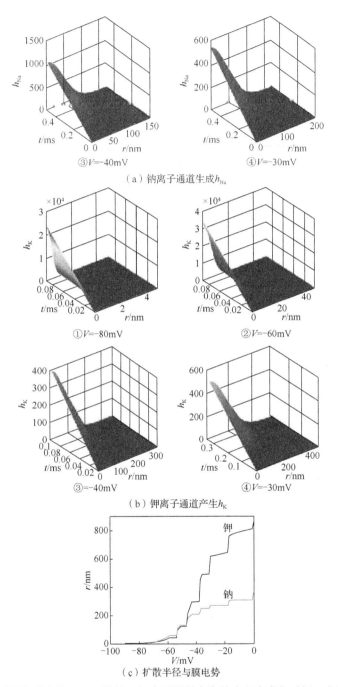

（a）钠离子通道生成h_{Na}

（b）钾离子通道产生h_K

（c）扩散半径与膜电势

图 5-3　不同的膜电势下，开放钠、钾离子通道产生的光斑亮度与时间、半径的关系

对于钠离子通道，在 V=−80mV 时，$|V|$=80mV 相对较大，因此，根据钠离子流表达式 $i_{Na}=\gamma_{Na}(V-V_{Na})$，稳定状态时通过开放离子通道的离子流量也相对较大

（|i_{Na}|≈1.6891pA）。但是，由于钠离子通道开放驻留时间很短，通过开放钠离子通道的钠离子还没有来得及沿膜向做较远距离扩散，离子通道就已经进入关闭状态。对应的离子通道透镜可以理解为：虽然最大光脉冲强度很小（I_{max}≈0.005），但透镜的焦距较短，所以光学响应指数很大，导致在透镜焦点中心处形成亮度较高、半径很小（h=0.001时，r≈4nm）的光斑，如图5-3（a）中子图①所示。由于f_i∝V增大膜电势，开放钠离子通道形成的h_{Na}渐减小，但h_{Na}的半径却逐渐增大，如图5-3（a）中子图②、③和④所示。与钠离子通道相似，在V<−30mV时，增大V，开放钾离子通道形成的h_K也逐渐减小，h_K的半径却逐渐增大，如图5-3（b）中子图①、②和③所示。但与钠离子通道不同的是，当V>−30mV时，增大V，开放钾离子通道形成的h_K与扩散半径r_K都会增大，如图5-3（b）中子图④所示。其原因是T_K在V<−30mV时迅速增大，如图4-14所示。因此使在V=−20mV时，开放钾离子通道形成的h_K比V=−40mV时的h_K大，如图5-3（b）中子图③和④所示。而变化相对于T_K要平缓很多，如图4-14所示。而且T_{Na}、T_K的变化，也使当V<−45mV时，开放钾离子形成的r_K比开放钠离子通道形成的r_{Na}小，但当V>−45mV时，开放钾离子形成的r_K明显比开放钠离子通道形成的r_{Na}大，如图5-3（c）所示。

5.2　对比实验

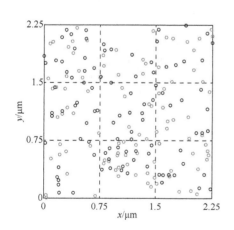

图5-4　面积为(2.25×2.25)μm² 的细胞膜上钠、钾离子通道分布

证明神经元模型是否正确、有效，一个公认的方法就是：用所建模型的仿真实验结果与电生理实验实测值或光学设备所记录的结果进行对比。由于电生理实验方法无法获得神经元时空动态性方面的实测结果，因此本章只与光学设备所记录的结果进行对比实验。

在本章的所有仿真实验中，神经元膜大小为(2.25×2.25)μm²，其上随机分布的钠、钾离子通道如图5-4所示，深色空心圆为钾离子通道，浅色空心圆为钠离子通道。

5.2.1　去极化空间分布对比

去极化是膜电势从静息水平向阈值电位或动作电位发展的过程，如果去极化达到或超过阈值，则膜电势产生动作电位峰值。去极化主要是由神经元膜上钠离子通道开放而引起的，此时，钾离子通道处于关闭状态，因此，$t<\tau_n$，根据式（5-7），当刺激为−25mV（阈值为−45mV）时，神经元膜去极化峰空间分布如图 5-5 所示。

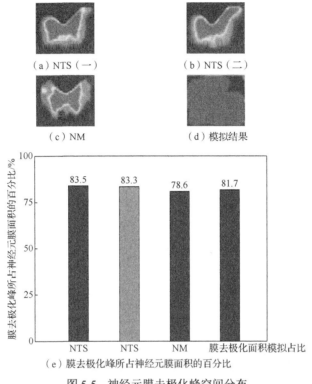

（a）NTS（一）　　　　（b）NTS（二）

（c）NM　　　　（d）模拟结果

（e）膜去极化峰所占神经元膜面积的百分比

图 5-5　神经元膜去极化峰空间分布

在图 5-5 中，图 5-5（a）和（b）为利用光学设备所记录的孤束核（nucleus tractus solitarius，NTS）膜去极化峰空间分布，记录时间为 t=0.58ms[187]，图 5-5（c）为利用光学设备所记录的巨细胞核（nucleus magnocellularis，NM）膜去极化峰空间分布，记录时间为 t=0.58ms，图 5-5（d）为在面积$(2.25×2.25)\mu m^2$ 神经元膜上，利用所建立的神经元时空动态模型［式（5-7）］进行仿真实验获得极化峰空间分布，仿真时间为 t=0.99ms，图 5-5（e）为通过计算获得图 5-5（a）、（b）、（c）和（d）中膜去极化峰所占神经元膜面积的百分比。

从图 5-5 中可以看出，两次相同过阈值刺激下，NTS 膜去极化峰所占神经元膜面积的百分比分别为83.5%和83.3%，同样条件下，NM 膜去极化峰所占神经元膜面积的百分比为 78.6%，利用所建立的神经元时空动态模型进行仿真实验获得膜去极化峰所占神经元膜面积的百分比为 81.7%，说明利用所建立的神经元时空动态模型进行仿真实验获得膜去极化峰所占神经元膜面积的百分比在 NTS 和 NM 膜去极化峰所占神经元膜面积的百分比范围内，因此证明了所建立的神经元时空动态模型在描述膜去极化空间分布方面是正确和有效的。

另外，图 5-5 所示的光学设备所记录结果也证明了采用光学设备所记录神经元膜电势变化的方法存在随机性。例如，两次相同过阈值刺激下，NTS 膜去极化峰所占神经元膜面积的百分比大小不相同。

5.2.2　空间总和作用对比

空间总和作用是细胞膜电势的一个重要功能，在细胞之间进行信息传递时起着非常重要的作用。空间总和作用为神经元提供了另一种获得动作电位的方法，即在多个同时到达的阈下刺激作用下，神经元也可能产生动作电位。空间总和是神经元膜对来自不同膜区域刺激所产生膜电势的代数总和[240]。

空间总和对比实验如图 5-6 所示。其中，图 5-6（a）为在三个不同空间位置（黑点所示）同时施加相等大小的阈下−50mV 刺激时，三个神经元树突膜产生的空间总和时空动态过程光学设备记录结果[241]。图 5-6（b）为在面积 $(2.25 \times 2.25) \mu m^2$ 的细胞膜四个角上（箭头所示）同时施以−50mV 的刺激，利用所建立的神经元时空动态模型，对细胞膜空间总和的时空动态过程仿真实验结果。

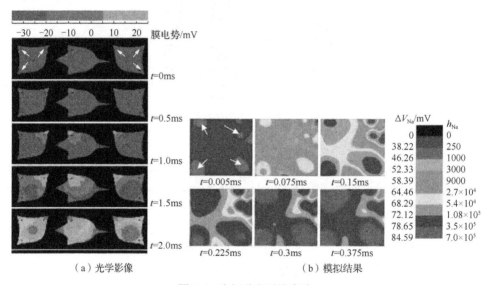

（a）光学影像　　　　　　　　　（b）模拟结果

图 5-6　空间总和对比实验

在图 5-6（a）中，从光学设备记录的结果可以看出，光斑从刺激点处 [图 5-6（a）中实心圆形符号所示] 产生，并随着时间增加光斑亮度逐渐增高并向外扩散，形成重叠，最终形成动作电位。

在图 5-6（b）中，刺激点分别位于方形细胞膜的四个角上，虽然每个刺激区域的刺激电势只有−50mV，但由于刺激点数多，因此同时开放的钠离子通道个数较只有一点刺激（-50mV）时多，因此细胞膜上开放离子通道形成的光斑间连成片状的可能性明显增大并最终形成动作电位。

对比图 5-6（a）和（b）可以发现，膜电势最初产生于各个刺激点附近，并且彼此孤立，不产生重叠，如图 5-6（a）t=0.5ms 时和图 5-6（b）t=0.005ms 时所示。随着刺激时间的增长，各个刺激点附近的膜电势开始向四周扩散，并产生相互重叠，如图 5-6（a）t=1.0ms、t=1.5ms 时和图 5-6（b）t=0.075ms、t=0.15ms、t=0.225ms 所示。在刺激维持一段时间后，膜电势的扩散与相互重叠继续增加，最终产生动作电位，如图 5-6（a）t=2.0ms 时和图 5-6（b）t=0.3ms、t=0.375ms 所示。

从图 5-6 中可以看出，所建立的神经元时空动态模型对膜空间总和的时空动态过程仿真实验结果与光学设备记录的膜空间总和的时空动态过程结果相同，证明了所建立的神经元时空动态模型在描述膜去极化空间分布方面是正确和有效的。

5.2.3　膜电势产生、发展与消亡的时空动态过程对比

为了进一步验证所建立神经元时空动态模型的有效性与正确性，将所建立神经元时空动态模型在膜电势的产生、发展与消亡的时空动态过程仿真实验结果与单个神经元膜电势产生、发展与消亡的光学设备记录实验结果进行对比。

当刺激电势分别为 V=-35mV 时，单个 NM 膜电势产生、发展与消亡的光学设备记录结果如图 5-7 所示[242]。

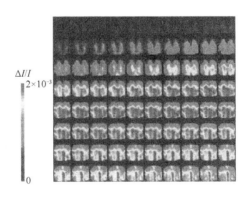

图 5-7　神经元膜电势产生、发展与消亡的光学设备记录结果

从图 5-7 中可以看出，起初，膜电势只在几个孤立区域内存在，如横向区域的系列图像所示，随着时间增长，彼此孤立的区域逐渐连成片状，并逐渐扩散至整个细胞膜，而且光斑的颜色从深色逐渐向浅色发展（浅色表示动作电位），以致

形成动作电位，如图 5-7 中浅色区域所示，在形成动作电位后，又从浅色开始向深色返回，如图 5-7 最后一行所示，说明动作电位逐渐消亡。

当刺激电势为–50mV 和–35mV 时，仿真实验所用神经元膜上开放的钠、钾离子通道分布如图 5-8 所示。其中，灰色"+"符号为开放钠离子通道，黑色"+"符号为开放钾离子通道。

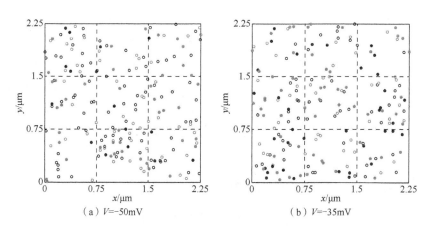

（a）$V=-50\text{mV}$　　　　　　（b）$V=-35\text{mV}$

图 5-8　钠、钾离子通道在$(2.25\times2.25)\mu\text{m}^2$细胞膜上的分布

膜电势产生、发展与消亡的仿真实验结果如图 5-9 所示。

当 $\rho_{\text{Na}}=\rho_{\text{K}}=20\mu\text{m}^{-2}$ 时，面积为$(2.25\times2.25)\mu\text{m}^2$ 的细胞膜上随机分布的钠、钾离子通道数均为 100 个，如图 5-6 所示，当刺激电势为–50mV 时，膜上 50 个钠离子通道［如图 5-8（a）中灰色"+"符号所示］在延时 $\tau_m=0.423\text{ms}$ 后全部开放，在 $0<t\leqslant\tau_m$ 时，开放钠离子通道形成的光斑亮度和半径都很小（$r\approx90\text{nm}$），几乎很难观察到。ΔV 在 $\tau_m<t\leqslant\tau_m+T_{\text{Na}}$（$T_{\text{Na}}\approx0.4\text{ms}$）时，开放钠离子通道形成的光斑亮度和半径都明显增大，并从各自孤立的光斑逐渐连接成片状光斑，并且光斑亮度也逐渐增加，说明因钠离子通道开放引起的膜电势逐渐增大，并沿膜向外扩散，如图 5-9（a）所示。但直到 $t=\tau_m+T_{\text{Na}}$ 时，光斑依然没有扩散至整个细胞膜，依然有孤立的低亮度光斑，而且，即使成片状的光斑也只是在局部范围内，如图 5-9（a）$t=0.899\text{ms}$ 时所示。这也说明了局部膜电位只能在短距离扩散。当 $t>\tau_m+T_{\text{Na}}$ 时，钾离子通道逐渐开放，并产生外向延时整流[243,244]，细胞膜电势逐渐减小直至恢复到静息电势（大约为–90mV），如图 5-9（a）$t=0.899\text{ms}\sim t=10.65\text{ms}$ 所示。因为开放钾离子通道流与钠离子通道流方向相反，其形成的光斑方向也与钠离子通道的相反，因此本书定义开放钠离子通道形成的光斑为正，开放钾离子通道形成的光斑为负。

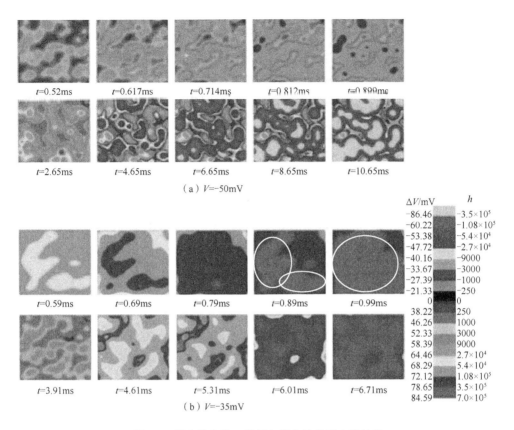

图 5-9　膜电势产生、发展与消亡的仿真实验结果

当刺激电势为-35mV 时，膜上 92 个钠离子通道，如图 5-8（b）中灰色 "+"符号所示。在延时 $\tau_m=0.479$ms 后全部开放，$\tau_m<t\leqslant\tau_m+T_{\mathrm{Na}}$（$T_{\mathrm{Na}}\approx0.5$ms）时，92 个开放的钠离子通道形成的光斑从局部区域片状扩散至整个细胞膜，并且光斑亮度也逐渐增大，如图 5-9（b）所示。当 $t=\tau_m+T_{\mathrm{Na}}$ 时，整个膜电势增量大于 72.12mV，大约 80% 的细胞膜电势增量大于 78.65mV，如图 5-9（b）中椭圆区域所示。说明细胞膜上形成了动作电位。主要原因是：一方面，刺激电势为-35mV 时，膜上开放钠离子通道较刺激电势为-50mV 时多近一倍，使在相同面积下，开放离子通道更密集，从而减小了开放钠离子通道之间的距离；另一方面，刺激电势为-35mV 时，各个开放钠离子通道的光斑半径（$r\approx200$nm）也较刺激电势为-50mV 时大，如图 5-3（c）所示。这使开放钠离子通道间的重叠区域增多，导致细胞膜上开放钠离子通道光斑连成片状的区域相应增多，根据光学线性叠加原理，开放钠离子通道光斑因重叠而亮度增加，最终形成动作电位。当 $t>\tau_m+T_{\mathrm{Na}}$ 时，钾离子通道逐渐开放，细胞膜电势逐渐减小并恢复至静息水平，如图 5-9（b）$t=3.91$ms～$t=6.71$ms

所示。而且，在刺激电势为-35mV时，开放钾离子通道数也较刺激电势为-35mV时多，如图5-8（a）中黑色"+"符号所示，因此比刺激电势为-50mV时能更快地使膜电势复极化。当刺激电势为-50mV时，在t=0.899ms时开始复极化，直到t=10.65ms时膜电势恢复到静息水平，复极化持续时间约为9.751ms。当刺激电势为-35mV时，在t=0.99ms时开始复极化，到t=6.71ms时膜电势恢复到静息水平，复极化持续时间约为5.72ms。

此外，从图5-7和图5-9中都可以发现电势在膜上的扩散是没有方向性的，而是各向同性的。

对比图5-7和图5-9可以看出，无论是膜电势光学设备记录，还是利用所建立的神经元时空动态模型的膜电势仿真实验结果，在膜电势产生、发展和消亡的时空动态过程上是一致的，因此，证明在膜电势产生、发展与消亡的时空动态过程描述上，所建立的神经元时空动态模型也是正确和有效的。

5.2.4 时间总和对比

当两个或两个以上的刺激引起的局部兴奋叠加起来，也可能使膜去极化达到阈电位水平而产生一次可传播的动作电位，这称为时间总和[245-247]，如图5-10所示。图5-10（a）为神经元和膜片钳实验台示意图，图5-10（b）为单个阈下刺激时神经元膜电势，图5-10（c）为多个时间连续的阈下刺激时神经元膜电势。

当神经元受到单个阈下刺激时，产生的膜电势小于阈值，神经元不会产生动作电位，如图5-10（b）所示。当神经元受到多个时间连续的阈下刺激时，虽然刺激大小与单个阈下刺激是相同的，但由于该大小的刺激在时间上连续，因此神经元产生了逐次增大的膜电势。如果膜电势大于阈值，神经元将会产生动作电位，如图5-10（b）所示。

为了验证所建立的神经元时空动态模型在描述时间总和上的正确性和有效性，对面积为$(2.25\times2.25)\mu m^2$的神经元膜上连续施加四次时间间隔为0.21ms（$\approx T_{Na}$）的-60mV阈下刺激，则在这四次阈下刺激下，膜上开放钠离子通道分布如图5-11所示，其中，黑色"+"符号为第一次阈下刺激时开放的钠离子通道，深灰色"+"符号为

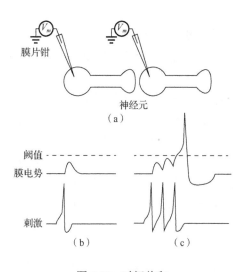

图 5-10 时间总和

第二次阈下刺激时开放的钠离子通道，灰色"+"符号为第三次阈下刺激时开放的钠离子通道，浅灰色"+"符号为第四次阈下刺激时开放的钠离子通道。在-60mV阈下刺激时，开放钾离子通道个数很少，而且由于连续刺激时间间隔约等于 T_{Na}，因此开放钾离子通道对膜电势的影响几乎可以忽略。

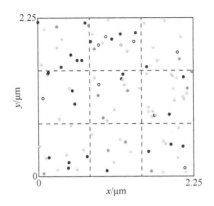

图 5-11　面积为$(2.25×2.25)\mu m^2$细胞膜上的开放钠离子通道分布

仿真实验结果如图 5-12 所示。

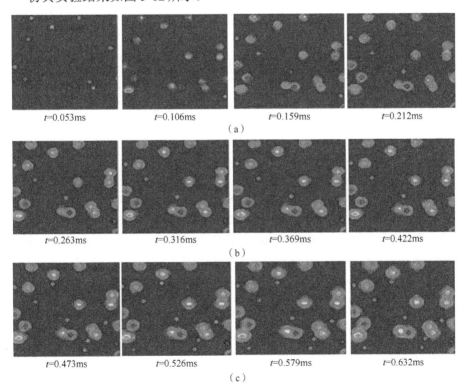

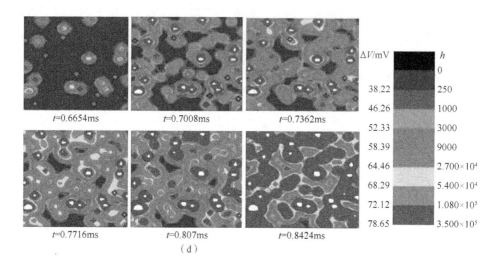

图 5-12　膜电势时间总和时空动态过程

在第一次阈下时，由于开放钠离子通道个数很少，大约为 17 个，使开放钠离子通道之间的距离较远，因此每个开放钠离子通道所产生的膜电势很难彼此重叠而相互孤立。另外，刺激电势小，使开放钠离子通道所产生的膜电势幅值也较小，如图 5-12（a）所示。

在 t=0.212ms 时，第二次刺激到达，但第一次刺激所产生的膜电势还没有消亡，因此和第二次刺激所产生的膜电势产生叠加，从而进一步提高了膜电势，并且由于在其他位置产生了新的开放钠离子通道，使膜电势面积增大，如图 5-12（b）所示。

当 t=0.422ms 和 t=0.632ms 时，第三次和第四次刺激开始，与第二次刺激时的原理相同，第三次和第四次刺激更进一步地提高了膜电势，并且膜电势的面积也进一步增大。在第三次刺激中，当 t=0.7362ms 时，开放钠离子通道所产生的膜电势已经从彼此孤立发展成相互重叠，并连成片状，如图 5-12（c）和（d）所示。在第四次刺激中，膜电势已经超过阈值，从而产生动作电位，如图 5-12（d）所示。

从图 5-12 中可以看出，所建立的神经元时空动态模型能很好地说明膜电势的时间总和作用，证明了所建立神经元时空动态模型在描述时间总和作用方面是正确和有效的。

结合上述四类关于膜电势特性的对比实验结果，证明了本章所建立的神经元时空动态模型是正确和有效的。

5.3　平均膜电势增量对比实验

5.3.1　平均膜电势增量计算方法

通过式（4-9），可得因钠离子通道开放引起的细胞膜上总的膜电势增量为

$$\mathrm{DV_{Na}} = \oint_S \Delta V_{\mathrm{Na}} \mathrm{d}S \tag{5-9}$$

式中，$\mathrm{DV_{Na}}$ 为钠离子通道开放引起的细胞膜上总的膜电势增量（mV）；S 为细胞膜的面积（$\mu\mathrm{m}^2$）。

可得面积为 S 的细胞膜上因钠离子通道开放引起的平均膜电势增量为

$$\mathrm{D\overline{V}_{Na}} = \frac{\oint_S \Delta V_{\mathrm{Na}} \mathrm{d}S}{S} \tag{5-10}$$

式中，$\mathrm{D\overline{V}_{Na}}$ 为钠离子通道开放引起的平均膜电势增量（mV）。

根据相同的原理，通过式（4-36），可得因钾离子通道开放引起的细胞膜上总的膜电势增量为

$$\mathrm{DV_K} = \oint_S \Delta V_{\mathrm{K}} \mathrm{d}S \tag{5-11}$$

式中，DV_K 为钾离子通道开放引起的细胞膜上总的膜电势增量（mV）。

可得面积为 S 的细胞膜上因钾离子通道开放引起的平均膜电势增量为

$$\mathrm{D\overline{V}_K} = \frac{\oint_S \Delta V_{\mathrm{K}} \mathrm{d}S}{S} \tag{5-12}$$

式中，$\mathrm{D\overline{V}_K}$ 为钾离子通道开放引起的平均膜电势增量（mV）。

因此，细胞膜上平均膜电势增量为

$$\mathrm{D\overline{V}} = \mathrm{D\overline{V}_{Na}} - \mathrm{D\overline{V}_K} \tag{5-13}$$

式中，$\mathrm{D\overline{V}}$ 为钠、钾离子通道开放共同引起的平均膜电势增量（mV）。

神经元细胞膜电势为

$$V_m = V_r + \mathrm{D\overline{V}} \tag{5-14}$$

式中，V_m 为神经元细胞膜电势（mV）；V_r 为神经元细胞膜静息电势（mV）。

5.3.2　对比与结果分析

为了进行对比实验，委托空军军医大学梁録琚脑研究中心进行了老鼠背根神经元膜片钳实验。膜片钳实验台如图 5-13 所示。神经细胞培养液的 pH 为 7.4，其主要成分如表 5-1 所示。

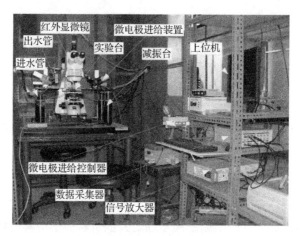

图 5-13　膜片钳实验台

表 5-1　本实验用白鼠生理盐水成分

成分	浓度/（mol/L）	成分	浓度/（mol/L）
NaCl	120	葡萄糖	10
KCl	3.5	CaCl$_2$	2.4
NaH$_2$PO$_4$	1.2	MgSO$_4$	1.2
NaHCO$_3$	26		

注：液体配置过程中，钙离子和镁离子最后加，并且须在边通混合气边搅拌的情况下加入钙离子和镁离子

神经元静息电位为-70mV，阈值为-40mV。神经元膜电势时空动态模型参数如表 4-2 和表 4-5 所示，仿真环境为：1500×1500 完整矩阵，单元格间距 1.5nm，因此，膜面积为 5.0625μm^2，钠、钾离子通道数各为 100 个，时间步长 0.001ms；软件为 MATLAB7.1.1；1 台 i5CPU，4GB 内存的计算机。

5.3.2.1　动作电位对比

阈上刺激会使神经元产生动作电位，该动作电位持续时间约为 1ms 到数个毫秒。对于四种不同的阈上刺激（从-40mV 到-10mV，间隔 10mV），其所产生的动作电位如图 5-14 所示。

将本章中神经元膜电势时空动态模型仿真结果代入式（5-10）、式（5-12）和式（5-13），结果如图 5-14（a）和（b），其中，图 5-14（a）中，左侧四条线为式（5-10）计算结果，右侧四条线为式（5-12）计算结果，图 5-14（b）为式（5-13）计算结果，编号 1~4 的刺激分别为-10mV、-20mV、-30mV 和-40mV。

白鼠背根神经元电生理实验结果如图 5-14（c）所示。在图 5-14 中，t_a 为神经元从-70mV 开始去极化到再次恢复到-70mV 所用时间，t_a' 为从去极化快速上升到恢复-70mV 所用时间，t_b 为相邻快速去极化峰值之间的间隔时间。

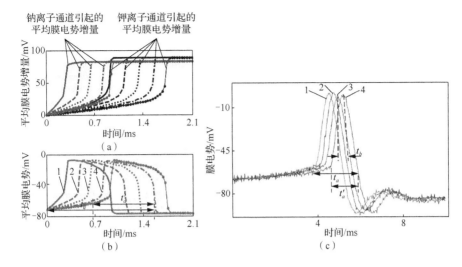

图 5-14　当刺激大于阈值时，钠离子通道电势增量与钾离子通道电势增量以及神经元膜电势

为了便于分析，将图 5-14 中的数据制成表格，如表 5-2 所示。

表 5-2　刺激电势≥-40mV 时神经元膜电势仿真与电生理实验结果对比

	刺激电势/mV	动作电位峰值/mV	t_a/ms	t_a'/ms	t_b/ms
仿真		0	1.3	0.95	0
电生理实验	-10	3.4	2.7	1.3	0
误差		-3.4	-1.4	-0.35	0
仿真		0	1.4	1.0	0.23
电生理实验	-20	3.6	2.4	1.4	0.21
误差		-3.6	-1.0	-0.4	0.02
仿真		0	1.5	1.0	0.2
电生理实验	-30	3.3	2.3	1.3	0.22
误差		-3.3	-1.2	-0.3	-0.02
仿真		0	1.6	1.0	0.4
电生理实验	-40	3.3	2.2	1.2	0.25
误差		-3.3	-0.6	-0.2	-0.01

从表 5-2 中可以看出，对于动作电位，仿真结果均为 0mV，即膜电势增量为 70mV，电生理实验结果显示平均动作电位为 3.4mV，即膜电势增量为 73.4mV，二者的误差非常小。对于 t_b，二者间误差均小于 0.02ms；对于 t_a'，二者误差均小于 0.4ms。二者在 t_a 上误差的范围为[0.6,1.4]ms，虽然该误差较大，但仿真实验结果中，四种不同的阈上刺激所产生的动作电位的 t_a 均大于 1.3ms，符合动作电位在 1ms 至数个毫秒之间的要求。

5.3.2.2　阈下刺激时神经元膜电势对比

对于四种不同的阈下刺激（−41mV、−46mV、−61mV 和−66mV）时，神经元所产生的响应如图 5-15 所示。

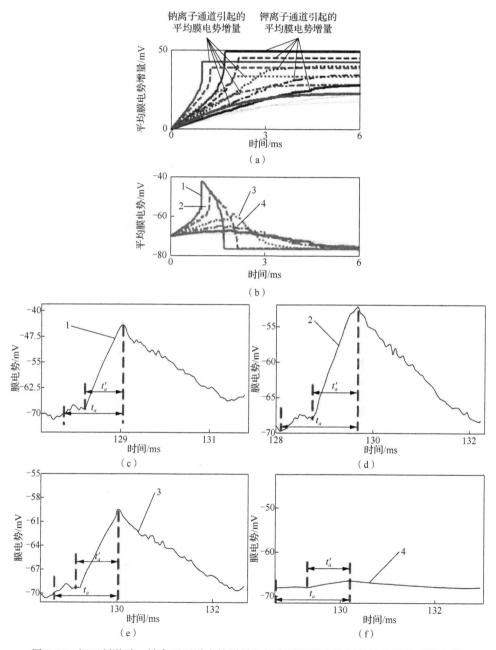

图 5-15　阈下刺激时，钠离子通道电势增量与钾离子通道电势增量以及神经元膜电势

图 5-15（a）中，钠离子通道引起的平均膜电势增量线为式（5-10）计算结果，钾离子通道引起的平均膜电势增量线为式（5-12）计算结果，图 5-15（b）为式（5-13）计算结果，编号 1～4 的刺激分别为-41mV、-46mV、-61mV 和-66mV。白鼠背根神经元电生理实验结果如图 5-15（c）～（f）所示。t_a 和 t_a' 的意义与图 5-14 中相同。

根据图 5-15 中的结果，当刺激分别为-41mV、-46mV、-61mV 和-66mV 时，神经元膜电势时空动态模型仿真结果中，膜电势峰值产生时间分别为 0.977ms、1.253ms、2.014ms 和 2.14ms；电生理实验结果中，膜电势峰值产生时间分别为 129.043ms、129.294ms、130ms 和 130.168ms。

为了便于分析，将图 5-15 中的数据制成表格，如表 5-3 所示。

表 5-3　刺激电势<-40mV 时神经元膜电势仿真与电生理实验结果对比

	刺激电势/mV	膜电势峰值/mV	t_a/ms	t_a'/ms	t_b/ms
仿真		-42.04	-47.36	-58.69	-66.53
电生理实验	-41	-43.82	-52.09	-61.87	-66.41
误差		-1.78	-4.37	-3.18	0.12
仿真		1.3	1.4	1.5	1.54
电生理实验	-46	0.36	1.5	1.37	2.2
误差		-0.06	-0.1	0.13	-0.66
仿真		0.75	1.0	0.96	1.04
电生理实验	-61	0.88	0.89	0.91	0.88
误差		-0.07	-0.11	-0.05	-0.16
仿真		0	0.267	0.761	0.126
电生理实验	-66	0	0.251	0.706	0.168
误差		0	0.016	0.055	-0.042

从表 5-3 中可以看出，当刺激小于阈值时，仿真结果与电生理实验结果间的误差为：对于膜电势峰值，二者的误差范围在[-4.37,0.12]mV，平均误差小于 2.4mV；对于 t_a，二者间的最大误差为 0.66ms，而最小误差为 0.06ms，平均误差为 0.2375ms；对于 t_a'，二者间的误差范围在[-0.11,0.05]ms，平均误差为 0.0725ms；对于 t_b，二者间的最大误差为 0.055ms，最小误差为 0.016ms，平均误差小于 0.0377ms。这说明神经元膜电势时空动态模型仿真结果符合电生理实验结果。

5.3.2.3　过阈值周期刺激对比

Rubinstein[47]根据经验函数描述的膜电势衰减函数为

$$V(t) = \frac{1 - \exp\left(\dfrac{6.41 - t}{0.8}\right)}{4.9(t - 6.41)} \qquad (5\text{-}15)$$

式中，$V(t)$为t时刻膜电势值。

刺激为0mV，刺激周期为9ms，则将膜电势时空动态模型计算结果代入式（5-10）、式（5-12）、式（5-13）和式（5-14），结果如图5-16（a）和（b）所示。

图5-16（a）中，尖峰较多的曲线为式（5-10）计算结果，另一条曲线为式（5-12）计算结果，图5-16（b）为式（5-13）计算结果，曲线的下降沿为式（5-14）计算结果。白鼠背根神经元周期刺激电生理实验结果如图5-16（c）所示。T_p为动作电位周期，t_w为动作电位宽度。

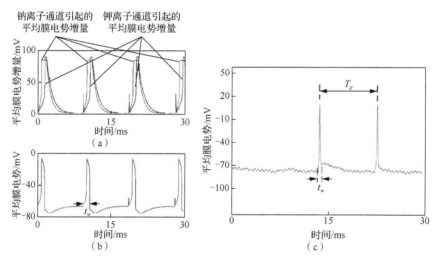

图 5-16　外部刺激大于阈值时细胞的周期响应

为了便于分析，将图5-16中的数据制成表格，如表5-4所示。

表5-4　过阈值周期刺激下神经元膜电势仿真与电生理实验结果对比

	刺激电势/mV	膜电势峰值/mV	T_p/ms	t_w/ms
仿真		3.5	9	2.4
电生理实验	0	9.3	9	1.6
误差		-5.8	0	1.8

从表 5-4 中可以看出，当进行刺激为 0mV、周期为 9ms 的过阈值时，仿真结果与电生理实验结果间的误差为：对于膜电势峰值，仿真结果为 3.5mV，电生理实验结果为 9.3mV，二者的误差为 5.8mV；对于 T_p，二者均为 9ms，所以均能很好地响应刺激频率；对于 t_w，仿真结果为 2.4ms，电生理实验结果为 1.6ms，二者误差为 0.8ms，但二者均在神经元动作电位宽度（约在 1ms 至数毫秒）范围内，说明神经元膜电势时空动态模型仿真结果符合电生理实验结果。

5.4　不同刺激电势下的膜电势时空动态过程仿真

当刺激为 -45mV、-40mV、-20mV 和 0mV 时，神经元膜上开放钠、钾离子通道分布如图 5-17 所示。其中，灰色"+"符号为开放钠离子通道，黑色"+"符号为开放钾离子通道。

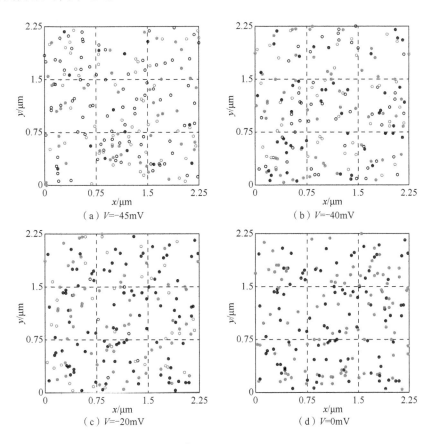

图 5-17　面积为 $(2.25 \times 2.25)\mu m^2$ 细胞膜上的开放钠、钾离子通道随机分布

根据式（5-3）和式（5-4），可计算得刺激为–45mV、–40mV、–20mV 和 0mV时的 τ_n 和 τ_m，如表 5-5 所示。仿真实验结果如图 5-18 所示。

表 5-5　τ_n 和 τ_m 值

刺激/mV	τ_n/ms	τ_m/ms
–45	2.1081	0.3364
–40	2.5540	0.4230
–20	3.9132	0.4790
0	5.4586	0.2368

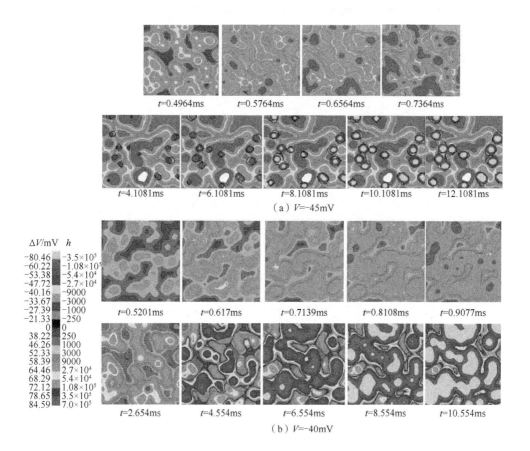

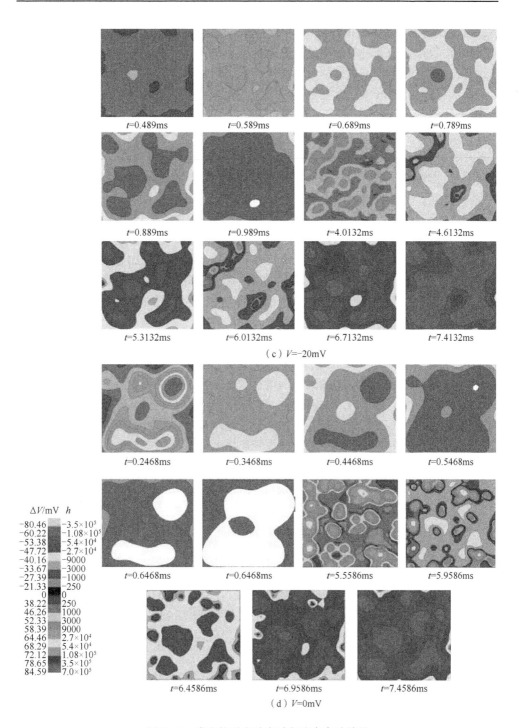

图 5-18　膜电势时空动态过程仿真实验结果

从图 5-18 中可以看出，在不同大小刺激电势作用下，神经元膜电势产生、发展与消亡的时空动态过程与图 5-9 所示动态过程是相同的。进一步分析图 5-18 所示的仿真实验结果，可以得出以下结论。

（1）膜电势的产生、发展与消亡时空动态过程为：首先，在膜上生成许多彼此孤立的电势区域，并随时间的增加而逐渐向外扩散，并与附近膜电势区域重叠，连成片状。如果刺激电势小于阈值，则片状区域不会发展至整个膜。但如果刺激电势大于阈值，除了片状区域电势值继续增大外，其覆盖的范围也继续向外扩散并与其他片状区域连通直至覆盖整个细胞膜，进而产生动作电位。随后，钾离子通道相继开放，形成外向延时整流，膜电势逐渐减小，并恢复至静息电势，如图 5-18（a）～（d）所示。

（2）对比图 5-18（a）～（d）可以发现，开放钠、钾离子通道所产生的膜电势扩散距离与刺激电势大小成正比。因此，根据光学线性叠加原理可知，在面积相同的细胞膜上，开放离子通道越多，开放离子通道间的距离就会越小，那么开放离子通道所产生的膜电势重叠区域也会相应增多，因而形成的膜电势扩散范围就越大。

（3）钠、钾离子通道开放产生的膜电势扩散具有各向同性，即同时向所有方向扩散。

（4）钾离子通道开放与钠离子通道开放都能在细胞膜上形成膜电势扩散，只是开放钠、钾离子通道形成的膜电势方向相反。

（5）当刺激小于阈值时，开放钠离子通道形成的电势最远扩散距离大于钾离子通道的，而当刺激大于阈值时，开放钾离子通道形成的电势最远扩散距离却明显大于钠离子通道的。这也很好地解释了对于多数 $\rho_{Na} > \rho_K$ 的细胞，其上分布的钠离子通道多于钾离子通道，但在受到大于阈值刺激产生动作电位后，细胞膜依然能在短时间内恢复到静息水平，如图 5-18（a）所示。

（6）与光学设备细胞膜电势记录方法相比，只要初始条件不变，本章所建立的膜电势模型经过多次重复的仿真计算，仍可还原过去的仿真结果，因此可以有效解决光学设备细胞膜电势记录方法因活体细胞时变而较难还原的缺陷。

（7）与传统方法建立的膜电势模型相比，本章所建立的膜电势模型具有明显的时空动态特性，因此可以有效解决传统方法建立的膜电势模型在膜电势生成、发展与消亡时空动态过程描述方面的不足。

5.5 局部膜电位的时空动态过程仿真

神经元膜受到阈下刺激时，膜两侧产生的微弱电变化（较小的膜去极化或超极化反应）或者说是膜受刺激后去极化未达到阈值的电位变化。其形成机制为：

阈下刺激使膜上钠通道部分开放，产生少量去极化或超极化，故局部膜电位可以是去极化电位，也可以是超极化电位。

对于局部膜电位，重点关注的是其产生、发展的时空动态过程，其消亡过程与大于阈值刺激电势时相同。因此，在本节中只进行局部膜电位的产生、发展时空动态仿真实验。

在不同的阈下刺激电势作用下，神经元膜上产生的局部膜电位的产生、发展的时空动态过程仿真实验如图 5-19 所示。

从图 5-19 中可以总结出如下结果。

（1）刺激远小于阈值时，开放钠离子通道所产生的膜电势只会出现在该离子通道附近的很小区域内，如图 5-19（a）所示。

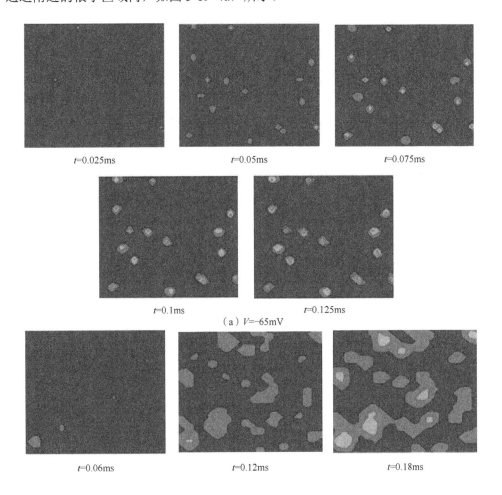

t=0.025ms　　　　t=0.05ms　　　　t=0.075ms

t=0.1ms　　　　t=0.125ms

（a）V=−65mV

t=0.06ms　　　　t=0.12ms　　　　t=0.18ms

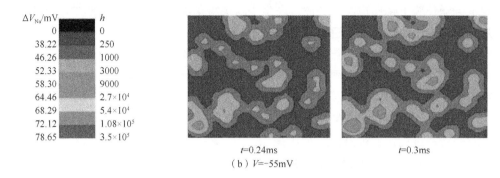

图 5-19　局部膜电位的时空动态过程仿真实验结果

（2）如果阈下刺激增大，虽然依然小于阈值，但开放钠离子通道所产生的局部膜电势的范围在增加，局部膜电势的个数也增多，甚至某些开放钠离子通道产生的局部膜电位之间出现相互重叠，如图 5-19（b）所示。

（3）局部膜电位之所以不能在细胞膜上做远距离传播，是因为当刺激小于阈值时，膜上开放的钠离子通道个数较少，开放钠离子通道间的距离较大，同时，单个钠离子通道开放形成的膜电势扩散最大距离的限制导致开放钠离子通道形成的电势之间较难连通而不能形成片状，如图 5-19（a）和（b）所示。

第 6 章　神经元膜电势增量振荡特性

　　膜电势振荡是神经元、神经网络中极为普遍的宏观现象，其既是神经元膜电势变化微观机理的宏观体现，又是神经元从微观到宏观整体作用的结果。因此，基于神经元振荡行为和现象所建立的神经元模型被称为神经元振荡（或整体）模型[248]。为了直观理解神经元膜电势振荡现象，也为了便于描述而不产生歧义，在本章中称之为神经元振荡模型。从神经元膜电势产生机理来看，神经元膜电势振荡的本质是其膜电势增量的振荡。在本章中，先通过单个钠、钾离子通道物理等效模型获得光扩散振荡模型，在此基础上，分别根据钠、钾离子通道开放引起的膜电势增量计算方程建立相应的膜电势增量振荡模型，进而根据钠、钾离子通道对膜电势的作用，结合多钠、钾离子通道物理等效模型，建立神经元膜电势增量振荡模型，并对模型进行稳定性、周期解存在性、近似周期解、张弛振荡以及混沌特性分析。

　　目前，神经元振荡模型基本是脱离微观机理与神经元膜电势振荡的整体动态性而建立的，因此难以描述二者间的关系。因此，针对目前相关领域对可应用的整体模型的广泛需求，如何有效结合产生膜电势的微观机理与神经元膜电势振荡的整体动态性，建立可应用的神经元振荡模型，成为当前神经元模型应用研究的核心问题之一。因此，需要考虑：如何有效整合门粒子动力学特性、离子通道的作用，离子对膜电势的影响、膜电势的时空动态变化过程，建立可应用的神经元振荡模型？如何对所建立的神经元振荡模型进行动态特性分析？

6.1　神经元膜电势振荡

　　为了分析神经元膜电势振荡特性，委托空军军医大学梁録琚脑研究中心进行了水蛭游泳运动神经元膜片钳实验。膜片钳实验台如图 5-13 所示。神经细胞培养液的 pH 为 7.4，其主要成分如表 6-1 所示。实验结果如图 6-1 所示。

表 6-1　本实验用水蛭生理盐水成分

成分	浓度/（mmol/L）	成分	浓度/（mmol/L）
NaCl	124	葡萄糖	10
KCl	3.3	$CaCl_2$	2.4
NaH_2PO_4	1.2	$MgSO_4$	1.2
$NaHCO_3$	26		

注：液体配置过程中，钙离子和镁离子最后加，并且须在边通混合气边搅拌的情况下，加入钙离子和镁离子

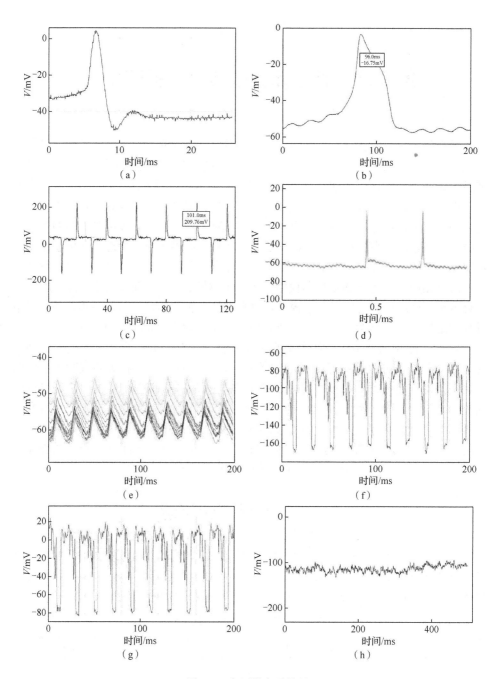

图 6-1　电压钳实验结果

从图 6-1 中可以看出，神经元存在以下几种膜电势振荡形式。

（1）单脉冲振荡。当受到单个脉冲刺激时，神经元细胞膜上部分钠离子通道开放产生去极化，细胞膜电势相应增大，在经历一段时间（约为数毫秒）后，钾离子通道开放产生再极化，膜电势恢复到静息水平。刺激越大，去极化水平越高，如果刺激大于阈值，神经元细胞膜将产生动作电位，如图 6-1（a）和（b）所示。

（2）周期振荡。从产生原因上看，周期振荡主要分为两种，一种是受到周期刺激，神经元产生的周期响应；另一种是受到单个刺激，神经元产生的周期性响应，主要存在于中枢模式发生器（center pattern generation，CPG）神经元[248-251]。从相应的大小上看，可以分为阈下［图 6-1（e）和（f）］和阈上周期振荡［图 6-1（g）］。

（3）混沌振荡。即无规则、随机振荡，大多发生在阈下，如图 6-1（h）所示。

（4）张弛振荡。主要表现为不连续的跳跃，分为周期性张弛振荡［图 6-1（c）］和非周期性张弛振荡［图 6-1（d）］。

另外，从图 6-1 中也能明显发现，无论为何种振荡，都是膜电势围绕其静息水平产生的往复变化，即其本质是膜电势增量的振荡，因此，只需建立神经元膜电势增量的振荡模型，即可获得神经元膜电势的振荡模型。

6.2　基于离子通道物理等效模型的神经元膜电势增量振荡模型

6.2.1　离子通道物理等效模型的振荡

本章所建立的具有时空动态特性的钠、钾离子通道等物理等效模型是基于门粒子动力学模型，并结合钠、钾离子通道自身物理特性与物理量建立的，而神经元膜电势增量计算方程正是基于多钠、钾离子通道物理等效模型共同作用获得的。本章中钠、钾离子通道光学模型、神经元膜电势增量计算方程本身就融合了众多神经元膜电势变化的微观机理。因此，如果能利用钠、钾离子通道物理等效模型，并结合神经元膜电势增量计算方程，建立神经元振荡模型，即可有效整合门粒子动力学特性、离子通道的作用、离子对膜电势的影响以及膜电势的时空动态变化过程。

以钠离子通道物理等效模型为例，其模型为式（5-1），为了便于分析，重写式（5-1）为

$$h_{Na}(x,y,t) = \pi\xi_{Na}^2 I_{tNa} \exp\left[-(\pi\xi_{Na})^2 \frac{x^2+y^2}{\sqrt{\delta_{Na}}}\right] \tag{6-1}$$

式中，x、y 为式（5-1）中 r 分别在 x 轴和 y 轴上的投影。其他参数的意义与式（5-1）相同。

为了书写方便，将式（6-1）写为

$$h_{Na}(x,y,t) = G_{Na}\exp\left[-Q_{Na}\left(x^2+y^2\right)\right] \tag{6-2}$$

式中，

$$\begin{cases} G_{Na} = \pi\xi_{Na}^2 I_{fNa} \\ Q_{Na} = -\dfrac{(\pi\xi_{Na})^2}{\sqrt{\delta_{Na}}} \end{cases} \tag{6-3}$$

如果分别考虑上式在 x 轴和 y 轴上的投影，则式（6-2）可写为

$$\begin{cases} h_{Na}(x,t) = G_{Na}\exp(-Q_{Na}x^2) \\ h_{Na}(y,t) = G_{Na}\exp(-Q_{Na}y^2) \end{cases} \tag{6-4}$$

而式（6-4）分别为下式的半个周期内（T_{Na}）的解：

$$\begin{cases} \ddot{u}_{Nax} + 2Q_{Na}x\dot{u}_{Nax} + 2Q_{Na}u_{Nax} = 0 \\ \ddot{u}_{Nay} + 2Q_{Na}y\dot{u}_{Nay} + 2Q_{Na}u_{Nay} = 0 \end{cases} \tag{6-5}$$

式中，u_{Nax} 为 $h_{Nax}(x,t)$；u_{Nay} 为 $h_{Na}(y,t)$。其他参数的意义与式（5-1）相同。

如果考虑全周期，则式（6-5）即典型的振荡方程。

6.2.2 建立神经元细胞膜上平均电势增量的振荡模型

根据平均电势增量计算式（5-11）、式（5-13）和式（5-14），可知经过电势增量平均后，神经元细胞膜上电势增量处处相等。因此，只需分析 x 轴投影上膜电势增量的振荡特性即可。即

$$\ddot{u}_{Nax} + 2Q_{Na}x\dot{u}_{Nax} + 2Q_{Na}u_{Nax} = 0 \tag{6-6}$$

因为钠离子通道关闭速率为

$$\beta_m = 4\exp\left[\frac{V(t)}{18}\right] \tag{6-7}$$

将式（6-7）代入式（4-1），可得

$$f_{INa}(t) = \frac{P_{oNa}L_{cNa}}{2} + 4\exp\left[\frac{V(t)}{18}\right]t\times 10^{-9}, \quad 0\le t\le T_{Na} \tag{6-8}$$

将式（6-6）、式（6-8）代入钠离子通道开放产生的电势增量计算式（5-9）以及其平均电势增量计算式（5-10）中，可得

$$\begin{cases} \Delta\dddot{V}_{Na} - a_{Na1}\Delta\dot{V}_{Na} + a_{Na2}\Delta\dot{V}_{Na}^{1/3} + k_{Na}\Delta V_{Na} = -V(t) \\ a_{Na2} = a_{Na}, \qquad \Delta\dot{V}_{Na} \ge 0 \\ a_{Na2} = -0.5066a_{Na}, \quad \Delta\dot{V}_{Na} < 0 \end{cases} \tag{6-9}$$

式中，a_{Na} 为 $0.82\ln\delta_{\text{Na}}$；$a_{\text{Na}l}$ 为 $-0.2982\ln\gamma_{\text{Na}}$；$k_{\text{Na}}$ 为 $157.5/\gamma_{\text{Na}}$。

同理，可得钾离子通道开放时所产生的膜电势增量为

$$\begin{cases}\Delta\dddot{V}_{\text{K}}-a_{\text{K}1}\Delta\ddot{V}_{\text{K}}+a_{\text{K}2}\Delta\dot{V}_{\text{K}}^{1/3}+k_{\text{K}}\Delta V_{\text{K}}=\max(c_k\Delta\dot{V}_{\text{Na}},0)\\ a_{\text{K}2}=a_{\text{K}},\qquad\quad \Delta\dot{V}_{\text{K}}\geqslant 0\\ a_{\text{K}2}=-0.5066a_{\text{K}},\quad \Delta V_{\text{K}}<0\end{cases}\tag{6-10}$$

式中，a_{K} 为 $0.82\ln\delta_{\text{K}}$；$a_{\text{K}1}$ 为 $-0.2982\ln\gamma_{\text{K}}$；$k_{\text{K}}$ 为 $96.07/\gamma_{\text{K}}$。

因此，膜电势增量为

$$\Delta V=\Delta V_{\text{Na}}-\Delta V_{\text{K}}\tag{6-11}$$

式（6-9）和式（6-10）具有完全相同的动力学特性，因此仅需对式（6-9）进行较为全面的特性分析即可。

根据神经元膜电势的振荡原理与式（5-14），神经元膜电势为其静息电势与膜电势增量之和，即 $V_m=V_r+\Delta V=V_r+\Delta V_{\text{Na}}$ 中符号的意义与式（5-14）相同。

将式（6-9）和式（6-10）代入神经元膜电势的计算表达式，即得神经元膜电势振荡模型。

6.3 振荡模型的特性

将式（6-9）写成更为一般的形式：

$$\begin{cases}\dot{x}=f(x,y)=-\varepsilon y\\ \dot{y}=g(x,y)=\dfrac{1}{\varepsilon}\left(kx+a_1y-a_2y^{\frac{1}{3}}\right)-f\end{cases}\tag{6-12}$$

式中，ε、a_1、a_2 和 k 为无量纲常数；x 为 ΔV_{Na}；y 为 $\Delta\dot{V}_{\text{Na}}$；$f$ 为 $\varepsilon V(t)$；k 为 k_{Na}；a_1 为 $\varepsilon a_{\text{Na}1}$；$a_2$ 为 $\varepsilon^{1/3}a_{\text{Na}2}$。

如果外部刺激 $f=0$，则上式可写为

$$\dddot{x}-\frac{a_1}{\varepsilon}\ddot{x}+\frac{a_2}{3\varepsilon^{1/3}}\dot{x}^{-\frac{2}{3}}\ddot{x}+k\dot{x}=0\tag{6-13}$$

令 $\dot{x}^{-1/3}=z$，可得

$$\begin{cases}\dot{x}=z^{-3}\\ \ddot{x}=-3z^{-4}\dot{z}\\ \dddot{x}=12z^{-5}\dot{z}^2-3z^{-4}\ddot{z}\end{cases}\tag{6-14}$$

将式（6-14）代入式（6-13），可得

$$\ddot{z} - \frac{a_1}{\varepsilon}\left(1 - \frac{a_2\varepsilon^{2/3}}{3a_1}z^2\right) - 3z^{-1}\dot{z}^2 - \frac{k}{3}z = 0 \tag{6-15}$$

则式（6-13）的解为式（6-15），满足一个额外边界条件 $\dot{x}^{-1/3}=z$ 的特解。

如果对 $\ddot{x} - a_1\dot{x}/\varepsilon + a_2\dot{x}^3/\varepsilon^3 + kx = 0$ 求导，可得

$$\dddot{x} - \frac{a_1}{\varepsilon}\ddot{x} + \frac{a_2}{\varepsilon^3}\ddot{x}^3 + k\dot{x} = 0 \tag{6-16}$$

令 $\sqrt{3}\dot{x}=z$，所以

$$\begin{cases} \dot{x} = \dfrac{z}{\sqrt{3}} \\[2mm] \ddot{x} = \dfrac{\dot{z}}{\sqrt{3}} \\[2mm] \dddot{x} = \dfrac{\ddot{z}}{\sqrt{3}} \end{cases} \tag{6-17}$$

将式（6-17）代入式（6-16），因此

$$\ddot{z} - \frac{a_1}{\varepsilon}\left(1 - \frac{a_2}{1}z^2\right)\dot{z} + \frac{k}{3}z = 0 \tag{6-18}$$

与式（6-13）同理，式（6-16）的解为式（6-18）满足一个额外边界条件 $\sqrt{3}\dot{x}=z$ 的特解。而式（6-15）和式（6-18）的主要区别是一个非线性项 $3z^{-1}\dot{z}^2$。如果 $z^{-1}\dot{z}^2=\dot{z}^3$，式（6-12）就具有一些瑞利（Rayleigh）方程的特性；而如果 $z^{-1}\dot{z}^2=z^3$，则式（6-12）就具有一些达芬（Duffing）方程的特性；另外，如果结合式（6-15），则式（6-12）也会具有一些 van der Pol 方程的特性。因此，式（6-12）可以被视为 Rayleigh 方程、Duffing 方程和 van der Pol 方程的有机结合。

6.3.1　平衡点稳定性

式（6-12）中，通过 $\dfrac{\mathrm{d}y}{\mathrm{d}t}\Big/\dfrac{\mathrm{d}x}{\mathrm{d}t}$ 消除 $\mathrm{d}t$，则可得相轨线方程为

$$\frac{\mathrm{d}y}{\mathrm{d}x} = \frac{g(x,y)}{f(x,y)} = \frac{kx + a_1y - a_2y^{1/3}}{\varepsilon^2 y} \tag{6-19}$$

令 $f(x,y)=-\varepsilon y=0$，$g(x,y)=(kx+a_1y-a_2y^{1/3})/\varepsilon$，则 $f(x,y)$ 的轨线和 $g(x,y)$ 的轨线如图 6-2 所示。

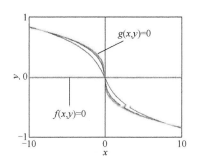

图 6-2　相轨线

从图 6-2 中可以看出，$f(x, y)$ 与 $g(x, y)$ 仅有一个交点。因此，式（6-12）只有一个平衡点$(0,0)$，该平衡点的雅可比矩阵为

$$J = \begin{pmatrix} 0 & -\varepsilon \\ \dfrac{k}{\varepsilon} & \dfrac{a_1}{\varepsilon} \end{pmatrix}_{(0,0)} \qquad (6\text{-}20)$$

那么

$$|J - \lambda E| = \begin{vmatrix} -\lambda & -\varepsilon \\ \dfrac{k}{\varepsilon} & \dfrac{a_1}{\varepsilon} - \lambda \end{vmatrix} = 0 \qquad (6\text{-}21)$$

式中，E 为单位矩阵。

所以

$$\lambda^2 - \frac{a_1}{\varepsilon}\lambda + k = 0 \qquad (6\text{-}22)$$

则式（6-19）的根为 $\lambda_{1,2} = (\sqrt{a_1^2 - 4\varepsilon^2 k})/(2\varepsilon)$。

（1）如果 $k<0$，$(0,0)$ 为不稳定鞍点，λ_1 和 λ_2 是不相等的实根。如果存在负实根，则式（6-12）的解收敛于$(0,0)$，如果根是正实数，则式（6-12）的解将远离$(0,0)$。

（2）如果 $k>0$，并且 $a_1 > 2\varepsilon\sqrt{k}$，$\lambda_1$ 和 λ_2 为相等的实根。当 $a_1/\varepsilon>0$ 时，且 λ_1 和 λ_2 都是正的，则式（6-12）的解为不稳定结点，并且解将远离$(0,0)$。如果 $a_1/\varepsilon<0$，λ_1 和 λ_2 都为负的，则式（6-12）的解为稳定结点，并且解将收敛于$(0,0)$。

（3）如果 $k>0$，$a_1 > 2\varepsilon\sqrt{k}$，$\lambda_1$ 和 λ_2 为共轭复根，则式（6-12）的解为振荡的。如果 $a_1/\varepsilon>0$，且 λ_1 和 λ_2 有正实部，则式（6-12）的解的幅值是逐渐增大的，平衡点是不稳定焦点。如果 $a_1/\varepsilon<0$，且 λ_1 和 λ_2 有负实部，则式（6-12）的解的幅值是逐渐减小的，平衡点$(0,0)$是稳定焦点。

（4）如果 $a_1/\varepsilon=0$，且 λ_1 和 λ_2 都为虚根，则式（6-12）的解是周期性的，平衡点(0,0)是中心点。

6.3.2 周期解的存在性

将式（6-12）写为

$$\ddot{x}-\frac{a_1}{\varepsilon}\left[1-\frac{a_2\varepsilon^{2/3}}{a_1}(\dot{x}^{-1/3})^2\right]\dot{x}+kx=0 \tag{6-23}$$

令 $\gamma=-a_1/\varepsilon$，$\beta=-a_2\varepsilon^{2/3}/a_1$，则可得 $\ddot{x}+p(x,\dot{x})\dot{x}+qx=0$，其中 $p(x,\dot{x})=\gamma[1+\beta(\dot{x}^{-1/32})]$，$q(x)=kx$。

令 $\dot{x}=v$，$\dot{v}=\gamma[1+\beta(\dot{x}^{-1/32})]-kx=-p(x,v)-q(x)$，则有以下定理。

定理[252]：

（1）令 $|x|>0$，则 $xq(x)>0$，且 $\int_0^{\pm\infty}q(x)\mathrm{d}x=\infty$；

（2）令

$$p(0,0)<0 \tag{6-24}$$

同时，令存在某一 $x_0>0$，对于 $|x|>x_0$，使 $p(x,v)>0$；

（3）进一步地，令存在一个 M，对于 x_0，使 $p(x,v)>-M$；

（4）最后，令存在 $x_1>x_0$，使

$$\int_{x_0}^{x_1}p(x,v)\mathrm{d}x\geqslant 10Mx_0 \tag{6-25}$$

其中，$\dot{x}>0$ 为任意关于 x 的正减函数，在满足上述条件下，式（6-12）至少存在一个周期解。

对于 $|x|>0$，且 $xq(x)=kx^2>0$ 成立，因此可得 $\int_0^{\pm\infty}q(x)\mathrm{d}[xq(x)]=\int_0^{\pm\infty}kx\mathrm{d}x=\infty$，满足定理（1）。

对于 $v\to 0$，存在 $\lim_{v\to 0}(v^{-1/3})^2=+\infty$，因此，等式（6-23）成立的条件是

$$a_2<0 \text{ 或 } a_2>0,\quad \varepsilon<0 \tag{6-26}$$

当 $x_0>0$，且 $|x|>x_0$，$(v^{-1/3})^2>0$ 成立，因此，如果 $p(x,v)|_{|x|>x_0}=\gamma[1+\beta(v^{-1/3})^2]|_{|x|>x_0}$ 成立，则

$$a_2\varepsilon^{2/3}/a_1>v^{2/3}|_{|x|>x_0}>0 \tag{6-27}$$

显然，如果 $\gamma=-a_1/\varepsilon>0$，且 $\beta=-a_2\varepsilon^{2/3}/a_1>0$，对于 $|x|\leqslant x_0$，$p(x,v)\geqslant-M$ 总成立。

令 $\min(v^{-1/3})^2 = N$，且 $\varepsilon^{2/3}/a_1 = e$（$e$ 和 γ 都是正的或者负的），当 $\gamma > 0$，且 $a_2 < 0$，如果

$$a_2 \leqslant \frac{10Mx_0 - \gamma(x_1 - x_0)}{Nd\gamma(x_1 - x_0)} \tag{6-28}$$

则不等式（6-25）成立。当 $x_1 \to x_0$，

$$\lim_{x_1 \to x_0} \frac{10Mx_0 - \gamma(x_1 - x_0)}{Ne\gamma(x_1 - x_0)} = -\frac{1}{Ne} \tag{6-29}$$

可得

$$a_2 \leqslant -\frac{1}{Ne} < 0 \tag{6-30}$$

当 $\gamma < 0$，且 $a_2 > 0$，如果 $a_2 \geqslant [10Mx_0 - \gamma(x_1 - x_0)]/[Nd\gamma(x_1 - x_0)]$，不等式（6-25）也成立。

当 $x_1 \to x_0$，可得

$$a_2 \geqslant -\frac{1}{Ne} > 0 \tag{6-31}$$

综合式（6-21）～式（6-27），可得式（6-12）周期解存在性条件为

$$\begin{cases} a_2 \dfrac{\varepsilon^{2/3}}{a_1} > v^{2/3}\big|_{|x| > x_0} > 0 \\[2mm] a_2 \leqslant -\dfrac{1}{Ne} < 0 \\[2mm] \varepsilon > 0 \\[1mm] a_1 < 0 \end{cases} \tag{6-32}$$

当 $k = 0.5$，在不同初始值 $x(0)$ 和 $v(0)$ 下，式（6-12）的相轨线如图 6-3 所示。

如果 a_1、a_2 和 ε 都满足不等式（6-32），则式（6-12）存在周期解。即在不同的初始条件 $x(0)$ 和 $v(0)$，无论初始值是在极限环内还是在极限环外，在经历有限时间后，相轨线总会收敛到极限环上，如图 6-3（a）～（c）所示。如果 $\varepsilon < 0$，且 $a_1 \times a_2 < 0$，式（6-12）没有周期解，如图 6-3（d）所示。

然而，如果 $\varepsilon < 0$，$a_1 > 0$ 且 $a_2 > 0$，式（6-12）也有周期解，如图 6-4（b）所示。

从图 6-4 中可以看出，在相同的初始条件 $x(0)$ 和 $v(0)$ 下，无论 $\varepsilon < 0$，$a_1 > 0$ 且 $a_2 > 0$，或 $\varepsilon > 0$，$a_1 < 0$ 且 $a_2 < 0$，式（6-12）中 x 的幅值和频率都相等，如图 6-4（a）和（b）上部所示。然而，从不同的初始条件下收敛到极限环的形式不同，如图 6-4（a）和（b）的下部所示。因此，不等式（6-28）仅是式（6-12）存在周期解的充分条件。

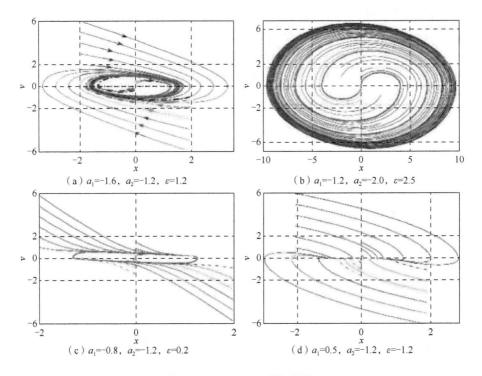

（a）$a_1=-1.6$，$a_2=-1.2$，$\varepsilon=1.2$　　　　　（b）$a_1=-1.2$，$a_2=-2.0$，$\varepsilon=2.5$

（c）$a_1=-0.8$，$a_2=-1.2$，$\varepsilon=0.2$　　　　　（d）$a_1=0.5$，$a_2=-1.2$，$\varepsilon=-1.2$

图6-3　式（6-12）的相轨线

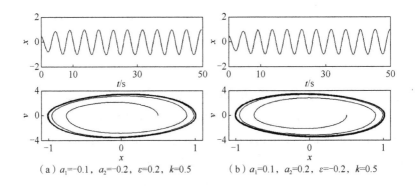

（a）$a_1=-0.1$，$a_2=-0.2$，$\varepsilon=0.2$，$k=0.5$　　　　（b）$a_1=0.1$，$a_2=0.2$，$\varepsilon=-0.2$，$k=0.5$

图6-4　式（6-12）的 x 和相轨线

对不等式（6-28）进行扩展，可得式（6-12）存在周期解的条件如下。

（1）$a_2\varepsilon^{2/3}/a_1>v^{2/3}|_{|x|>x_0}>0$，且 $\varepsilon>0$，$a_1<0$，且 $a_2\leqslant-1/(Ne)<0$；

（2）或 $a_2\varepsilon^{2/3}/a_1>v^{2/3}|_{|x|>x_0}<0$，且 $\varepsilon<0$，$a_1>0$，且 $a_2\geqslant-1/(Ne)>0$。

如果 $y^{1/3}$ 写为 $y^{1/(2n+1)}$，且 $n \to \infty$，$y^{1/3}$ 可以写为

$$\delta = \begin{cases} 1, & y > 0 \\ 0, & y = 0 \\ -1, & y < 0 \end{cases} \tag{6-33}$$

因此，式（6-12）可被写为

$$\dot{x} = f(x, y) = -\varepsilon y$$
$$\dot{y} = g(x, y) = \frac{1}{\varepsilon}(kx + a_1 y - a_2 \delta) \tag{6-34}$$

或 $\ddot{x} - a_1 \dot{x} / \varepsilon + kx = a_2 \delta$。

式（6-34）为具有阻尼和脉冲激励 $\pm a_2$ 的脉冲振荡，脉冲频率为 $\omega_d = \sqrt{1-\xi^2}\,\omega_0$，其中，$\omega_0 = \sqrt{k}$ 为式（6-12）的固有频率，$\xi = -a_1/(2\varepsilon\omega_0)$ 为阻尼率。因此，当 $0 \leqslant \xi < 1$，式（6-12）有周期解，如图 6-5 所示。

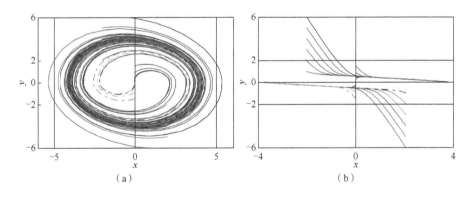

(a)　　　　　　　　　　　　　　(b)

图 6-5　式（6-12）的相轨线

当 $k=0.5$，在不同初始条件下，式（6-12）的相轨线如图 6-5 所示。对于 $\xi = 0.3394 < 1$，式（6-12）的相轨线总收敛于极限环上，如图 6-5（a）所示。然而，对于 $\xi'' = 2.8284 > 1$，式（6-12）相轨线收敛于点 $(x, 0)$，$x = \pm a_2 / k$，$a_2 < 0$。当 $y(0) > 0$ 时，$x = -a_2/k$；当 $y(0) < 0$ 时，$x = a_2/k$，如图 6-5（b）所示。

6.3.3　近似周期解

根据式（6-12）周期解存在性条件，并且观察当 $-1 \leqslant \gamma = a/\varepsilon < 0$ 时的式（6-12）数值解，可知式（6-12）存在近似余弦周期解，因此，可用渐进法（由 Krylov、Bogoliubov、Mitropolsky 共同提出，又称 KBM 法）获得式（6-12）的近似周期解[253]。

假设

$$
\begin{cases}
x = a\cos(\omega_0 t + \theta) \\
\dot{x} = -a\omega_0 \sin(\omega_0 t + \theta)
\end{cases}
\tag{6-35}
$$

式中，$\omega_0 = \sqrt{k}$；$a = a(t)$；$\theta = \theta(t)$。将式（6-31）代入式（6-12），可得

$$
\begin{cases}
\dot{a} = -\dfrac{\gamma}{\omega_0}\left(\dot{x} + \beta\dot{x}^{1/3}\right)\sin\Psi = -\dfrac{\gamma}{\omega_0}h(x,\dot{x}) \\
\dot{\theta} = \dfrac{\gamma}{a\omega_0}\left(\dot{x} + \beta\dot{x}^{1/3}\right)\cos\Psi = \dfrac{\gamma}{a\omega_0}s(x,\dot{x})
\end{cases}
\tag{6-36}
$$

并且

$$
\frac{1}{\pi}\int_0^{2\pi}\beta\dot{x}^{1/3}\sin\Psi\,d\Psi = \frac{\beta(a\omega_0)^{1/3}}{\pi}\int_0^{2\pi}\sin^{4/3}\Psi\,d\Psi
\tag{6-37}
$$

虽然获得 $\int_0^{2\pi}\sin^{4/3}\Psi\,d\Psi$ 的解析解是困难的，但可获得该式的近似解，即

$$
\int_0^{2\pi}\sin^{4/3}\Psi\,d\Psi \approx 0.043
\tag{6-38}
$$

将式（6-35）分别代入式（6-34）和式（6-33），可得

$$
\begin{cases}
h(x,\dot{x}) = -\left[a\omega_0 + \dfrac{0.043\beta(a\omega_0)^{1/3}}{\pi}\right] \\
s(x,\dot{x}) = \dfrac{1}{\pi}\int_0^{2\pi}(\dot{x} + \beta\dot{x}^{1/3})\cos\Psi\,d\Psi = 0
\end{cases}
\tag{6-39}
$$

将式（6-36）代入式（6-32），并令 $\dot{x} = 0$，可得 $a = [0.043a_2/(a_1\pi)]^{3/2}\varepsilon/\omega_0$ 并将其代入式（6-31），可得近似周期解为

$$
\begin{aligned}
x &= a\cos(\omega_0 t + \theta) \\
&= \frac{[0.043a_2/(a_1\pi)]^{3/2}\varepsilon}{\omega_0}\cos(\omega_0 t + \theta_0)
\end{aligned}
\tag{6-40}
$$

式中，θ_0 为由式（6-12）初始条件决定的相角。则相轨线方程为

$$
\begin{cases}
x = \dfrac{[0.043a_2/(a_1\pi)]^{3/2}\varepsilon}{\omega_0}\cos(\omega_0 t + \theta_0) \\
y = -\left(\dfrac{0.043a_2}{a_1\pi}\right)^{3/2}\varepsilon\sin(\omega_0 t + \theta_0)
\end{cases}
\tag{6-41}
$$

式（6-36）的结果如图 6-6 所示。

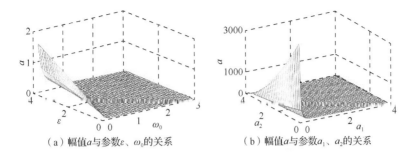

（a）幅值 a 与参数 ε、ω_0 的关系　　　　　（b）幅值 a 与参数 a_1、a_2 的关系

图 6-6　幅值 a 与参数 ε、ω_0、a_1 和 a_2 的关系

如图 6-6 所示，幅值 a 随着 ε 的增大而增大，但随着 ω_0 的增大而减小，如图 6-6（a）所示。而且 a_1 越大，a 越小，而 a_2 越大，a 越大，如图 6-6（b）所示。

当 $f=-F\cos(wt)$，式（6-12）可写为

$$\ddot{x} + \omega_0^2 x = -\gamma(\dot{x} + \beta \dot{x}^{1/3}) + F\cos(wt) \tag{6-42}$$

式中，w、F 为外部激励的频率和幅值。

当 w 接近式（6-12）的固有频率 ω_0 时，可令 $w^2 = \omega_0^2(1+\gamma\sigma)$，式中，$\gamma = -a_1/\varepsilon$，$\sigma > 0$，可得

$$
\begin{aligned}
\ddot{x} + w^2 x &= -\gamma(\dot{x} + \beta\dot{x}^{1/3}) - \gamma\omega_0^2\sigma x + F\cos(wt) \\
&= -\gamma[\dot{x} + \beta\dot{x}^{1/3} + \omega_0^2\sigma x + F_0\cos(wt)] \\
&= -\gamma h(x, \dot{x}, w)
\end{aligned} \tag{6-43}
$$

式中，$F_0 = -F/\gamma$。

令 $x = a\cos(wt+\theta)$，$\dot{x} = -aw\sin(wt+\theta)$，并将其代入式（6-36），可得

$$
\begin{cases}
\dot{a} = \dfrac{\gamma}{w} u(a, \theta, w) \\[2mm]
\dot{\theta} = \dfrac{\gamma}{aw} s(a, \theta, w)
\end{cases} \tag{6-44}
$$

式中，$wt = \Psi - \theta$；$\Psi = wt + \theta$。

根据 KBM 法，$u(a,\theta,w)$ 和 $s(a,\theta,w)$ 可被各种一个周期内的均值代替，即

$$
\begin{aligned}
u(a, \theta, w) &= \frac{1}{\pi}\int_0^{2\pi} h(x, \dot{x}, w)\sin\Psi \, \mathrm{d}\Psi \\
&= -aw - \frac{0.043\beta(a\omega)^{1/3}}{\pi} + F_0\sin\theta \\
&= \Phi(a, w) + p(\theta)
\end{aligned} \tag{6-45}
$$

式中，$\Phi(a,w) = -aw - [0.043\beta(a\omega)^{1/3}]/\pi$；$p(\theta) = F_0\sin\theta$。

$$s(a,\theta,w) = \frac{1}{\pi}\int_0^{2\pi} h(x,\dot{x},w)\cos\Psi\,\mathrm{d}\Psi$$

$$= \omega_0^2\sigma a + F_0\cos\theta$$

$$= \gamma(a,w) + q(\theta) \qquad (6\text{-}46)$$

式中，$\gamma(a,w)=\omega_0^2\sigma a$；$q(\theta)=F_0\cos\theta$。

令 $\dot{a}=0$，$\dot{\theta}=0$，可得幅值 a 与外部激励频率 w 的关系为 $W(a,w)=\gamma^2+\Psi^2-F_0^2=0$。因此，可得

$$\omega_0^4\sigma^2 a^2 + \left[aw + \frac{0.043\beta(a\omega)^{1/3}}{\pi}\right]^2 - F_0^2 = 0 \qquad (6\text{-}47)$$

相角 θ 与外部激励频率 w 的关系为 $\theta=\arctan(\gamma/\Psi)$。当 $\varepsilon=2.2$，$F=0.5$，$k=0.5$ 时，可得式（6-37）的幅频特性和相频特性曲线如图 6-7 所示。

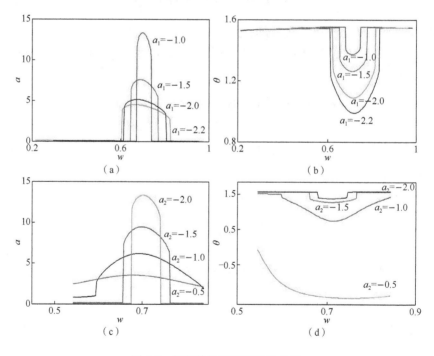

图 6-7　幅频特性和相频特性曲线

在图 6-7 中，当 $a_2=-2.0$ 时，图 6-7（a）为幅频特性曲线；图 6-7（b）为相频特性曲线。当 $a_1=-2.0$ 时，图 6-7（c）为幅频特性曲线；图 6-7（d）为相频特性曲线。

从图 6-7 中可以看出，幅值 a 随着 a_1 的增大而增大，如图 6-7（a）所示；而相角 θ 随着 a_1 的增大而减小，如图 6-7（b）所示。与此相反的是，幅值 a 随着 a_2

的增大而减小，如图 6-7（c）所示；相角 θ 随着 a_2 的增大而减小，如图 6-7（d）所示。当外部激励频率 w 与 ω_0 相等时，幅值 a 达到最大值，相角 θ 达到最小值。

6.3.4　张弛振荡

所谓张弛振荡（relaxation oscillations，RO），是一种强非线性振荡，并在许多生物、化学、物理和神经中发现存在张弛振荡现象，张弛振荡的典型特征为快速与慢速运动的周期性重复。张弛振荡首先由 van der Pol 在 1926 年研究二极管电路时观察到的，这种振荡具有明显的自治性，后来 van der Pol 将具有下列特征的振荡定义为张弛振荡[254]。

（1）振荡的周期由某种形式的张弛的时间决定。

（2）一类非周期现象的周期性自动重复。

（3）与正弦或谐波振荡不同，张弛振荡表现出不连续的跳跃。

（4）一个隐含阈值、全或无法则特性的非线性系统。

一个形如 $\ddot{x} + \varepsilon(bx^2 - 1)\dot{x} + \omega_0^2 x = 0$ 的 van der Pol 方程[255]，其中，ε 为非线性摄动系数，b 为幅值控制系数，ω_0 为固有频率，所具有的张弛振荡如图 6-8（a）所示。而一个形如 $\ddot{x} - a_1\dot{x}/\varepsilon + a_2\dot{x}^3/\varepsilon^3 + kx = 0$ 的 Rayleigh 方程[256,257]，其张弛振荡相轨线如图 6-8（b）所示。

在图 6-8 中，图 6-8（a）为当 $\varepsilon=1.5$，$b=1$，$\omega_0^2=0.5$ 时，van der Pol 方程张弛振荡相轨线；图 6-8（b）为当 $\varepsilon=1.5$，$a_1=2.0$，$a_2=1.0$，$\omega_0^2=1.0$ 时，Rayleigh 方程张弛振荡相轨线。

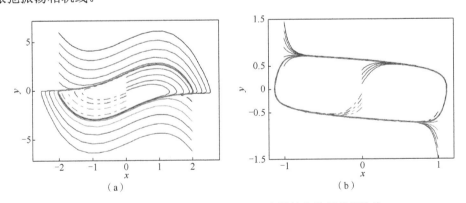

$$（a）\qquad\qquad\qquad（b）$$

图 6-8　van der Pol 方程和 Rayleigh 方程的张弛振荡相轨线

从图 6-8 中可以看出，当 $\varepsilon>1$ 时，van der Pol 出现张弛振荡。而对于式（6-12），当 $\varepsilon=1$，$k=1$，$a_2=-0.5$ 时，在不同初始条件下，相轨线如图 6-9 所示。

图 6-9（a）～（c）分别为 $a_1=-0.6$、$a_1=-15$ 和 $a_1=-6$ 时，在初始条件 $x(0)=0.5$ 和 $y(0)=0$ 下，式（6-12）的 x（上部）、y（中部）以及相轨线（下部）。

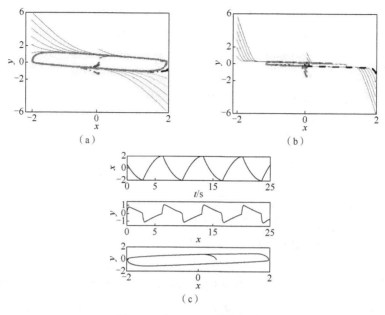

图6-9　式（6-12）的相轨线

从图 6-9 中可以看出，式（6-12）与 Rayleigh 方程的张弛振荡非常相似，如图 6-8（b）和图 6-9（a）、（b）所示。当 $a_1/\varepsilon \ll 1$ 时，式（6-12）的相轨线看起来像矩形，并且 a_1 越小（$a_1<0$），式（6-12）的相轨线看起来就越像矩形。当 a_1=-6 时，式（6-12）的 x、y 以及相轨线如图 6-9（c）所示，对于 y，当 y 达到 y_1 时，y 开始缓慢减小，而当 y 达到 y_2 时，y 开始急剧减小，并且 $y_1>y_2$，如图 6-9（c）中部所示。

在图 6-10 中，图 6-10（a）为当 ε=8.2，b=1.5，ω_0=1.1 时，van der Pol 方程数值计算结果；图 6-10（b）为当 ε=0.2，a_1=-2.1，a_2=-1.2，k=10.5 时，式（6-12）的数值计算结果。

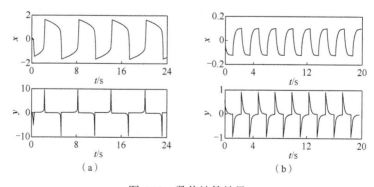

图6-10　数值计算结果

从图 6-10 中可以很明显地看出，van der Pol 方程和式（6-12）的 y 都有明显的尖值现象，并且峰值中都是由快速边沿和慢速边沿组成，只是二者的顺序相反。

6.3.5　混沌

当 $0<\gamma<1$ 或 $\gamma>1$ 时，并且其他参数满足式（6-12）周期解存在性条件（1）和（2），周期解特征见 6.4.3 节和 6.4.4 节。然而，式（6-12）除了有周期特征外，还存在更多的复杂特性，如混沌。因此，分析 $0<\gamma<1$ 和 $\gamma>1$ 时，式（6-12）的混沌特性是必要的。

1. $0<\gamma<1$

当 $0<\gamma<1$，$k<1$，$F<1$ 和 $w<4$，式（6-12）的近似解见 6.4.3 节。然而，如果 F 非常大，式（6-12）可能出现混沌，如图 6-11 所示。当 $x(0)=0.1$，$y(0)=0$，$a_1=-1.2$，$a_2=-1.5$，$k=1.5$ 和 $\varepsilon=4.2$，如果 $w=0.7$，当 $F>1$，式（6-12）出现混沌。

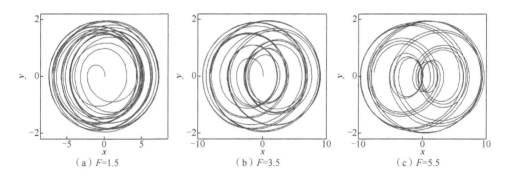

（a）$F=1.5$　　　　　（b）$F=3.5$　　　　　（c）$F=5.5$

图 6-11　随着 F 的增大，式（6-12）的混沌

从图 6-11 中可以看出，相平面内有 6 条近似周期轨线（每个近似周期轨线是不同的）。当 $F=1.5$，近似周期轨线之间的空间非常小以至于很难分辨，如图 6-11（a）所示。如果 F 增大，6 条近似周期轨线之间的空间逐渐增大，且也可以分辨，如图 6-11（b）所示。尤其当 $F=5.5$，6 条近似周期轨线之间已经变得非常明显了，如图 6-11（c）所示。

重写式（6-12）为

$$\begin{cases} \dot{x} = -\varepsilon y \\ \dot{y} = \dfrac{1}{\varepsilon}\left(kx + a_1 y - a_2 t^{1/3}\right) + F\cos z \\ \dot{z} = w \end{cases} \tag{6-48}$$

式中，w 的变化范围为 $[0.1,10]$。式（6-12）的混沌如图 6-12 所示。

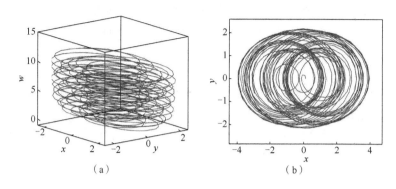

（a）　　　　　　　　　　　（b）

图 6-12　随着 w 的增大时式（6-12）的混沌变化

在图 6-12 中，图 6-12（a）为 x、y 和 z 空间中的相轨线；图 6-12（b）为图 6-12（a）在 x 和 y 相平面上的投影。其他参数与图 6-11（b）相同。

从图 6-12 中可以看出，如果其他参数与图 6-11（b）相同，随着 w 的增大，式（6-12）的混沌并不明显。

如果 e 和 w 都非常大，式（6-12）的混沌将与图 6-11 所示的不同，其原因是随着 w 的增大，式（6-12）的振荡频率也相应地增大。当 $x(0)=0.1$，$y(0)=0$，$a_1=-1.2$，$a_2=-1.5$，$F''=10.5$，$w=4.95$ 和 $\varepsilon=4.2$ 时，式（6-12）的混沌如图 6-13 所示。

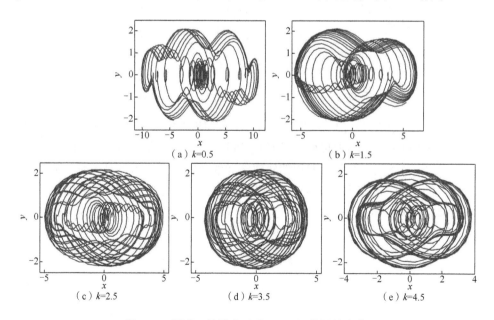

（a）k=0.5　　　　　　　（b）k=1.5

（c）k=2.5　　　　　（d）k=3.5　　　　　（e）k=4.5

图 6-13　随着 k 的增大时式（6-12）的混沌变化

从图 6-13 中可以看出，随着 k 的增大，y 越来越光滑，x 的变化范围也越来越小。

2. $\gamma>1$

如果 $\gamma>1$，且 $F<1$，式（6-12）将出现张弛振荡。当 $F>1$ 时，则式（6-12）将可能出现混沌（与 $0<\gamma<1$ 时相似）。然而，当 $F>F_1$（F_1 为常数），则式（6-12）将恢复周期振荡。当 $k=10.5$，$a_1=-1.2$，$a_2=-1.5$，$\varepsilon=0.2$，$w=0.7$，$x(0)=0.1$，$y(0)=0$ 时，式（6-12）的混沌如图 6-14 所示。

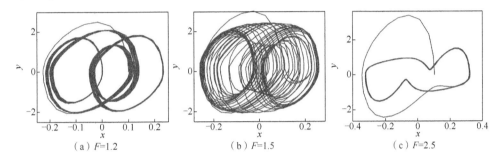

（a）$F=1.2$　　　　　（b）$F=1.5$　　　　　（c）$F=2.5$

图 6-14　如果 $\gamma>1$，式（6-12）的混沌

图 6-14 中的混沌是由两个近似周期轨道间跳跃产生的。如果 $F<1.6$，随着 F 的增大，更多的跳跃将出现，如图 6-14（a）和（b）所示。当 $F>F_1$（$F_1\approx2.2$）时，式（6-12）的周期将会恢复，如图 6-14（c）所示。

通过上述分析，可得以下结论。

（1）无论 $0<\gamma<1$，还是 $\gamma>1$，式（6-12）至少有一个周期解和混沌解。

（2）对于 $\gamma>1$，经历混沌区后，式（6-12）会出现一个新的周期解，并且，如果式（6-12）的解为混沌的，则可通过增大 F 使式（6-12）的解恢复周期性，而其他参数不变。

（3）式（6-12）具有 Rayleigh 方程、Duffing 方程和 van der Pol 方程的特性，因此 Rayleigh 方程、Duffing 方程和 van der Pol 方程为式（6-12）满足某一边界条件时的特解。

6.4　实　验　验　证

为了验证所建立的神经元膜电势增量的振荡模型的正确性与有效性，进行了水蛭运动神经元膜电势振荡实验与神经元膜电势增量振荡模型的仿真结果对比。水蛭的运动神经元结构如图 6-15 所示。

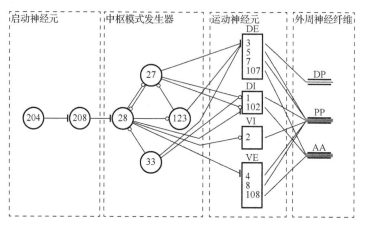

图 6-15　水蛭游泳运动神经系统结构图

在水蛭的运动神经系统中，DE-3 神经细胞是膜电势振荡信号较好测量且质量较好的，因此本节主要利用 DE-3 神经细胞的膜电势振荡实验结果与所建立的神经元膜电势增量振荡模型仿真结果进行对比。

图 6-16 为对水蛭进行半剥离的过程，其中包括在低温的解剖皿中将水蛭的头尾固定，如图 6-16（a）所示，沿水蛭的腹中线剖开，如图 6-16（b）所示，水蛭腹血窦的体神经索剥离，如图 6-16（c）和（d）所示。

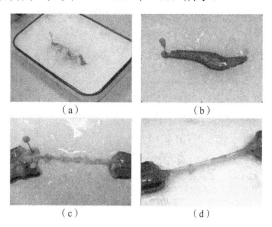

图 6-16　水蛭半剥离过程

6.4.1　实验参数选择

根据 Müller 等[258]、Angstadt 等[259]以及 Ghosh 等[259]研究水蛭中枢神经系统、游泳运动的神经系统等的成果可知，水蛭运动神经元钾离子通道电导γ_K=60pS，钠离子通道电导γ_{Na}=105pS，钾离子通道密度为 10 个/μm^2，钠离子通道密度为 27 个/μm^2。其他参数如表 4-2 和表 4-5 所示。

将上述参数值代入式（6-9）和式（6-12），计算结果如表 6-2 所示。

表 6-2　神经元振荡模型参数表

参数	值	参数	值
ε_{Na}	4.9	k_{Na}	1.6
ε_{K}	1.2	k_{K}	1.6
ε_{Na1}	-6.8	a_{Na2}	1.2
ε_{K1}	-5.5	a_{K2}	-1.5

6.4.2　单个脉冲振荡对比

在水蛭腹血窦的体神经索剥离后，利用电流钳实验台对 DE-3 神经细胞的膜电势振荡进行了测量，如表 6-3 右侧图所示。细胞的静息电位为−45mV，依次提取 DE-3 神经细胞的膜电势脉冲中的 9 个点数据，测量结果如表 6-3 所示。

表 6-3　DE-3 神经细胞振荡信号数据

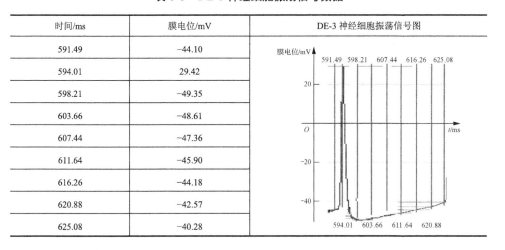

时间/ms	膜电位/mV	DE-3 神经细胞振荡信号图
591.49	−44.10	
594.01	29.42	
598.21	−49.35	
603.66	−48.61	
607.44	−47.36	
611.64	−45.90	
616.26	−44.18	
620.88	−42.57	
625.08	−40.28	

如果神经元膜电势增量振荡模型的静息电位同样为−45mV，其单个脉冲振荡的仿真结果如图 6-17 所示。

在图 6-17 中，实线为神经元膜电势增量振荡模型单个脉冲振荡的仿真结果，"+"为电流钳测得的 DE-3 神经细胞的膜电势值。

从图 6-17 中可以看出，神经元膜电势增量振荡模型的仿真结果在静息电位、去极化峰值以及峰值相位等主要特性上均能较好地复现 DE-3 神经细胞的膜电势实测结果，并且整个仿真结果与 DE-3 神经细胞的膜电势实测值相比，其置信度均大于 0.85，说明仿真结果是正确、有效的。

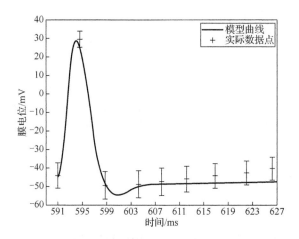

图 6-17　模型再现的神经信号

6.4.3　周期振荡对比

当静息电位为−45mV 时，神经元膜电势增量振荡模型周期振荡仿真结果如图 6-18（a）所示，水蛭 DE-3 神经细胞膜电势周期振荡电流钳实验结果如图 6-18（b）所示。

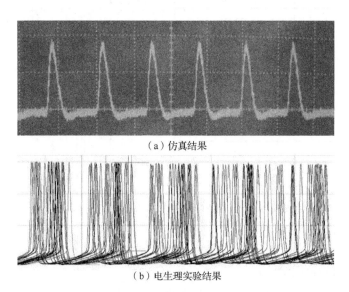

（a）仿真结果

（b）电生理实验结果

图 6-18　DE-3 神经细胞的神经信号与电刺激模拟信号

从图 6-18 中可以看出，水蛭 DE-3 神经细胞膜电势周期振荡实验结果与神经元膜电势增量振荡模型周期振荡仿真结果在形态上是非常相似的。为了进一步说明二者的相似性，同时提取水蛭 DE-3 神经细胞膜电势周期振荡实验结果与神经元膜电势增量振荡模型周期振荡仿真结果的极化最低点、去极化最高点、去极化前起始点、过渡过程平稳点等四个特征点进行比较，如表 6-4 所示。特征点的偏差均在 0.85 置信度范围内。

从表 6-4 中可以看出，神经元膜电势增量振荡模型的周期振荡仿真结果无论是在周期、幅值，还是在波形上都能均较好地复现水蛭 DE-3 神经细胞的周期振荡电流钳实验实测的结果。

表 6-4   二者周期振荡数据比较

	极化最低点	去极化最高点	去极化前起始点	过渡过程平稳点
模拟信号/mV	−47.46	19.44	−36.99	−42.64
生物神经信号/mV	−44.56	19.56	−35.86	−42.03
近似度/%	93.5	99.4	96.8	98.5

第7章 神经元膜电势时空动态模型的应用

当前，神经元模型所面临的突出问题，一个是不能有效融合时间、空间与膜电势这三个不同意义的物理量，另一个是不能有效地应用于实际对象，尤其是工程对象。因此，评价一个神经元模型的好坏，一方面是看神经元模型能否正确、有效地解释电生理实验、光学设备记录结果与现象，另一方面是看神经元模型能否应用于实际工程环境。

目前，无论是人工智能领域研究人员，还是神经学科、认知科学、信息科学等领域研究人员，其重点关注的是神经元（甚至神经系统）的两个能力：一个是信息产生能力，另一个是信息处理能力。

在许多生物神经系统中，神经元既可以产生信息，又可以处理信息。然而，目前还没有一个神经元模型既可以用于神经元信息产生机理的时空动态过程（特别是高时空分辨率的动态过程）模拟研究，也可以用于模拟神经元信息处理机理的研究。因此，如何利用所建立的神经元时空动态模型模拟神经元信息产生机理的高时空分辨率的动态过程，以及如何利用所建立的神经元时空动态模型模拟神经元信息处理机理是本章讨论的重点。

7.1 神经元膜电势时空动态扩散过程模拟

一个神经元胞体如图 7-1 所示。

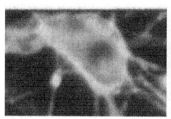 

（a）胞体光学影像　　　　　（b）胞体模拟

图 7-1　神经元胞体

图 7-1（a）为单侧面积约为 $80\mu m^2$ 的神经元胞体光学影像，图 7-1（b）为对该胞体的模拟结果。

利用第 5 章中所建立的神经元时空动态模型［式（5-7）、式（5-8）］进行刺激电势为-50mV 和-40mV 时神经元膜电势产生、开展时空动态扩散过程模拟实验。模拟实验中神经元时空动态模型参数与第 4 和第 5 章相同。

　　模拟设备为两台台式电脑：一台为 Inter i5 4 核，主频 2.8GHz，内存 4GB；另外一台为 Inter i7 4 核 8 线程，主频 3.2GHz，内存 32GB。为了获得高的空间分辨率的膜电势产生、发展动态过程的细节，用一个较大的矩阵来模拟神经胞体，矩阵大小为 5151×7201，元素间行、列间距均为 1.9nm，根据图 7-1（b），神经元胞体约占整个矩阵面积的 60%。因此，可得胞体面积约为 $80\mu m^2$，选择 $\rho_{Na}\text{--}80\mu m^2$，则膜上钠离子通道约为 6400 个，如图 7-1（b）中实心点所示。

　　当 V=-50mV 时，开放钠离子通道数约为 1984 个，如果不考虑钠离子通道开放延时，则钠离子通道开放驻留时间 $T_{Na}\approx0.4ms$，为了获得高的时间分辨率影像，取模拟时间步长为 0.001ms，如果从 0 时刻开始模拟，则需要的计算量约为 5151×7201×1984×401，模拟总耗时为 9 天。

　　当 t=0.1ms、t=0.2ms、t=0.3ms 和 t=0.4ms，时间分辨率为 0.1ms 时，模拟结果如图 7-2 所示。

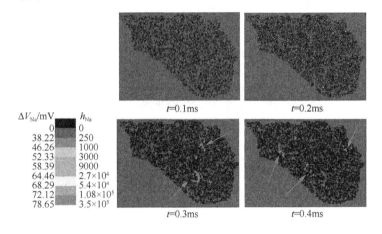

图 7-2　V=-50mV、时间分辨率为 0.1ms 时神经元膜电势产生、
发展时空动态扩散过程模拟实验结果

　　从图 7-2 中可以看出，当刺激电势为-50mV，在 t=0.1ms 时，细胞膜的部分区域已经产生了去极化，而且去极化在细胞膜上空间分布都是随机的，并且去极化在细胞膜上空间分布面积小且呈碎片状，如图 7-2 中 t=0.1ms 所示。虽然这些去极化区域随着时间的增加而逐渐向外扩散，细胞膜上去极化面积也逐渐增大，如图 7-2 中 t=0.2ms 和 t=0.3ms 所示，但由于刺激电势较小，而且低于阈值，钠离子通道开放驻留时间相对较短，膜电势还没有扩散至整个神经元膜，开放钠离子通道就已经进入关闭状态，使整个神经元膜去极化不能达到阈值，因而不能产生动作电位，如图 7-2 中 t=0.4ms 所示。在 t=0.4ms 时，依然可以看到多数开放钠离子通道所产生的膜电势是彼此孤立的。

　　需要注意的是，当 t=0.3ms 和 t=0.4ms 时，细胞膜上产生了几个片状膜电势增量区域，如图 7-2 中箭头所示。其主要原因是：一方面由于细胞膜上钠离子通道是随机分布的，因此细胞膜上某些区域钠离子通道数量相对于其他区域要多；另一方面，钠离子通道开放时间增加使当钠离子通道开放所产生的膜电势增量扩散区域面积也逐渐增大。这两方面共同作用，使该区域开放钠离子通道所产生的膜电势增量间更容易产生相互叠加，因而形成片状膜电势增量区域。

如果将时间分辨率提高到 0.01ms，可以更好地观察神经元胞体上片状膜电势增量区域的动态的变化，如图 7-3 所示。

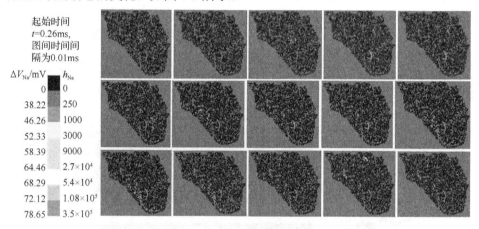

图 7-3　V=-50mV、时间分辨率为 0.01ms 时神经元胞体上片状膜电势产生、发展时空动态扩散过程模拟实验结果

从图 7-3 中可以看出，当 t=0.26ms 时，神经元胞体上还没有出现片状膜电势增量区域，但当 t=0.27ms 时，片状膜电势增量区域已经出现了，而且在 t=0.28ms 到 t=0.4ms 时，片状膜电势增量区域在细胞膜上的位置并不相同，说明此时片状膜电势增量区域是随机出现的，主要原因是：一方面，当刺激小于阈值时，单个开放钠离子通道产生的膜电势增量区域的半径较小，并且开放钠离子通道所产生的膜电势增量随着距离的增大而迅速减小；另一方面，钠离子通道的分布是随机的，钠离子通道之间的距离也是不相等的，使细胞膜上某些地方相对于其他地方的钠离子通道密度大。

综合上述两个方面的共同作用，在某个时间（图 7-3 中 t=0.26ms 时），在细胞膜上某处，由于钠离子通道密度相对较大，因而对于其他区域，开放钠离子通道所产生的膜电势增量区域比较容易产生叠加，如图 7-3 中 t=0.26ms 所示。但门粒子的运动是随机的，如图 2-1 所示，该随机性将促使开放钠离子通过进入临时关闭状态（非常短暂的关闭）的，如果这种临时性关闭发生在片状膜电势增量区域，将会使该片状区域出现短暂的消失，如图 7-3 中 t=0.27ms 所示，由于是短暂的关闭，因此这些钠离子通道很快又会重新开放，片状膜电势增量区域又会恢复，如图 7-3 中 t=0.28ms 所示。另外，单个钠离子通道所产生的膜电势增量区域半径会随着时间的增大而增大，从而使某些钠离子通道之间距离相对较大的区域也会随着时间的增大产生叠加，形成新的膜电势增量片状区域，如图 7-3 中 t=0.29ms 所示。

因此，当刺激低于阈值时，神经元细胞膜上可能会出现片状的膜电势增量区域，但该片状区域的出现取决于钠离子通道在细胞膜上的随机分布，以及门粒子的随机运动和单个钠离子通道所产生的膜电势增量区域半径，从而体现出随机性、时间性。

当刺激为-50mV 时，从 t=0.01ms 到 t=0.4ms，时间分辨率为 0.01ms 的神经元胞体膜电势完整的时空动态模拟结果如图 7-4 所示。

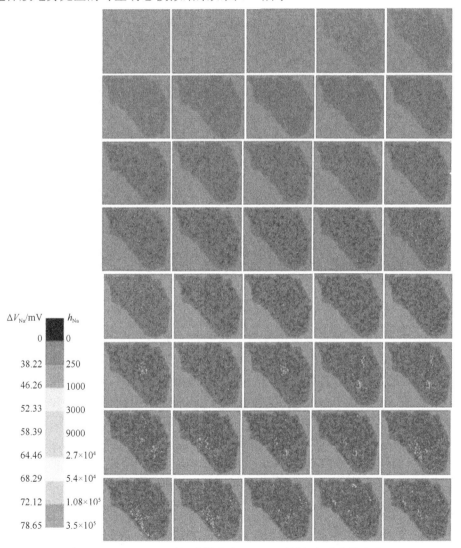

图 7-4　V=-50mV、时间分辨率为 0.01ms 时神经元膜电势产生、
发展时空动态扩散过程模拟实验结果

为了进一步对图 7-4 进行分析，将图 7-4 中的仿真结果绘成 $h_{\max}$ 的等高线图，如图 7-5 所示。

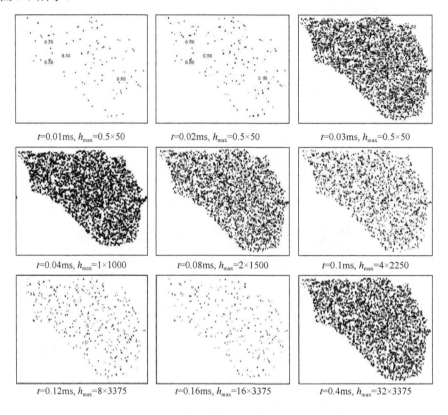

t=0.01ms, $h_{\max}$=0.5×50　　　　　t=0.02ms, $h_{\max}$=0.5×50　　　　　t=0.03ms, $h_{\max}$=0.5×50

t=0.04ms, $h_{\max}$=1×1000　　　　　t=0.08ms, $h_{\max}$=2×1500　　　　　t=0.1ms, $h_{\max}$=4×2250

t=0.12ms, $h_{\max}$=8×3375　　　　　t=0.16ms, $h_{\max}$=16×3375　　　　　t=0.4ms, $h_{\max}$=32×3375

图 7-5　V=-50mV 时神经元膜电势时空动态扩散的等高线

图 7-5 中，$h_{\max}$ 与膜电势增量ΔV_{Na}间的对应关系与图 7-2 左下角条柱图相同。从图 7-5 中可以看出，在起初的 0.03ms 内，细胞膜上 $h_{\max}$（ΔV_{Na}）约为 250（38.22mV），细胞膜电势虽然从零星的微弱去极化分布，到细胞膜上几乎遍布微弱去极化，但这些去极化依然很微弱，而且彼此孤立，如图 7-5 中 t=0.03ms 所示。当 t=0.04ms 时，膜电势上 $h_{\max}$（ΔV_{Na}）约为 1000（46.26mV），虽然膜电势增量较 t=0.03ms 有所增大，但仍然是孤立的、不成片的。即使 t=0.4ms 临近钠离子通道开放驻留时间终止时间，虽然膜电势上 $h_{\max}$（ΔV_{Na}）已经增加到约为 32×33759（76.85mV），但彼此之间相互孤立的状态依然没有被打破，这种始终存在的孤立状态使细胞膜不能形成片状的过阈值去极化波，因而细胞膜也不能产生动作电位。

研究单个神经细胞电活动时，同时测量不同位置膜电势是特别重要的[260-263]。虽然目前电生理实验方法可以分别用两个膜片钳分别测量胞体和轴突在同一时刻的膜电势，但对胞体不同位置膜电势的同时测量还很难实现，其主要原因是目前膜片钳还不能对胞体进行多位置同时高阻封接[262]。另外，由于目前已有的神经元模型不能进行时空膜电势变化模拟，因此也无法进行神经元不同位置的膜电势同时测量。

为了测量细胞膜上不同位置膜电势增量，将图 7-1（b）所示的神经元胞体置于 uOv 坐标系中，u 轴的单位长度为 1368nm，v 轴的单位长度为 978.5nm，因此 u 轴和 v 轴均为 10 个单位长度。

$V=-50\mathrm{mV}$ 时，细胞膜上相同位置，在相同时刻以及不同时刻的去极化波动如图 7-6 所示。

在图 7-6 中，第一列为 $u=5$ 和 $v=7$，其中，$u=5$ 所对应的细胞膜上所有位置的膜电势增量被显示在每幅子图的右侧，$v=7$ 所对应的细胞膜上所有位置的膜电势增量被显示在每幅子图的上方；第二列为 $u=7$ 和 $v=5$，其中，$u=7$ 所对应的细胞膜上所有位置的膜电势增量被显示在每幅子图的右侧，$v=5$ 所对应的细胞膜上所有位置的膜电势增量被显示在每幅子图的上方。

当刺激为 $-50\mathrm{mV}$，$t=0.01\mathrm{ms}$ 时，细胞膜上任意位置处膜电势增量都很小，随着时间增加，细胞膜上任意位置处膜电势增量也逐渐增大，并在细胞膜上产生几乎彼此鼓励的膜电势增量峰值，如图 7-6（b）左图中箭头所示。在不同的位置，膜电势增量峰值分布不同，并呈现出随机性。这种膜电势增量峰值的随机性分布是由钠离子通道的随机分布与随机开放引起的。此外，膜电势增量峰值间存在明显的间隔，如图 7-6 中（c）右图中箭头所示。

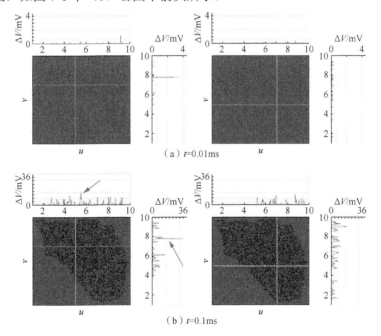

（a）$t=0.01\mathrm{ms}$

（b）$t=0.1\mathrm{ms}$

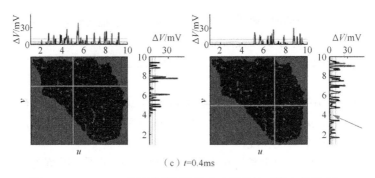

（c）t=0.4ms

图 7-6　V=-50mV 时神经元细胞膜上去极化波（膜电势噪声）

从图 7-6 中可以看出，在神经元细胞膜相同位置处，当处于去极化过程中时，对于不同时刻，其去极化波除了幅值逐渐增大外，其波动形式以及频率都大致相同，说明细胞膜的某一固定位置处去极化时，膜电势噪声频率是几乎不变的。

当 V=-40mV 时，开放钠离子通道数约为 4416 个，如果不考虑钠离子通道开放延时，则根据式（4-3），钠离子通道开放驻留时间 T_{Na}≈0.485ms，取模拟时间步长为 0.001ms，如果从 t=0 时刻开始模拟，则所需要的计算量约为 5151×7201×4416×486，模拟总耗时为 28 天。

当 t=0.1ms、t=0.2ms、t=0.3ms 和 t=0.48ms，时间分辨率为 0.1ms 时，模拟结果如图 7-7 所示。

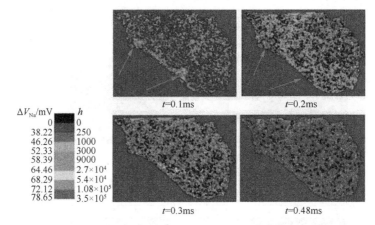

图 7-7　V=-40mV 时神经元膜电势产生、发展时空动态扩散过程模拟实验结果

从图 7-7 中可以看出，当刺激电势为-40mV 时，神经元膜电势的产生、发展过程与刺激电势为-50mV 时是相似的。但由于刺激大于阈值（-45mV），所以产生了动作电位，如图 7-7 中 t=0.48ms 所示。

对比图 7-2 和图 7-7，可以发现，在相同的时刻，无论是膜电势增量幅值，还是增量区域，刺激为-40mV 时都比-50mV 时大，其主要原因是：一方面由于刺激为-40mV 时，细胞膜上开放钠离子通道数（约为 4416 个）比刺激为-50mV 时，细胞膜上开放钠离子通道数（约为 1984 个）要多得多，因此，使在相同的细胞膜上，刺激为-40mV 时开放钠离子通道间距要小于刺激为-50mV 时开放钠离子通道间距；另一方面，随着刺激的增大，使单个钠离子通道开放所产生的膜电势增量扩散区域面积也逐渐增大。这两方面共同作用，使刺激为-40mV 时，相同细胞膜上开放钠离子通道所产生的膜电势增量间较刺激为-50mV 时更容易产生相互叠加，从而既增大了膜电势增量的幅值，又增大了膜电势增量区域面积，使细胞膜上因开放钠离子通道所产生的膜电势增量片状区域（如图 7-7 中箭头所示）逐渐向整个细胞膜上扩散，并最终形成动作电位。

当刺激为-40mV，t=0.25ms、t=0.3ms、t=0.44ms 和 t=0.46ms 时，神经元细胞膜上动作电位时空动态模拟实验结果如图 7-8 所示。

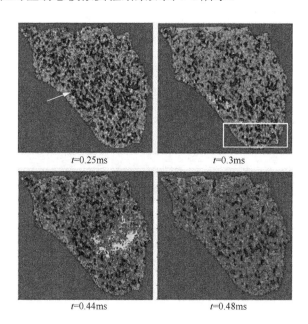

图 7-8 　V=-40mV 时神经元膜电势空间分布模拟实验结果

图 7-8 中，每种颜色所对应的膜电势增量与图 7-7 中相同。从图 7-8 中可以看出，在 t=0.25ms 时，细胞膜上就已经产生了局部的动作电位，但此时的动作电位在细胞膜上是零星分布、彼此孤立的，如图 7-8 中箭头所示。而 t=0.3ms 时，神经元细胞膜下部开始出现相对密集的动作电位区域，如图 7-8 中矩形框所示。t=0.44ms 时，细胞膜上动作电位区域逐渐向外扩散，使细胞膜上本来零星、孤立的动作电位区域开始出现彼此叠加的趋势。当 t=0.46ms 时，动作电位已经覆盖了细胞膜上大部分区域。

当刺激为-40mV 时，从 t=0.01ms 到 t=0.48ms，时间分辨率为 0.01ms 的神经元胞体膜电势完整的时空动态过程动态模拟结果如图 7-9 所示。

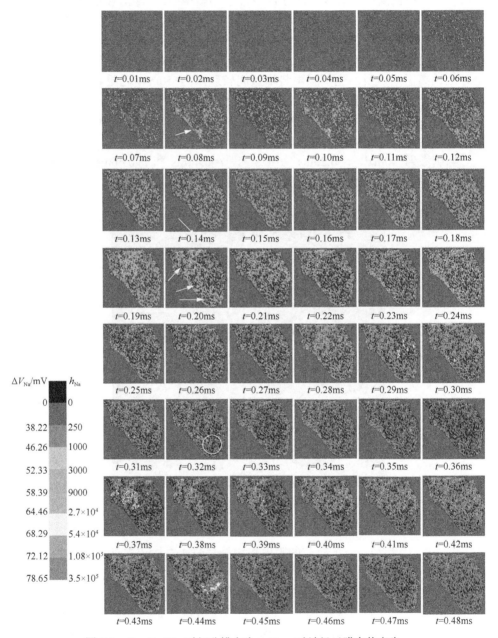

图 7-9　V=-40mV、时间分辨率为 0.01ms 时神经元膜电势产生、
发展时空动态扩散过程模拟实验结果

从图 7-9 中可以看出，当 V=-40mV、t=0.04ms 时，细胞膜的部分区域已经产生了去极化，其去极化水平与 V=-50mV、t=0.04ms 时基本相同，如图 7-4 和图 7-9 中 t=0.04ms 所示。该去极化区域随着时间的增加而逐渐向外扩散。在 t=0.08ms 时细胞膜上已经出现局部片状去极化区域，形成该片状区域的原因是一些开放钠离子通道之间因相距较近而产生叠加，使该区域内各个开放离子通道所产生的膜电势增量区域相互连接，形成片状。如图 7-9 中 t=0.08ms 时箭头所示。该片状区域随着时间的增加逐渐向外扩散，并和其他片状区域（图 7-9 中 t=0.2ms 时箭头所示）相互连接、叠加、融合，直至覆盖整个细胞膜，这种成片区域的相互叠加，进一步增大了膜电势的去极化，使 t=0.32ms 时细胞膜上已经出现零星的动作电位（图 7-9 中圆圈区域所示）波，该动作电位波沿细胞膜向四周扩散，并与其他动作电位波产生叠加，如图 7-9 中 t=0.44ms、t=0.46ms 所示。当 t=0.48ms 接近钠离子通道开放驻留时间时，细胞膜上大部分区域出现了动作电位波，因而使细胞膜产生动作电位。

对比图 7-2 和图 7-7、图 7-4 和图 7-9 可以发现，当膜电势（或刺激）小于阈值时，细胞膜不产生动作电位，而当膜电势（或刺激）大于阈值时，细胞膜即能产生动作电位。

为了进一步对图 7-9 进行分析，将图 7-8 中的仿真结果绘成 h_{max} 的等高线图，如图 7-10 所示。

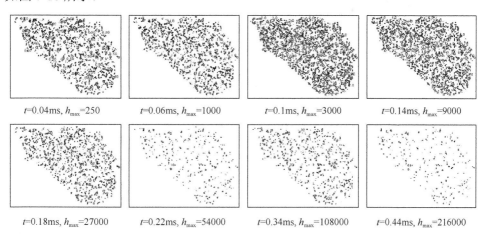

t=0.04ms, h_{max}=250　　　　t=0.06ms, h_{max}=1000　　　　t=0.1ms, h_{max}=3000　　　　t=0.14ms, h_{max}=9000

t=0.18ms, h_{max}=27000　　　t=0.22ms, h_{max}=54000　　　t=0.34ms, h_{max}=108000　　t=0.44ms, h_{max}=216000

图 7-10　V=-40mV 时神经元膜电势时空动态扩散的等高线

图 7-10 中，h_{max} 与膜电势增量 ΔV_{Na} 间的对应关系与图 7-9 条柱图中相同。

从图 7-10 中可以看出，在 t=0.04ms 内，细胞膜上 h_{max}（ΔV_{Na}）约为 250（38.22mV），虽然此时膜电势仅是微弱的去极化分布，但细胞膜上已经几乎遍布了这种微弱去极化，如图 7-10 中 t=0.04ms 所示。当 t=0.1ms 时，膜电势上 h_{max}（ΔV_{Na}）

约为 3000（52.33mV），而当 t=0.34ms 时，细胞膜上已经出现动作电位区域，甚至在 t=0.44ms 时，细胞膜上已经出现了超极化分布，此时 $h_{\max}(\Delta V_{\mathrm{Na}})$ 约为 216000（74.01mV）。

对比图 7-5 和图 7-10 可以看出，当 t<0.34ms 时，达到相同的 $h_{\max}(\Delta V_{\mathrm{Na}})$，$V$=-50mV 时所用时间明显小于 V=-40mV 时所用时间。其主要原因是：在 V=-50mV 时，单个开放钠离子通道等效透镜所产生的光电流脉冲强度的绝对值大于 V=-40mV 时光电流脉冲强度的绝对值，因此产生相同的 $h_{\max}(\Delta V_{\mathrm{Na}})$ 也快于 V=-40mV 时。但扩散距离正好相反，因此达到相同的 $h_{\max}(\Delta V_{\mathrm{Na}})$ 时，V=-40mV 时的扩散距离要大于 V=-50mV 时。当 t≥0.34ms 时，达到相同的 $h_{\max}(\Delta V_{\mathrm{Na}})$，$V$=-50mV 时所用时间明显大于 V=-40mV 时所用时间。其原因是：一方面，当 t≥0.34ms 时，单个开放钠离子通道等效透镜形成的光（膜电势增量）扩散半径的增大，使开放钠离子通道间的扩散叠加作用明显增强；另一方面，V=-40mV 时，细胞膜上开放钠离子通道数多于 V=-50mV 时，使在相同时刻，V=-40mV 时开放钠离子通道间膜电势增量的相互叠加的可能性要大于 V=-50mV 时，因此，在上述两方面共同作用下，使当 t≥0.34ms，在 V=-40mV 时达到与 V=-50mV 时相同的 $h_{\max}(\Delta V_{\mathrm{Na}})$ 所有时间更少。

利用与图 7-6 相同的方法，V=-40mV 时，细胞膜上相同位置，在相同时刻以及不同时刻的去极化波动如图 7-11 所示。

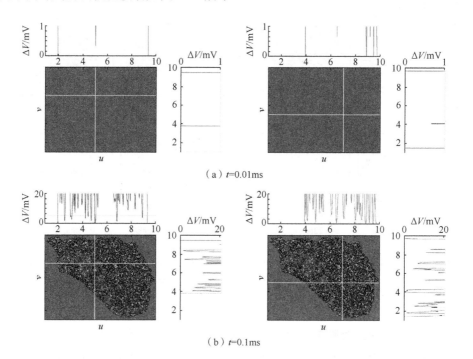

（a）t=0.01ms

（b）t=0.1ms

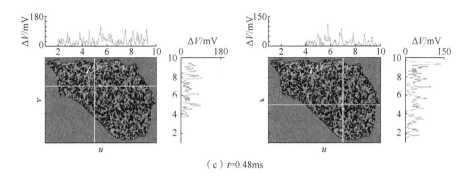

（c）t=0.48ms

图 7-11　V=-40mV 时神经元细胞膜上去极化波（膜电势噪声）

图 7-11 中，横、纵坐标的意义与图 7-6 相同。对比图 7-6 和图 7-11，膜电势增量峰值的随机性分布现象在刺激为-40mV 时也能观察到，如图 7-11 所示。但与刺激为-50mV 时不同的是，刺激为-40mV 时，膜电势增量峰值分布更加密集，并随着时间的增大，膜电势增量峰值间不会出现明显的间隔，如图 7-6（c）右图中箭头所示。说明刺激为-40mV 时，膜电势增量峰值更加连续，造成这种现象的主要原因是刺激为-40mV 时开放钠离子通道要多于刺激为-50mV 时，并且单个钠离子通道开放时所产生的膜电势增量区域也大于刺激为-50mV 时。

从图 7-11 中可以看出，与 V=-50mV 时相似，当 V=-40mV 时，在细胞膜的某一固定位置，去极化时，除了膜电势噪声幅值增大外，其频率是几乎不变的。

从图 7-6 和图 7-11 中可知，本章所建立的神经元膜电势时空动态模型不仅可以用于相同时刻神经元细胞膜相同位置膜电势测量，也可以用于不同时刻、不同细胞膜位置膜电势测量。

需要指出的是，目前，对于膜电势去极化波动（无论是阈上还是阈下）普遍认为是钠离子通道随机开放（门粒子随机运动）以及突触噪声引起的，如图 7-12 所示。

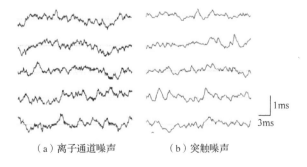

（a）离子通道噪声　　　（b）突触噪声

图 7-12　离子通道噪声和突触噪声

但从图 7-6 和图 7-11 中可以发现，膜电势去极化波动除了和钠离子通道随机开放有关外，还与钠离子通道在细胞膜上随机分布位置有关。正是因为钠离子通道在细胞膜上的随机分布，因而在某一膜电势（刺激）下，开放钠离子通道在细胞膜上分布不均匀，使一些局部细胞膜开放钠离子通道密度大，而另外一些局部细胞膜开放钠离子通道密度小，并引起膜电势增量的叠加也不均匀，最终产生了膜电势去极化波动。

7.2 基于神经元膜电势增量振荡模型的信号滤波算法

滤波信号是将信号中特定波段频率滤除的操作，是抑制和防止干扰的一项重要措施，是根据观察某一随机过程的结果，对另一与之有关的随机过程进行估计的概率理论与方法，并且在众多领域中广泛应用。

然而，随着系统小型化、微型化，甚至微小型系统多任务化，对滤波算法的处理速度、精度方面提出了更高的要求。目前大多数滤波算法采用微分方程、特征向量以及集合等数学工具作为描述手段，必须分时、分段利用数组对信息进行处理，导致滤波算法对信息特征及先验信息的依赖性强，不利于在上述系统中应用。

因此，在本节中，作者在所建立的神经元时空动态模型基础上，对模型进行了简化，获得一种快速、高效的神经元滤波算法。

7.2.1 建立神经元滤波算法

生物学研究发现，自然界中的生物能在复杂、多变、未知环境中获得所需的信息并对其进行实时处理。如猫头鹰能在黑暗的环境中依靠听觉分辨老鼠发出的微弱声响并将其捕获，狗可以通过嗅觉识别隐藏在杂物堆中毒品的微弱气味等。通过对生物神经元信息处理过程的进一步研究发现，神经元在进行信息传递的同时对信息进行处理，无须对信息进行存储，并且滤波与特征提取在同一个细胞体上几乎同时完成。这种特有的信息处理方法被称为神经元短时程突触塑性信息处理[264-269]。

神经元短时程突触塑性信息处理包含两个过程[265]。

（1）神经信息以振荡形式产生并传递，这种振荡是神经元膜电势增量的振荡形成的[270-273]。

（2）神经元通过突触增长（刺激）与缩短（抑制）实现对信息的高通和低通滤波，传递简单信息[274-277]。

神经元膜电势增量振荡模型如式（6-9）～式（6-11）所示。但该模型中包含

一个非线性项，其不利于快速计算。因此，对该模型进行简化，用一个线性项替代非线性项，可得

$$m\ddot{x} + c\dot{x} + kx = f[V(t)] \tag{7-1}$$

利用脉冲响应法，可解式（7-1）的解为

$$\begin{cases} x = \dfrac{1}{m\omega_d} \displaystyle\int_0^t f[V(\tau)] e^{-\kappa\omega_n(t-\tau)} \mathrm{d}\tau \\ \quad + \dfrac{x_0}{\sqrt{1-\kappa^2}} e^{-\kappa\omega_n t} \cos(\omega_d t - \varphi) + \dfrac{v_0}{\omega_d} e^{-\kappa\omega_n t} \cos(\omega_d t) \\ \omega_n = \dfrac{k}{m}, \kappa = \dfrac{c}{2m\omega_n}, \omega_d = \sqrt{1-\kappa^2}\,\omega_n \\ v_0 = \dot{x}(0), x_0 = x(0), \varphi = \tan^{-1}\dfrac{v_0 + \kappa\omega_0 x_0}{\omega_d x_0} \end{cases} \tag{7-2}$$

式中，ω_n 为自然频率（Hz）；κ 为黏滞阻尼因子或阻尼率；ω_d 为阻尼自然角频率或阻尼自然频率（Hz）；φ 为相位角（rad）；x_0、v_0 为初始条件。

从式（7-2）中可看出，很难找到一组合适的 m、c 和 k 值使式（7-1）对受到的刺激 $f(V)$ 具有滤波效果，尤其是当受干扰的电场力 $f(E)$ 的频率不可知且多变的情况下，寻找一组合适的 m、c 和 k 值就显得更加困难。

为了解决该问题，在简化的神经元膜电势增量振荡模型 ［式（7-1）］ 中引入神经元突触增长（刺激）与缩短（抑制）机制，将式（7-1）写成一阶微分方程组形式

$$\begin{cases} \dot{x} = y \\ \dot{y} = -\dfrac{1}{m}\big[kx + cy - f[E(t)]\big] \end{cases} \tag{7-3}$$

利用龙格-库塔法解式（7-3），可得

$$\begin{cases} x_{n+1} = x_n + \Delta x_n \\ y_{n+1} = y_n + \Delta y_n \end{cases} \tag{7-4}$$

式中，

$$\begin{cases} \Delta y_n = h\left\{-k\left(2-\dfrac{hc}{m}\right) - \left[c\left(2-\dfrac{hc}{m}\right)+hk\right]y_{n-1} + \left(2-\dfrac{hc}{m}\right)f[E(t)]\right\}(2m)^{-1} \\ \Delta x_n = h\left\{-\dfrac{hk}{m}x_{n-1} + 2y_{n-1} - \dfrac{hc}{m}y_{n-1} + \dfrac{h}{m}f[E(t)]\right\} \end{cases} \tag{7-5}$$

其中，h 为步长；Δx_n 为 x 的每步迭代增量；Δy_n 为 y 的每步迭代增量。

将式（7-4）写成矩阵形式，可得

$$
\begin{cases}
\begin{pmatrix} x_{n+1} \\ y_{n+1} \end{pmatrix} = D \begin{pmatrix} x_n \\ y_n \end{pmatrix} + R \begin{pmatrix} f_{n+1} \\ f_{n+1} \end{pmatrix} \\
D = \begin{pmatrix} d_{11} & d_{12} \\ d_{21} & d_{22} \end{pmatrix}, R = \begin{pmatrix} r_1 & 0 \\ r_2 & 0 \end{pmatrix}
\end{cases}
\tag{7-6}
$$

式中，D 为缩短（抑制）矩阵；$f_{n+1} = f_{n+1}[V(t)]$；

$$
\begin{cases}
d_{11} = 1 - \dfrac{hk}{m} \\
d_{12} = \dfrac{h(hc - 2m)}{m} \\
d_{21} = \dfrac{hk(hc - 2m)}{2m^2} \\
d_{22} = 1 - \dfrac{h[(2m - hc) + hkm]}{2m^2}
\end{cases}
\tag{7-7}
$$

$$
\begin{cases}
r_1 = -\dfrac{h^2}{m} \\
r_2 = \dfrac{h(2m - hc)}{2m^2}
\end{cases}
\tag{7-8}
$$

考虑到在神经元中，增长（刺激）作用与缩短（抑制）作用是完全相反的，因此定义一个增长（刺激）矩阵 F，且令

$$
F = DA \tag{7-9}
$$

式中，A 为过渡矩阵。并且，令

$$
F = \begin{pmatrix} a_{11} & a_{12} \\ a_{21} & a_{22} \end{pmatrix} \neq O \tag{7-10}
$$

由于增长（刺激）作用与缩短（抑制）作用完全相反，因此增长（刺激）矩阵 F 与缩短（抑制）矩阵 D 的每一行向量中的元素位置相反，即

$$
F = DA = \begin{pmatrix} d_{12} & d_{11} \\ d_{22} & d_{21} \end{pmatrix} \neq O \tag{7-11}
$$

式中，

$$
\begin{cases}
a_{11} = a_{22} = 0 \\
a_{12} = a_{21} = \dfrac{d_{11}d_{22} - d_{12}d_{11}}{d_{11}d_{22} - d_{11}d_{12}}
\end{cases}
\tag{7-12}
$$

如果考虑神经元增长（刺激）作用，则式（7-6）可写为

$$X_{n+1} = DAX_n + RU_{n+1} = FX_n + RU_{n+1} \tag{7-13}$$

式中，$U_{n+1}=[f_{n+1}\ f_{n+1}]^{\mathrm{T}}$；$X_{n+1}=[x_{n+1}\ y_{n+1}]^{\mathrm{T}}$。

将式（7-13）写成迭代形式：

$$\begin{cases} X_k = FX_{k-1} + RU_k \\ X_{k+1} = F^2 X_{k-1} + FRU_k + RU_{k+1} \\ X_{k+2} = F^3 X_{k-1} + F^2 RU_k + FRU_{k+1} + RU_{k+2} \\ \qquad \cdots\cdots \\ X_{n+k-1} = F^n X_{k-1} + F^{n-1} RU_k + F^{n-2} RU_{k+1} + \cdots + RU_{n+k+1} \end{cases} \tag{7-14}$$

式（7-14）可以写为

$$X_{n+k-1} = F^n X_{k-1} + \sum_{i=0}^{n-1} F^{n-1-i} RU_{k+i} \tag{7-15}$$

式中，

$$\begin{cases} F^n = H^{-1} C^n H = \begin{pmatrix} p^n + nb\lambda p^{n-1} & nbp^{n-1} \\ kcp^{n-1} & p^n - nb\lambda p^{n-1} \end{pmatrix} \\ H = \begin{pmatrix} 1 & 0 \\ \lambda & 1 \end{pmatrix}, H^{-1} = \begin{pmatrix} 1 & 0 \\ -\lambda & 1 \end{pmatrix}, C = \begin{pmatrix} p & b \\ 0 & q \end{pmatrix} \end{cases} \tag{7-16}$$

F_n 的详细计算过程见附录 A。

在式（7-15）中，右侧第二项计算比较复杂，可将其简化为

$$G\begin{pmatrix} 1 & \alpha_1 & \cdots & \alpha_k \\ 0 & \beta_1 & \cdots & \beta_k \end{pmatrix} \begin{pmatrix} f_{n-k-1} \\ f_{n-k} - f_{n-k-1} \\ \vdots \\ f_n - f_{n-1} \end{pmatrix} \tag{7-17}$$

令有一过渡矩阵 L，则

$$L = \begin{pmatrix} \dfrac{g_{11}}{r_1} & \dfrac{g_{12}}{r_1} \\ \dfrac{g_{21}}{r_2} & \dfrac{g_{22}}{r_2} \end{pmatrix} \tag{7-18}$$

式中,

$$\frac{g_{11}}{g_{21}} = \frac{g_{12}}{g_{22}} \tag{7-19}$$

为了简化计算,令 $g_{11}=g_{12}=r_1$,$g_{21}=g_{22}=r_2$,于是可得

$$G = RL = \begin{pmatrix} g_{11} & g_{12} \\ g_{21} & g_{22} \end{pmatrix} = \begin{pmatrix} r_1 & r_1 \\ r_2 & r_2 \end{pmatrix} \tag{7-20}$$

将式(7-17)代入式(7-15),可得

$$X_n = F_1 X_{n-1} + F_2 X_{n-2} + \cdots + F_k X_{n-k} + G \begin{pmatrix} 1 & \alpha_1 & \cdots & \alpha_k \\ 0 & \beta_1 & \cdots & \beta_k \end{pmatrix} \begin{pmatrix} f_{n-k-1} \\ f_{n-k} - f_{n-k-1} \\ \vdots \\ f_n - f_{n-1} \end{pmatrix} \tag{7-21}$$

式中,

$$F_i = \begin{pmatrix} d_{i12} & d_{i11} \\ d_{i22} & d_{i21} \end{pmatrix} \tag{7-22}$$

如果 $X_0, X_1, \cdots, X_{k-1}$ 都是已知量,则式(7-21)有一个重要特性:当

$$\sum_{i=1}^{k} d_{i12} = 1 - r_1 \tag{7-23}$$

和

$$\sum_{i=1}^{k} d_{i22} = -r_2 \tag{7-24}$$

如果所有关于 $x_i(i=1,2,\cdots,k)$ 的 f_j 的系数和等于 1,并且所有关于 $y_i(i=1,2,\cdots,k)$ 的 f_j 的系数和等于 0,则对于所有 $n(n \in N)$,关于 x_n 的 f_j 的系数和也等于 1,并且所有关于 y_n 的 f_j 的系数和也等于 0。

对于该特性,可以用数学归纳法证明,证明过程见附录 B。

根据该特性,对于式(7-21),关于所有 x_i 的 f_j 的系数和等于 1,关于所有 y_i 的 f_j 的系数和等于 0 的条件如下。

(1)关于 $x_i(i=1,2,\cdots,k)$ 的 f_j 的系数和等于 1,关于 $y_i(i=1,2,\cdots,k)$ 的 f_j 的系数和等于 0。

（2）$\sum\limits_{i=1}^{k}d_{i12}=1-\sum\limits_{i=1}^{k}r_{i1}$，$\sum\limits_{i=1}^{k}d_{i22}=1-\sum\limits_{i=1}^{k}r_{i2}$。式中，$R_i=\begin{pmatrix}r_{i1}&0\\r_{i2}&0\end{pmatrix}$。

通过上述分析，可获得如下神经元滤波算法：

$$\begin{cases}\begin{pmatrix}x_i\\y_i\end{pmatrix}=\begin{pmatrix}1&\alpha_{1i}&\cdots&\alpha_{ki}\\0&\beta_{1i}&\cdots&\beta_{ki}\end{pmatrix}\begin{pmatrix}f_0\\f_1-f_0\\\vdots\\f_k-f_{k-1}\end{pmatrix},\quad i=0,1,\cdots,k\\[30pt]\begin{pmatrix}x_n\\y_n\end{pmatrix}=\begin{pmatrix}1-r_1&d_{1i}\\-r_2&d_{2i}\end{pmatrix}\begin{pmatrix}x_{n-1}\\y_{n-1}\end{pmatrix}+\begin{pmatrix}r_1&r_1\\r_2&r_2\end{pmatrix}\begin{pmatrix}1&\mu_1&\cdots&\mu_k\\0&v_1&\cdots&v_k\end{pmatrix}\begin{pmatrix}s_{n-k-1}\\s_{n-k}-s_{n-k-1}\\\vdots\\s_n-s_{n-1}\end{pmatrix}\end{cases}\tag{7-25}$$

式中，$1-r_1=d_{12}$；$-r_2=d_{22}$。

对于 $\sum f_i r_{i1}$，有：

（1）当 $f_j\geqslant 0$，如果 $\sum r_{i1}=1$，$\sum\limits_{r_{i1}\geqslant 0}r_{i1}=d_{12}$，并且 $\sum\limits_{r_{i1}<0}|r_{i1}|=d_{22}$，则 $-d_{22}\min(f_i)\leqslant$

$\sum f_i r_{i1}\leqslant d_{12}\max(f_i)$。

（2）当 $r_{i1}\geqslant 0$，如果 $\sum r_{i1}=1$，则 $\min(f_i)\leqslant\sum f_i r_{i1}\leqslant\max(f_i)$。

（3）当 $f_i\geqslant 0$，如果 $\sum r_{i1}=0$，$\sum\limits_{r_{i1}\geqslant 0}r_{i1}=d_{12}$，则 $-d_{12}\min(f_i)\leqslant\sum f_i r_{i1}\leqslant d_{12}\max(f_i)$。

（4）当 $f_i\geqslant 0$，如果 $\sum r_{i1}=0$，$\sum\limits_{r_{i1}\geqslant 0}r_{i1}=d_{12}\leqslant 1$，则 $-d_{22}\min(f_i)\leqslant\sum f_i r_{i1}\leqslant\max(f_i)$。

为了便于应用，式（7-25）可以被进一步简化成如下三个滤波算法：

$$\begin{cases}x_0=f_0,\ y_0=0\\\begin{pmatrix}x_n\\y_n\end{pmatrix}=\begin{pmatrix}1-r_1&d_{11}\\-r_2&d_{21}\end{pmatrix}\begin{pmatrix}x_{n-1}\\y_{n-1}\end{pmatrix}+f_n\begin{pmatrix}r_1\\r_2\end{pmatrix}\end{cases}\tag{7-26}$$

$$\begin{cases}x_0=f_0,\ y_0=0\\\begin{pmatrix}x_n\\y_n\end{pmatrix}=\begin{pmatrix}1-r_1&d_{11}\\-r_2&d_{21}\end{pmatrix}\begin{pmatrix}x_{n-1}\\y_{n-1}\end{pmatrix}+\begin{pmatrix}r_1&r_1\\r_2&r_2\end{pmatrix}\begin{pmatrix}1&\alpha_1\\0&1\end{pmatrix}\begin{pmatrix}f_n\\f_n-f_{n-1}\end{pmatrix}\end{cases}\tag{7-27}$$

$$\begin{cases}\begin{pmatrix}x_0\\y_0\end{pmatrix}=\begin{pmatrix}1&\alpha\\0&1\end{pmatrix}\begin{pmatrix}f_0\\f_1-f_0\end{pmatrix}\\[12pt]\begin{pmatrix}x_n\\y_n\end{pmatrix}=\begin{pmatrix}1-r_1&d_{11}\\-r_2&d_{21}\end{pmatrix}\begin{pmatrix}x_{n-1}\\y_{n-1}\end{pmatrix}+\begin{pmatrix}r_1&r_1\\r_2&r_2\end{pmatrix}\begin{pmatrix}1&u&v\\0&p&q\end{pmatrix}\begin{pmatrix}f_{n-1}\\f_n-f_{n-1}\end{pmatrix}\end{cases}\tag{7-28}$$

式中，$\begin{pmatrix} 1-r_1 & d_{11} \\ -r_2 & d_{21} \end{pmatrix} = F$；$\begin{pmatrix} r_1 & r_1 \\ r_2 & r_2 \end{pmatrix} = G$。

令 $Z = \begin{pmatrix} 1 & \alpha \\ 0 & 1 \end{pmatrix}$，$N = \begin{pmatrix} 1 & u & v \\ 0 & p & q \end{pmatrix}$，则式（7-26）～式（7-28）可以分别写成

$$\begin{pmatrix} x_n \\ y_n \end{pmatrix} = F^n \begin{pmatrix} x_0 \\ y_0 \end{pmatrix} + \sum_{i=1}^n f_i F^{n-i} \begin{pmatrix} r_1 \\ r_2 \end{pmatrix} = f_0 F^n \begin{pmatrix} 1 \\ 0 \end{pmatrix} + \sum_{i=1}^n f_i F^{n-i} \begin{pmatrix} r_1 \\ r_2 \end{pmatrix} \tag{7-29}$$

$$\begin{pmatrix} x_n \\ y_n \end{pmatrix} = f_0 F^n \begin{pmatrix} 1 \\ 0 \end{pmatrix} + \sum_{i=1}^n F^{n-i} G Z \begin{pmatrix} f_{i-1} \\ f_i - f_{i-1} \end{pmatrix} \tag{7-30}$$

$$\begin{pmatrix} x_n \\ y_n \end{pmatrix} = F^n Z \begin{pmatrix} f_0 \\ f_1 - f_0 \end{pmatrix} + \sum_{i=1}^n F^{n-i} G N \begin{pmatrix} f_{i-1} \\ f_i - f_{i-1} \\ f_{i+1} - f_i \end{pmatrix} \tag{7-31}$$

为了使输出信号尽量保持原始信号的幅值，式（7-25）可以写成

$$\begin{cases} x_0 = f_0, \ y_0 = 0 \\ \begin{pmatrix} x_n \\ y_n \end{pmatrix} = \begin{pmatrix} (1-a)(1-c) & c \\ -\dfrac{1-b}{2} & b \end{pmatrix} \begin{pmatrix} x_{n-1} \\ y_{n-1} \end{pmatrix} + f_n \begin{pmatrix} a(1-c) \\ \dfrac{1-b}{2} \end{pmatrix} \end{cases} \tag{7-32}$$

7.2.2　生命体征信号滤波

对于一个便携式生命体征信号实时监测微系统，其包含心电、脉搏和血压信号监测和信号处理等四个任务子系统，结构示意图如图 7-13 所示。

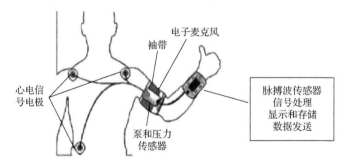

图 7-13　便携式生命体征信号实时监测微系统示意图

从图 7-13 中可以看出，心电、脉搏和血压信号监测子系统负责实时采集心电、脉搏和血压信号，并将所采集的信号实时地传给信号处理系统进行实时处理。

实际便携式生命体征信号实时监测微系统如图 7-14 所示。

图 7-14　便携式生命体征信号实时监测微系统

便携式生命体征信号实时监测微系统中所采用的心电、脉搏和血压信号传感器如图 7-15 所示。

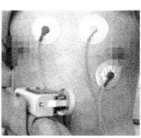

（a）脉搏波传感器　　　　　　　（b）心电传感器　　　　　　　（c）血压传感器

图 7-15　传感器

1. 对心电信号滤波

对心电信号滤波结果如图 7-16 所示。从图 7-16 中可以看出，当参数（表 7-1）选定后，所建立的神经元滤波算法对不同频率的心电信号都可以进行有效低通滤波，如图 7-16（a）和（b）所示。其中图 7-16（a）中的心电信号频率比图 7-16（b）中的心电信号频率高一倍。而且，在这种不同频率的心电信号滤波中，神经元滤波算法都可以将干扰噪声几乎完全从心电信号中滤除。图 7-16（c）和（d）为心电信号高通滤波，可以看出，高通滤波时，可以对心电信号中低频成分进行有效抑制，而将高频部分保留下来。

表 7-1　式（7-28）中的各个参数

参数	值	参数	值	参数	值	参数	值
r_1	0.1	r_2	0.2	d_{11}	0.2	d_{21}	0.5
q	0.2	u	0.2	v	0.2	p	0.2

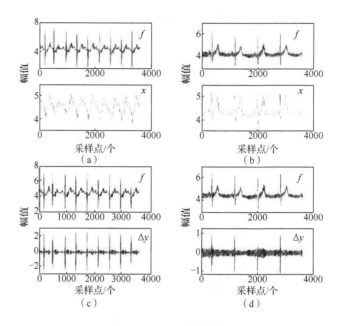

图 7-16　心电信号滤波

2. 脉搏信号滤波

脉搏信号滤波结果如图 7-17 所示。

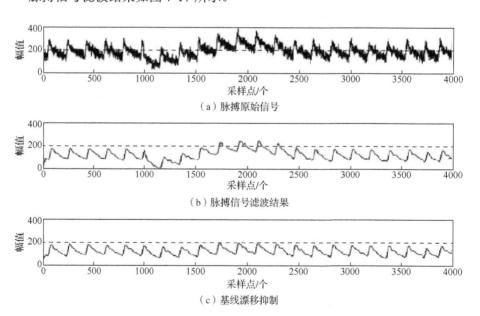

（a）脉搏原始信号

（b）脉搏信号滤波结果

（c）基线漂移抑制

图 7-17　脉搏信号滤波

从图 7-17 中可以看出，虽然脉搏信号中的高频噪声已被有效滤除，但其中含有的低频基线漂移却依然存在，如图 7-17（b）所示。为了抑制该基线漂移，将式（7-28）中 y_i 重新代入式（7-28）作为输入信号以替代原式中的 f_i，并重新进行滤波，所得结果如图 7-17（c）所示。可以看出，原始脉搏信号中的基线漂移被有效抑制。

3. 血压信号滤波

对于血压的监测，目前广泛采用科氏音法，顾名思义，科氏音是一种声音信号，而科氏音法所采集信号中的噪声也是声音信号，因此比心电和脉搏信号要难处理得多。为了有效降低噪声，在式（7-28）的基础上，采用如下步骤进行血压信号处理。

（1）利用式（7-28）对所采集的血压信号进行滤波，并输出低频部分 x_i。

（2）重新选择式（7-28）中的参数为 $q=0.5$，$u=0.4$，$v=1.0$，$p=0.7$，使式（7-28）所示的滤波算法由低通变为带通，并将步骤（1）中 x_i 作为输入信号替代带通滤波算法中的 f_i。

（3）将步骤（2）中计算结果 Δx 和 y 相乘，即 $\Delta x \times y$，并将所得结果作为输入带通步骤（2）中的低通滤波算法。

用上述三个步骤对血压信号进行滤波的结果如图 7-18 所示。

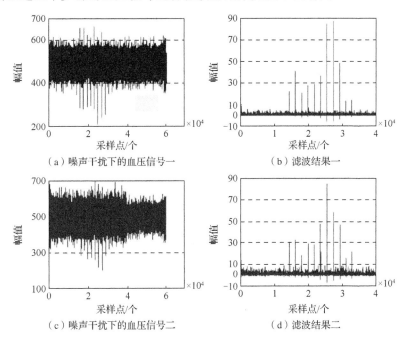

（a）噪声干扰下的血压信号一　　　（b）滤波结果一

（c）噪声干扰下的血压信号二　　　（d）滤波结果二

图 7-18　血压（科氏音）信号的噪声抑制和频率识别

从图 7-18 中可以看出，所建立的神经元滤波算法能很好地抑制血压信号中的噪声，并增大信噪比，即使血压信号几乎被噪声掩盖，如图 7-18（c）所示，所建立的神经元滤波算法也能有效地提高信噪比，如图 7-18（d）所示，为方便提取血压信号提供基础。

7.2.3　加速度计、陀螺仪信号滤波

1. 加速度计信号滤波

速度计型号为 ADIS16201。对加速度计信号滤波结果如图 7-19 所示。

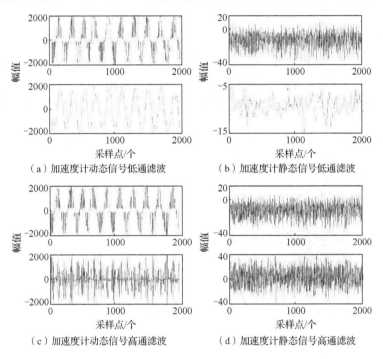

图 7-19　加速度计信号滤波

图 7-19 中，加速度计信号受到了与信号大小几乎相等的随机干扰影响，但所建立的神经元滤波算法几乎可以将加速度计动态信号所受的干扰完全滤除，而且加速度计动态信号也几乎没有受到损失，如图 7-19（a）所示。

然而，对于加速度计静态信号低通滤波效果并不是非常好，如图 7-19（b）所示。加速度计静态信号变化范围约为[-45,20]，经过式（7-28）低通滤波后，虽然加速度计静态信号变化频率被有效地降低，但变化范围依然较大，为[-15,-4]，说明加速度计静态信号仍然存在较大偏差。解决的办法是对式（7-28）输出的低通滤波信号再作为输入信号代入式（7-28），进行第二次低通滤波处理，称之为二级

滤波。加速度计静态信号二级滤波结果如图 7-20 所示。

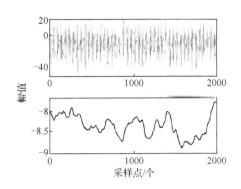

图 7-20　加速度计静态信号二级滤波

从图 7-20 中可以看出，经过二级低通滤波的加速度计静态信号的变化范围从[-45,20]减小到[-8.7,-7.5]，同时变化频率也被进一步降低。说明经过二级滤波后的加速度计静态信号基本稳定。对于加速度计信号高通滤波，无论是动态信号还是静态信号，式（7-28）都表现出了很好的滤波效果，如图 7-19（c）和（d）所示。

2. 陀螺仪信号滤波

陀螺仪型号为 ADIS16255。陀螺仪信号滤波结果如图 7-21 所示。

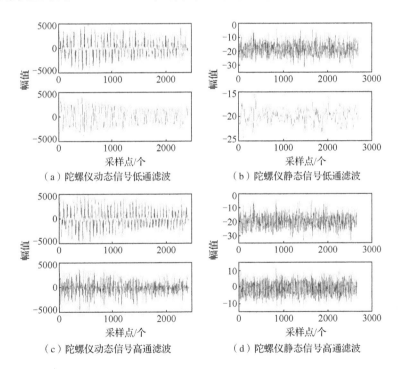

（a）陀螺仪动态信号低通滤波　　　（b）陀螺仪静态信号低通滤波

（c）陀螺仪动态信号高通滤波　　　（d）陀螺仪静态信号高通滤波

图 7-21　陀螺仪信号滤波

从图 7-21 中可以看出，式（7-28）对陀螺仪信号滤波效果与对加速度计信号滤波是相似的，而且也都是静态信号低通滤波效果不是很好，因此需要进行二级低通滤波，如图 7-21（b）所示。陀螺仪静态信号的变化范围为[-33,-5]，一级低通滤波后，陀螺仪静态信号的变化范围减小到[-24,-15]，二级滤波后，陀螺仪静态信号的变化范围减小到[-20.4,-19.6]，同时信号的变化频率也被进一步降低，如图 7-22 所示。

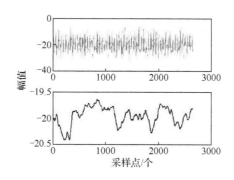

图 7-22　陀螺仪静态信号二级滤波

7.2.4　实验结果分析

从上述的滤波结果可以看出，所建立的神经元滤波算法可以对受到干扰的信号进行有效滤波处理，并且该滤波算法具有以下特性。

（1）从滤波结果可以看出，所建立的神经元滤波算法可以对信号进行低通滤波和高通滤波。

（2）选择一组神经元滤波算法中的参数，如表 7-1 所示，可以对多种不同的信号进行滤波，而不需要调整参数（仅在血压信号滤波时调整了参数），因此说明所建立的神经元滤波算法具有很好的适应性。

（3）所建立的神经元滤波算法可以进行串联，即上一次滤波输出作为下一次滤波的输入，从而形成多级滤波，级数越多，滤波效果越好，但滤波总耗时就越大。

（4）神经元滤波算法结构简单，而且采用信号可直接输入所建立的神经元滤波算法，同时经过神经元滤波算法计算后直接输出滤波结果，几乎不需要对先验信号进行存储，因此计算量很小，滤波速度快，可应用于嵌入式、便携式以及微小系统，甚至微小型多任务系统的信号处理。

第二部分

听觉信息处理

第 8 章 神经元信息传递与滤波处理模型及其特性

突触是细胞将其信息传递到另一个细胞的结构部位。正是由于突触作用，神经元能够综合许多种感受器（如视觉、听觉等感受器）的信息，进而产生响应，得到新信息。例如，在人类听觉系统中，突触将听觉感受器和螺旋神经节细胞直接相连，螺旋神经节细胞是双极神经元，即听觉信息被听觉感受器耳蜗处理后会通过突触直接进入神经元，神经元对其产生响应进而输出信息。当前神经元滤波研究中，研究人员通常采用人工神经元模型进行研究，此过程中往往忽略了突触短时程可塑性作用。近年来，有研究人员着眼于突触短时程可塑性研究突触滤波，但通常割裂了突触与神经元之间的整体性。这造成对神经元滤波过程的模拟缺乏完整性，也降低了适用性。

针对上述问题，也为进一步探索神经元滤波在听觉信息处理中的作用，本章着眼于生物神经元滤波机制，将突触和神经元视为一体，以典型神经元模型为基础，描述一种能同时实现信息传递和滤波处理功能的神经元模型。

8.1 振动理论与神经元信息处理

生物神经系统是由一个个神经细胞共同构成，这些神经细胞称为神经元。神经元在神经系统内所处位置不同，其功能、大小和形态也各自不同。但神经元之间存在共性，均由神经元胞体、轴突和树突三部分组成。神经元胞体是神经元功能活动的主要部分，轴突和树突是其延伸部分，可接收其他神经元传递的信息。在神经系统活动中，对于单个神经元，其神经信息传递是经过树突—神经元胞体—轴突进行的。神经元活动通常以神经脉冲（neural spike）发放为指标，形式是"全或无"形式的，即当刺激超过某一阈值时神经元才会发放脉冲[278]。突触是神经元与神经元之间的一种组织结构。上一个神经元的信息能够通过突触传递进入下一个神经元。对于单个神经元而言，它可以含有上万个突触，一直以来突触的形态、分布等特性被认为是生物学习、记忆的基础。

生物神经系统中存在振动现象，主要表现为节律性、重复性的神经元活动，称为神经振荡[279]。人类的视觉、听觉、触觉、嗅觉、平衡觉等各种生理活动都与神经振荡息息相关。Klimesch[280]通过整合如认知心理学、神经解剖学和神经生理学关于记忆研究的成果，为振荡是神经细胞之间通信的基本形式这一假设提供了有力的论据。Gray 等[281]的研究表明，猫的视觉皮层神经元接收刺激时，其局部神经元群体表现出同步振荡。对于单个神经元而言，其神经振荡的主要表现是神经元膜电势的振荡。它的功能可以解释为神经元通过膜电势增量的变化实现了神经信息的传递[279]。从振动理论角度分析类比可认为，通过单个神经元膜电势振荡实现的神经信息传递是以神经元膜电势增量为变量的单自由度振动系统对神经元信息产生的响应[282]。

　　单个神经元膜电势变化如图 8-1 所示，其过程包括动作电位产生和初始化失败两种情况。动作电位产生过程包括了去极化、峰值、复极化、超极化以及静息状态。动作电位产生和初始化失败两种状态来源于神经元刺激是否达到阈值，即神经脉冲的"全或无"形式。也就是说，当刺激低于阈值时，动作电位则无法产生，因而初始化失败。考虑到神经元建模中不可避免的简化过程，图 8-1 中的两种情况又可结合突触在神经元中所起到的作用进行模拟。采用兴奋性突触和抑制性突触模拟动作电位产生和初始化失败两种情况，并对应神经元活动的肯定和否定。当兴奋性突触起肯定作用时，神经元发放脉冲，产生动作电位，传递神经信息。当抑制性突触起否决作用时，其后的神经元无法兴奋，神经元不发放脉冲，无法传递神经信息。同时，当兴奋性突触起肯定作用、神经元活动产生时，突触前神经元递质、突触后膜电特性等发生变化，引起突触强度变化，进而产生突触易化或突触抑制，进而使神经元滤波产生。

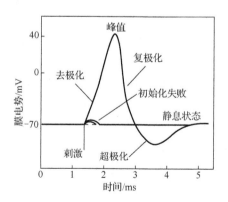

图 8-1　不同时间下神经元膜电位变化示意图

　　对于一般系统振动而言，线性振动均可表示为

$$m\frac{d^2x}{dt^2} + c\frac{dx}{dt} + kx = f(t) \qquad (8\text{-}1)$$

式中，m 为振动质量；c 为阻尼系数；k 为刚度系数；$f(t)$ 为激励；t 为时间。对于

单自由度振动系统而言，振动质量 m、阻尼系数 c 和刚度系数 k 是其基本要素，激振力则一般采用简谐振动作用力如 $F\sin(\omega t)$ 或 $F\cos(\omega t)$ 表示。

当单自由度振动系统进行无阻尼自由振动时，其振动可描述为

$$x = A\sin(\omega_n t + \varphi) \tag{8-2}$$

式中，x 为单自由度振动系统振子的位移；A 为振幅；ω_n 为单自由度振动系统的固有频率；φ 为相位角。

振动系统的运动状态与阻尼比 ζ 直接相关。阻尼比 ζ 是无单位量纲，可描述系统在激励后的状态[283]。当 $\zeta=0$ 时，系统无阻尼，振动不发生衰减，如图 8-2（a）所示。当 $0<\zeta<1$ 时，系统则表现出欠阻尼状态，系统振动幅度逐渐减小，如图 8-2（b）所示。当 $\zeta=1$ 和 $\zeta>1$ 时，系统分别表现出临界阻尼状态和过阻尼状态，系统收到激励离开平衡位置后不产生振动，而是缓慢回到平衡位置，如图 8-2（c）所示。

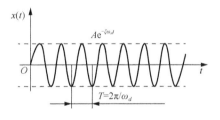

（a）$0<\zeta<1$，无阻尼状态

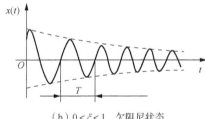

（b）$0<\zeta<1$，欠阻尼状态

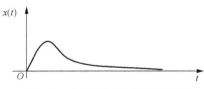

（c）$\zeta\geqslant1$，临界阻尼状态和过阻尼状态

图 8-2　单自由度振动系统受迫振动响应示意图

神经元刺激与振动系统激励具有相似性。对于单个神经元与单自由度振动系

统，输入的外部信息均可视为激励。对比图 8-1 和图 8-2，可将神经元膜电势振荡与单自由度振动系统相似特性归纳如表 8-1 所示[282]。

表 8-1　神经元膜电势振荡与单自由度振动系统相似特性[282]

初始化失败	临界阻尼和过阻尼状态
动作电位产生	欠阻尼状态和零阻尼状态
膜电势增量在一个激励下的振幅变化特性	系统阻尼
神经元细胞膜内外离子浓度恢复到受外界刺激前平衡状态的能力	系统刚度
神经元受到的外界刺激	单自由度振动系统的激振力

8.2　神经元信息传递与滤波处理模型

8.2.1　突触滤波机理与神经元滤波分析

1. 突触滤波机理

根据与神经元接触的部位，突触可以划分为轴突-树突式突触、轴突-胞体式突触、轴突-轴突式突触、树突-树突式、树突-轴突式、树突-胞体式等类型，以及化学性突触、电突触组合的交互性突触、串联性突触、混合式突触等[93]。突触可塑性（synaptic plasticity）则是指突触的形态和功能可发生较为持久改变的特性，普遍存在于神经系统，尤其与学习、记忆产生机制息息相关。其中，突触短时程可塑性（short-term synaptic plasticity）包括突触易化（synaptic facilitation）和突触压抑（synaptic depression）。当一串刺激作用于突触前神经，所产生的突触后电位幅度就可能会出现突触易化、突触压抑或突触易化与压抑并存。例如，Fortune 等[154]对于突触抑制和突触易化的电生理学研究结果呈现了突触滤波机理（图 1-29）。通过突触易化、突触压抑等变化，突触能够实现滤波功能。目前，越来越多研究人员开始关注突触滤波（synaptic filter）特性、模拟其产生机制或构建突触模型。

2. 神经元滤波分析

神经元信息传递通常是由刺激所引发的。在信息传递过程中，神经元噪声广泛且客观存在，会一定程度上影响神经元对信息的接收。神经元噪声主要来源于离子通道噪声（包括离子泵噪声、离子通道电导噪声等）、突触噪声（产生于神经递质化学反应、神经递质释放等）、热噪声（产生于各种分子运动）等。

图 8-3 给出了神经元离子通道噪声和神经元膜电位的波形变化示意图。当神

经元未受到刺激时，离子通道随机打开，神经元噪声会保持在一定范围内变化以维持细胞膜内外离子浓度的动平衡。此时，神经元膜电位处于静息状态。当神经元受到外界刺激时，神经元膜电位将发生变化。当外界刺激超过阈值时，神经元膜电位的波形变化如图 8-3（b）所示。此时，神经元产生动作电位，并向下一级传递信息。在此过程中，神经元噪声始终存在且波动变化。如果该背景噪声与神经元的外部刺激叠加，很有可能使不超过阈值的外界刺激达到或者超过阈值。假设这种情况成立，则神经元将会对实际上的阈下刺激产生响应，并生成动作电位，进而传递错误的神经信息。但当神经元活动正常时，这种情况并不会出现。因此，可以认为在神经元信息传递过程中，存在某种机制使神经元能够对刺激响应电位和神经元噪声进行处理，从而实现正确的判断和决策，进而使信息正常传递。考虑到突触是神经元与另一神经元或感受器细胞等相连接的部位，在神经信息传递中，神经元是信息传递的主要载体。因此，为模拟生物神经元滤波机理，需要将突触和神经元视为一个整体进行分析，将模拟生物神经元信息传递与滤波机制示意图归纳如图 8-4 所示。

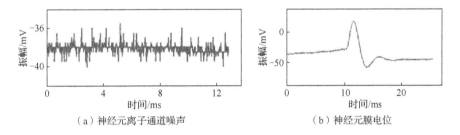

（a）神经元离子通道噪声　　　　　　　（b）神经元膜电位

图 8-3　神经元离子通道噪声和神经元膜电位的波形变化示意图[284]

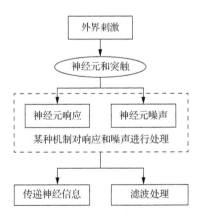

图 8-4　神经元信息传递与滤波机制示意图

8.2.2　模型构建

1. 改进 FHN 神经元模型

将突触和神经元视为整体分析时，突触滤波和神经元信息传递在同一整体内完成。因此，需要选择合适的神经元模型作为基础模型模拟这一过程。一般而言，由于神经元信息处理机理的复杂性，神经元模型构建过程中往往重点突出一部分特性。现有典型的神经元模型如 M-P 模型、H-H 模型、霍普菲尔德（Hopfield）模型、FHN 模型、H-R 模型等均各具特色。在研究过程中，应根据各自研究需求选择最为切合的神经元模型作为基础。

据表 8-1 分析，应选择能够描述神经元膜电势与刺激的关系的典型模型作为基础模型，深入分析并模拟神经元信息传递与滤波过程。FHN 神经元模型、H-R 神经元模型均能够描述神经元膜电势与传入刺激的关系，均可结合神经元信息传递与单自由度振动系统分析，作为基础模型使其成为模拟神经元信息传递与滤波过程的基本载体。

以 FHN 神经元模型为例，简述模拟神经元信息传递与滤波处理的数学分析过程。对于 FHN 神经元模型而言，如果其传入刺激大于阈值，该模型表现出激发振荡特性；在相反的条件下，该模型则表现出非激发状态。FHN 模型的数学描述本质上可表达为二阶非线性微分方程，相较于 H-H 模型计算量有大幅降低，其数学描述[278]为

$$\begin{cases} \dfrac{\mathrm{d}x}{\mathrm{d}t} = x - \dfrac{x^3}{3} - y + f_e \\ \dfrac{\mathrm{d}y}{\mathrm{d}t} = x + by - a \end{cases} \tag{8-3}$$

式中，x 为神经元膜电势（V）；y 为快速去极化电流（A）；f_e 为兴奋电流（A）；a、b 为经验常数。

据图 8-1 所示神经元膜电势变化过程，神经元膜电势的变化区间约为 -90～50mV。当神经元未受到任何刺激时，其膜电势处于静息电位，一般约为 -70mV。如果神经元受到的刺激超过阈值，膜电势会迅速上升可达到 50mV，而后迅速回落，相继产生复极化、超极化，膜电势下降到 -90mV 左右，然后再恢复到静息电位。令

$$\sigma(x) = x - \frac{x^3}{3} \tag{8-4}$$

据上述分析，为便于计算，采用函数 βx 对式（8-4）进行线性化拟合等效，

其中神经元膜电势 x 取值范围为 $-90<x<50$。线性等效后，改进 FHN 神经元模型数学描述为

$$
\begin{cases}
\dfrac{\mathrm{d}x}{\mathrm{d}t} = \beta x - y + \alpha + f_e \\[2mm]
\dfrac{\mathrm{d}y}{\mathrm{d}t} = x + by - a
\end{cases}
\tag{8-5}
$$

式中，α、β 为常数，$\alpha = 8.93 \times 10^{-6}$；$\beta = 0.991$。其等效误差如图 8-5 所示。

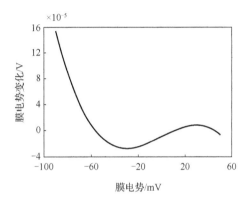

图 8-5　线性化等效误差

据图 8-5，等效误差范围约为 $-0.04 \sim 0.16\mathrm{mV}$。式（8-5）可描述线性化改进 FHN 神经元模型的膜电势变化与兴奋电流的关系，用作基础模型进行神经元信息传递与滤波处理过程模拟。

2. 神经元信息传递模拟

设神经元的输入阻抗为 R_e，输入电势为 V_e，则神经元的兴奋电流 $f_e = V_e/R_e$。在此基础上对式（8-5）进行分析，可得到描述神经元膜电势 x 变化的数学方程为

$$
\begin{cases}
\dfrac{\mathrm{d}^2 x}{\mathrm{d}t^2} - (\beta + b)\dfrac{\mathrm{d}x}{\mathrm{d}t} + (\beta b + 1)x = bF(V_e) \\[2mm]
F(V_e) = -\dfrac{V_e}{R_e} + \dfrac{a}{b}
\end{cases}
\tag{8-6}
$$

式中，$F(V_e)$ 为神经元等效输入；R_e 为神经元输入阻抗（Ω）；V_e 为神经元输入电势（V）。

据 8.1 节分析，神经元可通过膜电势增量变化传递神经信息。假设神经元相继受到时间间隔为 Δt 的两个阈上刺激，其输入电势分别为 V_1 和 V_2，则输入电势增量 $\Delta V = V_1 - V_2$。设神经元对这两个阈上刺激的响应膜电势分别为 x_1 和 x_2，则膜电

势增量 $\Delta x = x_1 - x_2$。将上述参数代入式（8-6），可得到描述神经元膜电势增量变化的数学方程为

$$\frac{\mathrm{d}^2 \Delta x}{\mathrm{d}t^2} - (\beta + b)\frac{\mathrm{d}\Delta x}{\mathrm{d}t} + (\beta b + 1)\Delta x = -\frac{b}{R_e}\Delta V \qquad (8\text{-}7)$$

式中，Δx 为神经元膜电势增量（V）；ΔV 为神经元输入电势增量（V）。

式（8-7）反映了单个神经元在响应外界阈上刺激时神经元膜电势增量变化过程，即也描述了单个神经元的信息传递过程。因此，可将式（8-7）中 Δx、ΔV 重新定义为神经元输出信息和神经元输入信息。

3. 突触滤波模拟

由于神经元噪声包含神经元的系统噪声和与输入信号相关的噪声，也可以认为，在式（8-7）所描述单个神经元的信息传递过程中，式（8-7）也产生了神经元系统噪声。因此，可采用状态空间法进行下一步分析。

定义神经元的状态向量为

$$X = (u, v) \qquad (8\text{-}8)$$

将式（8-7）写成微分方程组形式，则有

$$\begin{cases} \dfrac{\mathrm{d}u}{\mathrm{d}t} = v \\ \dfrac{\mathrm{d}v}{\mathrm{d}t} = qs(t) - qu - pv \end{cases} \qquad (8\text{-}9)$$

式中，p 为神经元系统等效阻尼系数；q 为神经元系统等效刚度系数；$s(t)$ 为神经元系统的等效输入。

综合考虑式（8-7）～式（8-9）可知，式（8-9）中 u 表示神经元受到刺激 $s(t)$ 时的输出信息，v 表示神经元受到刺激 $s(t)$ 时系统产生的噪声信息。

据式（8-7），可得到神经元系统等效阻尼系数 p 和神经元系统等效刚度系数 q 的数学描述为

$$\begin{cases} p = -b - 0.991 \\ q = -0.991b + 1 \end{cases} \qquad (8\text{-}10)$$

因此，可得到神经元系统等效阻尼系数 p 和神经元系统等效刚度系数 q 之间的关系如图 8-6 所示，其数学描述为

$$q = 0.991p + 1.982081 \qquad (8\text{-}11)$$

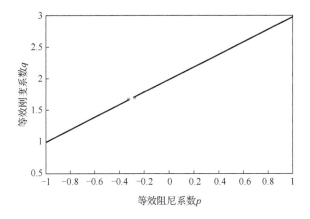

图 8-6   神经元系统的等效阻尼系数和等效刚度系数关系

式（8-9）本质上为一阶微分方程组，可采用欧拉法、改进欧拉法、龙格-库塔法等方法求解。以改进欧拉法为例，初始时刻设为 $t_0=0$，神经信息初值和噪声初值分别为 u_0 和 v_0。

式（8-9）可写为一阶微分方程组形式如下：

$$\begin{cases} \dfrac{\mathrm{d}u}{\mathrm{d}t} = g_1(u,v,t) \\ \dfrac{\mathrm{d}v}{\mathrm{d}t} = g_2(u,v,t) \end{cases} \tag{8-12}$$

式中，

$$\begin{cases} g_1(u,v,t) = v \\ g_2(u,v,t) = qs(t) - qu - pv \end{cases} \tag{8-13}$$

且初值条件为

$$\begin{cases} u(t_0)=u_0 \\ v(t_0)=v_0 \end{cases} \tag{8-14}$$

式（8-12）计算公式如下：

$$\begin{cases} K_1 = hg_1(u_n,v_n,t_n) \\ K_2 = hg_1(u_n+h,v_n+K_1,t_n+M_1) \\ M_1 = hg_2(u_n,v_n,t_n) \\ M_2 = hg_2(u_n+h,v_n+K_1,t_n+M_1) \end{cases} \tag{8-15}$$

式中，参数 h 是由改进欧拉法引入的步长参数。

式（8-12）的解为

$$\begin{cases} u_{n+1} = u_n + \Delta u_n \\ v_{n+1} = v_n + \Delta v_n \end{cases} \tag{8-16}$$

式中，对于每次迭代过程中神经元的神经信息增量与噪声信息增量Δu_n和Δv_n可描述为

$$\begin{cases} \Delta u_n = \dfrac{K_1 + K_2}{2} \\ \Delta v_n = \dfrac{M_1 + M_2}{2} \end{cases} \tag{8-17}$$

据图 8-4，并采用神经信息增量和神经元噪声增量交换方式模拟突触滤波[285]。即将式（8-16）中Δu_n和Δv_n交换得到

$$\begin{cases} u_{n+1} = u_n + \Delta v_n \\ v_{n+1} = v_n + \Delta u_n \end{cases} \tag{8-18}$$

综合上述方程，可得到单个神经元在响应外界阈上刺激时，进行信息传递同时，实现突触滤波的数学描述为

$$\begin{cases} u_{n+1} = \left(1 - \dfrac{qd}{p} - pc\right)u_n + \left(\dfrac{d^2}{2} + c - d\right)v_n + \left(\dfrac{qd}{p} + pc\right)s_n \\ v_{n+1} = cu_n + \left(1 + \dfrac{d}{p} - \dfrac{d^2}{2p}\right)v_n - cs_n \end{cases} \tag{8-19}$$

式中，

$$\begin{cases} c = -\dfrac{qh^2}{2} \\ d = ph \end{cases} \tag{8-20}$$

4. 数学描述

将式（8-20）代入式（8-19），并考虑到神经信息的延迟可能性。定义u_n为神经元的第 n 个输出信息；v_n为神经元的第 n 个输出噪声，可得到神经元信息传递与滤波处理模型的数学描述为

$$\begin{pmatrix} u_n \\ v_n \end{pmatrix} = \begin{pmatrix} 1 - \dfrac{qd}{p} - pc & \dfrac{d^2}{2} + c - d \\ c & 1 + \dfrac{d}{p} - \dfrac{d^2}{2p} \end{pmatrix} \begin{pmatrix} u_{n-1} \\ v_{n-1} \end{pmatrix} + \begin{pmatrix} \dfrac{qd}{p} + pc \\ -c \end{pmatrix} \tau_0 s_{n-j} \tag{8-21}$$

式中，τ 定义为信息的完全输入系数，且 $\tau \in [0,1]$；j 为神经信息的延迟数，其取值为自然数；s_{n-j} 为延迟数为 j 的第 n 个输入神经元信息；p、q、c、d 为突触短时程可塑性调节常数。

8.2.3　模型参数分析

据式（8-11）和式（8-20），可得

$$\begin{cases} c = -0.4955ph^3 - 0.9910405h^2 \\ d = ph \end{cases} \tag{8-22}$$

由于参数 h 是由改进欧拉法引入的步长参数，为保证改进欧拉法计算的收敛性，h 的取值范围应为 $0<h<2$。因此，可分别得到参数 c、d 与 p、h 的关系曲线，如图 8-7（a）和图 8-7（b）所示。

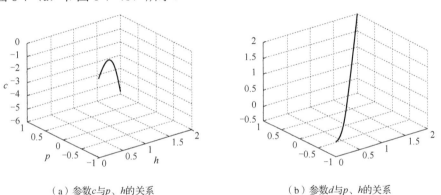

（a）参数 c 与 p、h 的关系　　　　　　　（b）参数 d 与 p、h 的关系

图 8-7　参数 c、d 与 p、h 的关系曲线

据图 8-7（a）和（b）可发现，参数 c、d 变化曲线呈现抛物线趋势，参数 c 具有最大值，参数 d 具有最小值。但考虑到改进欧拉法的计算精度，参数 h 取值应越小越好。当参数 h 取值逐渐减小并趋近于 0 时，参数 c 变化曲线单调递减，参数 d 变化曲线单调递增。参数 c、d 的单调性变化对神经元信息传递与滤波处理模型的参数选择具有一定参考作用。

据式（8-20）及上述分析可知，参数 h 对于式（8-21）中参数 p、q、c、d 的选择具有重要作用。定义矩阵 P 为式（8-21）中第 n 次迭代的神经信息增量 Δu_n 和神经元噪声增量 Δv_n 的系数矩阵，如式（8-23）所示：

$$\begin{pmatrix} 1 - \dfrac{qd}{p} - pc & \dfrac{d^2}{2} + c - d \\ c & 1 + \dfrac{d}{p} - \dfrac{d^2}{2p} \end{pmatrix} \tag{8-23}$$

式（8-23）同时也可视为描述突触短时程可塑性的数学描述矩阵，表征突触短时程可塑性的等效数学变化，通过调节其参数 p、q、c 和 d 可实现突触易化、突触压抑、突触易化与压抑并存等变化，使神经元信息传递与滤波处理模型实现低通、高通、带通等滤波形式。

8.3　模 型 特 性

神经元信息传递和神经元滤波特性可简要归纳如下。

（1）在神经元信息传递过程中，神经元的输出信息能够反映输入信息的基本特性，使该信息区别于其他信息。

（2）神经元能够通过突触短时程可塑性完成滤波，通过突触短时程可塑性调节，突出主要信息、抑制传入噪声。

（3）生物能够在多样、复杂的条件下对环境进行感知、判断和决策，该能力依赖于神经元通过突触与生物的各种感受器进行连接，即可认为当神经元和突触视为一个整体时，信息传递和突触滤波可发生在同一个神经元内，且与不同感受器相连接的不同神经元和突触能够处理不同的感觉信息。

（4）神经元膜电势达到动作电位峰值约为 1ms，这说明神经元处理信息的速度极快。

综合上述分析，神经元信息传递与滤波处理模型应能够具有如下特性。

（1）通过式（8-21），应能够实现对传入信息的特征传递。

（2）通过调节矩阵 P，式（8-21）所描述的神经元系统应能够产生多种形式的滤波响应。

（3）通过式（8-21）能够实现对主要信息的提取、滤除干扰噪声。

（4）通过式（8-21）所描述神经元系统处理信息应能够表现出实时性。

因此，为验证和分析神经元信息传递与滤波处理模型特性，本节将依序对该模型的信息传递能力、滤波能力、客观性能、实时性进行实验。

8.3.1　信息传递特性

本节分别采用方波信号、三角波信号、正弦信号和扫频信号作为神经元系统的传入刺激，考察式（8-21）对传入刺激的响应，分析模型能否有效传递传入信息或者保持传入信息的基本特性。采用模型参数组合（p、q、c 和 d）取值如表 8-2所示。方波信号频率为 30Hz，三角波信号频率为 10Hz，正弦信号频率为 100Hz，扫频信号频率为 2～50Hz。采样点均为 500，振幅均为 1，采样频率为 1000Hz。方波信号、三角波信号、正弦信号和扫频信号的波形分别如图 8-8（a）～（d）所示。

表 8-2　神经元模型参数组合

参数组合	p	q	c	d
1	8	150	−0.08	0.005

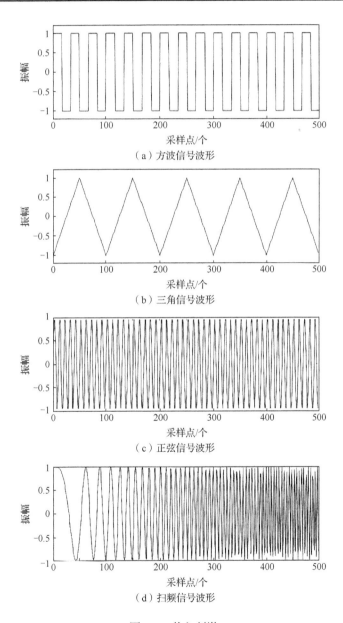

（a）方波信号波形

（b）三角信号波形

（c）正弦信号波形

（d）扫频信号波形

图 8-8　传入刺激

　　可得到信号传递实验结果分别如图8-9（a）～（d）所示。据图8-9可见，对于方波、三角波、正弦和扫频信号作为神经元模型的传入刺激时，由式（8-21）所得到的输出响应均能反映传入刺激的特性，如频率、振幅、波形等特性。分析图8-9（c）和（d）可发现，对于正弦信号的响应振幅略有降低，对于扫频信号的

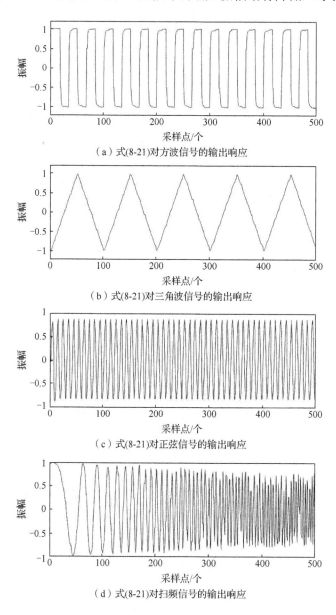

（a）式(8-21)对方波信号的输出响应

（b）式(8-21)对三角波信号的输出响应

（c）式(8-21)对正弦信号的输出响应

（d）式(8-21)对扫频信号的输出响应

图8-9　输出响应

响应振幅也随着信号频率的增加而略有下降，这说明神经元信息传递与滤波处理模型对于不同频率的刺激具有抑制作用，也可认为是神经元对不同频率信息选择的表现之一。

因此，据上述分析可认为，式（8-21）能够响应传入刺激，并有效传递信息，同时对不同信息具有一定的选择抑制能力。

8.3.2　系统响应特性

当式（8-23）中参数发生变化时，表征突触短时程可塑性的等效矩阵发生变化，神经元信息传递与滤波处理模型应能够产生不同形式的系统响应。因此，采用不同的 p、q、c 和 d 参数组合分析其系统响应。采用的参数组合 I～VI 如表 8-3 所示。

表 8-3　神经元模型参数组合

参数组合	p	q	c	d
I	8	150	−0.08	0.005
II	800	50	−0.001	0.0001
III	−80	−1485	−0.6	2.6125
IV	−60	−780	−0.6	2.85
V	15	9	0.02	3
VI	15	−35	−0.6	3

据表 8-3 参数组合得到的系统响应分别如图 8-10～图 8-12 所示。据表 8-3 中参数组合 I 和参数组合 II，神经元模型响应表现出不同通带频率的低通滤波特性，如图 8-10 所示。据参数组合 III 和参数组合 IV，神经元模型响应出不同通带频率的带通滤波特性，如图 8-11 所示。据参数组合 V 和参数组合 VI，则获得了不同通带频率的高通滤波特性，如图 8-12 所示。因此，当参数组合中 p、q、c 和 d 的取值发生变化时，表征突触短时程可塑性的矩阵（8-23）发生变化，神经元信息传递与滤波处理模型能够实现对不同频率信号的抑制。综合参数 p、q、c 和 d 的取值变化与图 8-10～图 8-12 还可发现，p、q 和 d 的取值影响系统响应的带宽，参数 c 主要影响系统响应截止频率的位置。

综合上述分析可得到如下结论：通过调节式（8-23）所示矩阵 P，系统能够实现低通、带通、高通等形式滤波功能，从而对干扰信息进行抑制。

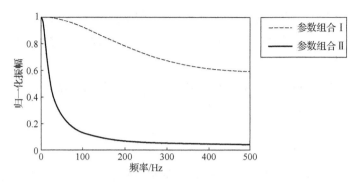

图 8-10　低通滤波响应

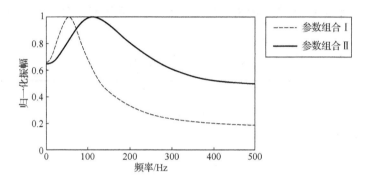

图 8-11　带通滤波响应

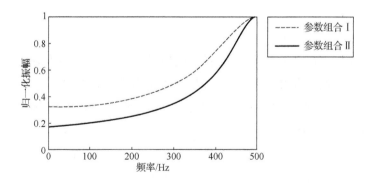

图 8-12　高通滤波响应

8.3.3　客观性能评价

信号滤波处理中客观性能评价指标主要包括信噪比（signal-to-noise ratio，SNR）、均方根误差（root-mean-square error，RMSE）和信噪比增益（signal-to-noise ratio gain，SNRG），其数学定义分别如下：

$$\text{SNR} = 20\lg\left\{\frac{\sum_n f^2(n)}{\sum_n\left[f(n)-f_1(n)\right]^2}\right\} \tag{8-24}$$

$$\text{RMSE} = \sqrt{\frac{\sum_n\left[f(n)-f_1(n)\right]^2}{n}} \tag{8-25}$$

$$\text{SNRG} = \frac{\text{SNR}_f}{\text{SNR}_0} \tag{8-26}$$

式中，$f(n)$ 为不含噪声的信号；$f_1(n)$ 为滤波去噪后的估计信号；SNR_f 为去噪后的信噪比；SNR_0 为原始信噪比。

为统计上述客观评价性能指标，采用三种典型信号构成的四组测试信号进行实验。四组测试用信号分别为方波信号、方波加入正弦信号、正弦信号和三角波、方波与方波的组合信号，其波形分别如图 8-13（a）～（d）所示。其中采样点为 4000，测试用信号的最大振幅为 8。

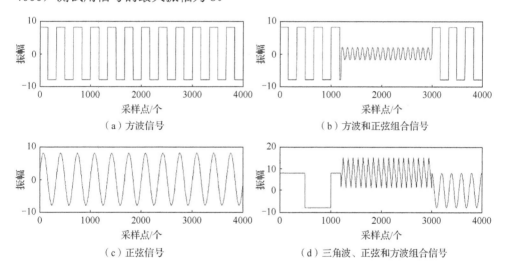

图 8-13　测试用信号

分别为这四组测试用信号加入 8dB 高斯白噪声。采样频率为 1000Hz。加入噪声后的信号波形分别如图 8-14（a）～（d）所示。

滤波方法分别采用神经元信息传递与滤波处理模型和快速小波变换滤波算法，并分别定义其为方法 I 和方法 II。神经元模型参数取值见表 8-3 中参数组合 II。快速小波变换选择 Daubechies 小波，其分解层数为 5。实验结果分别如图 8-15 和图 8-16 所示。

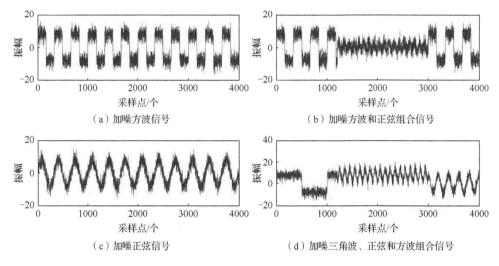

（a）加噪方波信号　　　　　　　　　（b）加噪方波和正弦组合信号

（c）加噪正弦信号　　　　　（d）加噪三角波、正弦和方波组合信号

图 8-14　测试用加噪信号

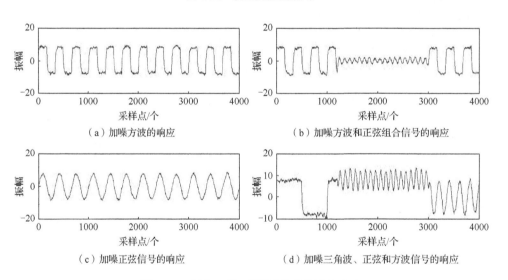

（a）加噪方波的响应　　　　　　　（b）加噪方波和正弦组合信号的响应

（c）加噪正弦信号的响应　　　　（d）加噪三角波、正弦和方波信号的响应

图 8-15　方法 I 对加噪测试信号的滤波响应

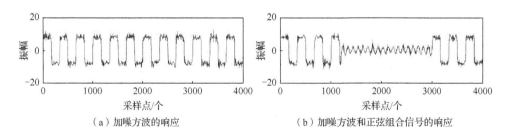

（a）加噪方波的响应　　　　　　　　（b）加噪方波和正弦组合信号的响应

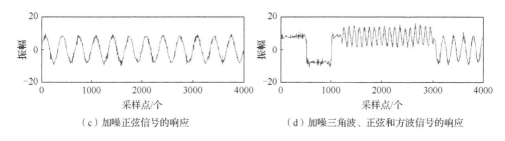

（c）加噪正弦信号的响应　　　　　　（d）加噪三角波、正弦和方波信号的响应

图 8-16　方法 II 对测试信号的响应

　　图 8-15（a）～（d）中曲线分别表示图 8-14 所示加噪测试信号经方法 I 滤波处理后的波形。图 8-16（a）～（d）中曲线则分别表示图 8-14 所示加噪测试信号经方法 II 滤波处理后的波形。以图 8-15（d）和图 8-16（d）为例可见，方法 I 和方法 II 滤波处理后的三角波、正弦、方波信号响应波形中噪声分量不同。为客观评价方法 I 和方法 II 的滤波去噪性能，采用式（8-24）～式（8-26）分别计算图 8-15 和图 8-16 中滤波响应的信噪比、均方根误差和信噪比增益，可得到方法 I 和方法 II 的客观评价指标量化统计表，如表 8-4 所示。

表 8-4　不同滤波算法的客观评价指标量化统计

信号类型	滤波方法	SNR	RMSE	SNRG
方波信号	I	48.1766	0.4623	2.3925
	II	41.2132	0.732	2.0467
方波和正弦信号	I	41.9936	0.4946	2.7865
	II	36.4021	0.7249	2.4155
正弦信号	I	41.8421	0.496	2.8632
	II	38.8286	0.6074	2.657
三角波、正弦和方波信号	I	46.2584	0.5332	2.3016
	II	42.7301	0.676	2.1261

　　分析表 8-4 可知，方法 I 在信噪比、均方根误差和信噪比增益三方面相较于方法 II 更有优势。这说明神经元信息传递与滤波处理模型在去噪性能上优于快速小波变换滤波算法。为直观表明神经元模型在滤波处理中的优势，定义 A_S、A_R 和 A_G 分别表示信噪比、均方根误差和信噪比增益的相对优势百分比，其表达式分别如下：

$$A_s(j) = \frac{\mathrm{SNR}_i - \mathrm{SNR}_j}{\mathrm{SNR}_j} \times 100\%$$ （8-27）

$$A_R(j) = \frac{\mathrm{RMSE}_i - \mathrm{RMSE}_j}{\mathrm{RMSE}_j} \times 100\%$$ （8-28）

$$A_G(j) = \frac{\mathrm{SNRG}_i - \mathrm{SNRG}_j}{\mathrm{SNRG}_j} \times 100\%$$ （8-29）

式中，j 表示滤波方法编号。在此基础上，据表 8-4，可得到神经元模型的相对优势程度量化统计如表 8-5 所示。

表 8-5　方法 I 相对于方法 II 的优势度　　　　　　　　单位：%

信号类型	滤波方法	$A_s(j)$	$A_R(j)$	$A_G(j)$
方波信号	II	16.89	−36.84	16.90
方波和正弦信号	II	15.36	−31.77	15.36
正弦信号	II	7.76	−18.34	7.76
三角波、正弦和方波信号	II	8.26	−21.12	8.25

据表 8-5 可见，对于方波信号，神经元模型的信噪比和信噪比增益相较于快速小波变换滤波算法分别提升 16.89% 和 16.9%，其均方根误差降低 36.84%。对于其他三种测试信号，也表现出基本相似的趋势。因此，通过表 8-5 可进一步验证，相对于快速小波变换滤波算法，神经元模型在滤波处理中的去噪能力，在信噪比、均方根误差和信噪比增益上均表现出了较为明显的优势。

8.3.4　实时性

为验证神经元信息传递与滤波处理模型是否能够反映神经元处理信息的实时性，本节对该模型处理信息的计算时间进行研究，分别分析该模型对于不同种类信号和不同时长信号的处理时间。

1. 不同种类信号的计算时间

在对于不同种类信号处理时长的计算中，测试用信号采用图 8-8 所示四种测试信号。采样频率为 1000Hz，采样点为 4000，信号时间长度为 4s。所采用的方波信号、三角波信号、正弦信号和扫频信号振幅均为 1，其频率分别为 30Hz、10Hz、100Hz 和 2～50Hz。

采用仿真计时器进行计算，使用 tic 和 toc 命令组合，其中 tic 命令启动计时器, toc 命令终止计时器。对每种信号处理 5 次, 分别记录每次的信息处理时间, 而后取平均值, 计算时间的单位为 s, 得到对于上述四种信号的处理时间长度如表 8-6 所示。

表 8-6　对不同类型信号的平均处理时间　　　单位: s

信号类型	计算时间 1	计算时间 2	计算时间 3	计算时间 4	计算时间 5	平均时间
方波信号	0.005013	0.003965	0.003905	0.003942	0.004624	0.00429
三角波信号	0.003914	0.00398	0.004452	0.003981	0.003909	0.004047
正弦信号	0.000283	0.000273	0.000414	0.000266	0.000272	0.000302
扫频信号	0.00437	0.003916	0.003797	0.004204	0.004171	0.004092

分析表 8-6 可知, 对于信号时间长度为 4s 的方波信号、三角波信号、正弦信号和扫频信号, 其平均处理时间分别为 4.29ms、4.047ms、0.302ms 和 4.092ms。其中, 对于方波信号的平均处理时间最长, 但其数值仅略高于其对三角波信号和扫频信号的处理时长。这说明神经元模型对于图 8-8 所示四种测试信号中的正弦信号计算速度更快, 其平均速度约为对方波、三角波和扫频信号处理速度的 10 倍。

综合表 8-6 数据可以认为, 神经元模型对于不同的信号均具有相当快的处理速度, 但信号不同特征如频率、波形等也一定程度上影响了神经元模型的信息处理速度。

2. 不同时长信号的计算时间

分别采用图 8-8 (a) ～ (c) 所示的方波信号和正弦信号进行测试, 采样频率为 1000Hz, 采样时长分别为 4s、40s、400s 和 4000s。采用 tic 和 toc 命令组合分别对不同时长的方波信号和正弦信号计算 5 次后取平均值, 计算时间的单位为 s。分别获得神经元模型对方波信号和正弦信号的信息处理时间如表 8-7 和表 8-8 所示。

表 8-7　对不同时长方波信号的平均处理时间　　　单位: s

信号时长/s	计算时间 1	计算时间 2	计算时间 3	计算时间 4	计算时间 5	平均时间
4	0.005029	0.004142	0.003914	0.003938	0.003933	0.004191
40	0.04109	0.038952	0.039135	0.042136	0.040318	0.040326
400	0.437819	0.429941	0.447340	0.414714	0.428961	0.431755
4000	5.024789	4.565808	4.281216	4.363231	4.344428	4.515894

表 8-8　对不同时长正弦信号的平均处理时间　　　　　　单位：s

信号时长/s	计算时间 1	计算时间 2	计算时间 3	计算时间 4	计算时间 5	平均时间
4	0.000302	0.000284	0.000273	0.000272	0.000273	0.000281
40	0.003451	0.002824	0.002796	0.002747	0.002746	0.002913
400	0.029801	0.031880	0.029884	0.028941	0.029233	0.029948
4000	0.31252	0.338254	0.311849	0.309417	0.311865	0.316781

　　分析表 8-7 和表 8-8 可知，随着方波信号和正弦信号的时长增加，对其进行处理的时间随之增加。但对于相同时长的方波信号和正弦信号，其平均处理时间始终相差约为一个数量级。例如，对于时长为 4000s 的方波信号和正弦信号，其平均处理时间约为 4.52s 和 0.32s；当时长为 400s 时，二者的平均处理时间分别约为 0.43s 和 0.30s；当时长为 40s 时，其平均处理时间分别为 40.32ms 和 2.91ms；当时长为 4s，则约为 4.191ms 和 0.281ms。

　　因此，综合表 8-6～表 8-8 可以认为，神经元模型能够对传入信息进行实时响应，具有较快的信息处理速度，即该模型能够反映神经元对传入信息进行处理时的实时性；同时，对于具有不同信号特性的传入信息，该模型信息处理速度并不一致，与传入信息的特性相关。

第 9 章　基于耳蜗感知和神经元滤波的
听觉信息处理方法

在"听觉感受器-神经元"的宏观信息流通路中，外环境声音信息被听觉感受器感知，通过突触传递进入神经元，产生神经元滤波响应。由于听神经具有信息保持能力，通过"听觉感受器-神经元"获得的神经元滤波响应能够间接反映听觉感受器感知到的信息特性。因此，将"听觉感受器-神经元"的信息流向与信息处理机制进行融合，研究神经元滤波模型对耳蜗感知模型感知信息的响应过程，即可获得由神经元滤波模型一般方程描述的、能够模拟耳蜗感知特性的听觉信息处理方法。

9.1　听觉与耳蜗感知机理

9.1.1　听觉机理

听觉信息处理过程主要由听觉感受器和听神经共同实现。如图 1-16 所示，外环境信息由外耳采集，通过中耳传递到内耳耳蜗处。经由耳蜗感知后，通过突触传递进入听神经并被送往更高层次的听觉中枢。在此过程中，耳蜗是听觉信息处理机制实现的主要生理结构，其内部的膜结构和毛细胞均有各自作用。

9.1.2　耳蜗感知机理

声波振动通过中耳听小骨链到达卵圆窗时，卵圆窗膜上压力的变化立即引起耳蜗内淋巴液运动，该现象是耳蜗感知声波信息的开始。耳蜗的信息感知过程主要由耳蜗内膜性结构、毛细胞等一系列功能结构协同调制完成的[286]。

1. 膜性结构的频率分析和选择增益功能

声波引起耳蜗内淋巴液运动，由此带动耳蜗内各种膜性结构振动，其中功能性最为显著的是基底膜和盖膜的振动。

人耳基底膜的平均长度约为 35mm。沿蜗底至蜗顶，基底膜的宽度不断增加，厚度不断减小，致密性逐渐降低[287]。当声波传入耳蜗时，基底膜的振动从蜗底开始逐渐向蜗顶推进，振动的幅度不断增加，直到在基底膜的某一位置振幅达到最大值，而后振动即停止前进继而逐渐消失[288]。对于不同频率的声波而言，基底膜上的不同位置会产生最大振幅，该特性被称为基底膜的频率分布位置原则[94]。正是通过基底膜的频率分布位置特性，基底膜实现了频率分析功能。

随着对耳蜗功能研究的不断深入，研究人员逐渐发现，虽然基底膜具有较为敏锐的频率分析能力，但其本身的功能却并不足以有效表现出耳蜗所具有的高度听敏性和尖锐调频特性[141]。Sellick 等[289]对耳蜗振动测量的研究将耳蜗内盖膜的功能引入研究人员视线中。他们观察到一端与外毛细胞相连的盖膜会在外毛细胞带动下产生径向运动。Ghaffari[290]和 Meaud 等[291]的研究成果更进一步说明盖膜的这种径向运动会引起一种调谐尖锐的行波，这种行波与基底膜上的行波相互耦合，并表现出频率选择性增益能力，如图 9-1 所示[290,291]。由于盖膜的频率选择性增益机制，耳蜗才实现了高度的听敏性和尖锐的调频特性。

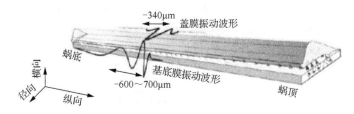

图 9-1　基底膜与盖膜的耦合机制示意图

2. 外毛细胞的放大功能

听觉电生理实验研究证明，耳蜗具有获得精细听觉感受的主动机制，能够产生并实现听觉信息放大功能[103-105]。Brownell 等[106]的研究成果表明耳蜗主动机制来源于外毛细胞的主动运动。Dallos 实验室的郑菁等研究人员成功确定了外毛细胞主动运动的物质基础，并命名为"快动蛋白"[118, 292]。由于外毛细胞侧膜快动蛋白的作用，外毛细胞沿其胞体纵轴方向产生了伸缩运动。这种伸缩运动能够跟随声音周期产生的机械力作用于基底膜上，使与声音信息频率相应的基底膜振动得到加强，由此产生声音信息非线性放大。该过程又被称为外毛细胞胞体的电致运动。

近年来，对于外毛细胞主动运动的研究还存在另一种理论。2003 年，Kennedy 等[127]首次发现哺乳动物耳蜗外毛细胞的纤毛存在主动运动。此后，纤毛能动性也逐渐成为研究人员关注的热点问题。研究人员提出，纤毛主动运动是耳蜗放大功能产生的主要动力来源，而外毛细胞胞体的电致运动只是协助调整纤毛的位置，使之处于最佳的工作状态[128]。但由于确认外毛细胞纤毛主动运动的功能需要在活体动物实验中取得证据，这为纤毛主动运动的研究带来了不少困难，使外毛细胞胞体的电致运动和纤毛的主动运动分别在耳蜗主动机制中所起的作用至今仍然是研究人员争论的焦点，并且目前始终没有定论。当前，大多数研究人员相对倾向于如下观点：外毛细胞胞体的电致运动和纤毛的主动运动二者的协同作用实现了耳蜗放大功能[128]。

3. 内毛细胞的换能与信息传递功能

基底膜和盖膜的振动引起内毛细胞纤毛发生弯曲，导致纤毛牵丝受到牵拉，从而打开内毛细胞的机械-电换能通道。当静纤毛处于相对静止状态时，少部分通道开放且伴有少量内向离子流。当静纤毛向动纤毛一侧弯曲时，通道进一步开放，大量阳离子内流引起去极化而产生感受器电位。当静纤毛背离动纤毛一侧弯曲时通道关闭，内向离子流停止，并出现外向离子流，造成膜的超极化[129]。通过上述过程，内毛细胞完成将机械能向电能的转换，使声音信息的振动信号转换为神经电信号。

内毛细胞直接与突触相连，并通过突触与螺旋神经节细胞的远心端联系，而螺旋神经节细胞的向心端突起就是听神经。因此，声波通过基底膜、毛细胞和盖膜等结构，完成频率分析、信息放大、选择性增益和换能之后，会直接通过突触传入听神经。

9.1.3 听神经频率保持机理

外环境声音信息被耳蜗感知后，通过突触进入听神经，依次通过更高层次的听觉核团，最后到达大脑听觉皮层。

听神经纤维对不同声刺激具有特定的频率选择性，具有不同频率选择性的神经纤维在听神经中按照一定的次序进行排列。从神经束的外周到中心，听神经选择频率依次降低，如图 9-2 所示[94]。该现象说明，基底膜的频率分布位置原则在听神经中被保持下来，并且在听觉中枢通路中一直存在。

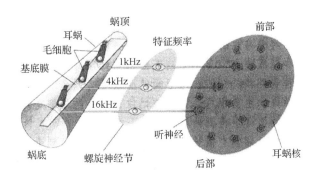

图 9-2　纯音在"耳蜗-听神经元"通道中的传递示意图

图 9-2 既表明不同频率纯音刺激时基底膜振动的最大振幅位置不同，也表明耳蜗传出的信息根据刺激纯音频率的不同而相继投射到螺旋神经节、耳蜗核的不同部位，使耳蜗感知到的纯音频率信息获得了保持。

9.2　耳蜗感知模型

9.2.1　耳蜗感知模型建立

1.　研究目标

综合听觉系统及听觉机理，可将听觉通路中声音信息的传递和处理过程简要归纳如图 9-3 所示，并将耳蜗感知过程划分为两个子过程，分别为声波的振动分析过程（声波以振动形式传递及处理的过程）和声波的信号转导过程（声波由振动信号向神经信号转换过程）。

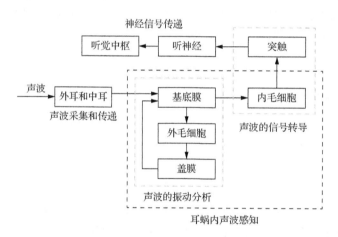

图 9-3　声波在听觉通路中的传递和处理过程示意图[282]

声波的振动分析过程是由耳蜗内基底膜、外毛细胞及盖膜共同作用实现的。从机械振动角度来看，该过程共涵盖了耳蜗内不同结构的四个子运动，分别为基底膜在中耳镫骨作用下在淋巴液环境中产生的振动、外毛细胞胞体由外毛细胞电致性而产生的伸缩运动、外毛细胞纤毛间的牵拉运动，以及盖膜在外毛细胞带动下产生的径向运动。声波的振动分析过程实现的生理功能主要描述如下。

（1）根据传入声波频率的不同，基底膜在其上不同位置产生最大振幅，从而实现频率分析功能，且满足频率分布位置原则。

（2）由于外毛细胞胞体的电致性和纤毛的能动性，外毛细胞会产生主动运动，从而实现声波信息的放大功能。

（3）外毛细胞带动盖膜产生径向运动，反馈增强基底膜振动，产生频率选择性增益，从而实现耳蜗的高听敏度功能。

声波的信号转导过程是由耳蜗中内毛细胞实现的，这是一个复杂的化学过程。该过程的实质是完成了由声波振动分析过程获得的振动信号向神经电信号的转导。在该过程中，由声波振动分析过程获得的信息会得到保持[292]。因此，通过对耳蜗内声波振动分析过程的研究，即可获得对传入声波特性的感知。

2. 模型假设

结合听觉系统生理结构，从宏观力学角度建立耳蜗感知模型，模拟声波传入时耳蜗对声波的感知过程。据 Zwislocki 耳蜗简化物理模型，可假想将呈螺旋状的耳蜗管和基底膜拉直[107, 108]。耳蜗内前庭阶与蜗管从流体力学角度视为一个单元，且该单元与鼓阶被基底膜隔开，内部充满不可压缩、非黏性的淋巴液流体。当前，大部分关于耳蜗模型的研究仍然采用这种假设。

在图 9-4 所示模型中，x 轴方向表示由蜗底到蜗顶的耳蜗纵向，y 轴和 z 轴分别表示耳蜗横剖面的径向和横向。拉直的基底膜将耳蜗感知模型分成沿 z 轴方向的两个对称且通过蜗孔相连的隔室，分别代表前庭阶与鼓阶。位于上隔室外侧的卵圆窗与中耳听小骨链中的镫骨直接相连。位于下隔室一端且与卵圆窗同侧的圆窗则因其易弯曲的特性而采用不闭合结构模拟。

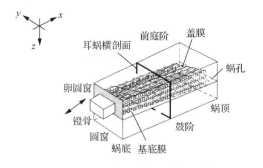

图 9-4　耳蜗感知模型三维示意图

传入声波会引起听小骨链中镫骨进行往复运动。由镫骨往复运动而产生的力会引起与之直接相连的卵圆窗振动，从而会使假设被拉直的耳蜗管内部的不可压缩非黏性流体运动，引起其内部基底膜发生振动形变。与此同时，位于耳蜗管内部且一端与基底膜直接相连、另一端与盖膜接触的外毛细胞发生主动运动，带动与其相连的盖膜产生径向运动，反馈增强基底膜振动。当传入声波发生变化时，由镫骨往复运动而产生的驱动力随之变化。因此，基底膜形变的最大振幅位置也发生变化，耳蜗感知模型由此获得对声波特性的感知。

9.2.2　基底膜等效振动系统

耳蜗感知模型通过分析基底膜的振动响应感知传入声音信息的特性。因此，对声波感知过程的研究可等效为镫骨往复运动驱动耳蜗感知模型时，对位于模型内部流体环境中的基底膜振动响应的分析。

为分析基底膜振动，Helmhotz 将基底膜视为一系列并联且不耦合的振子，其后，von Békésy、Manley、Neely、Nobili 等的研究中均采用单自由度振动系统对基底膜频率分析能力进行模拟和研究[97, 98,109-111, 114-116]。在上述基础上，可将图 9-4 所示的耳蜗感知模型沿 x 轴从蜗底至蜗顶方向垂直划分成 N 段薄片，并使薄片剖面平行于 y-z 平面。每个薄片内的基底膜片段都可模拟为一个单自由度弹簧阻尼振动系统，如图 9-5（a）所示。

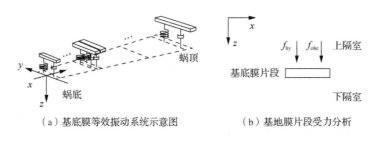

（a）基底膜等效振动系统示意图　　　　（b）基地膜片段受力分析

图 9-5　基底膜等效振动系统及基底膜片段受力分析示意图

当薄片足够薄时，位于耳蜗感知模型内部流体环境中的两个基底膜片段之间的剪切力可以忽略不计。当镫骨往复运动驱动耳蜗感知模型时，基底膜振动受到模型内部流体作用力影响，使每个基底膜片段沿 z 轴运动的位移与其在 x 轴上的位置密切相关。此外，在耳蜗感知模型薄片内，当基底膜片段发生振动时，与其相连的外毛细胞产生主动运动，对该基底膜片段有主动作用力。综合上述分析，基底膜片段的受力分析如图 9-5（b）所示。其中，f_{hy} 为耳蜗感知模型上下隔室内不可压缩非黏性流体分别对基底膜片段上下平面产生的压力的合作用力，f_{ohc} 为直接与基底膜片段接触的外毛细胞对该基底膜片段的主动作用力。每个基底膜片段在其相应的 f_{hy} 与 f_{ohc} 作用下产生不同的振动位移。同一时刻所有基底膜片段振动位移的包络构成了镫骨往复运动时耳蜗感知模型内基底膜的振动形变。因此，耳蜗感知模型中基底膜片段的振动位移响应方程可描述为

$$M(x,x_0)l\frac{\partial^2 \gamma}{\partial t^2}(x,t) + h(x)l\frac{\partial \gamma}{\partial t}(x,t) + k_{bm}(x)l\gamma(x,t) = f_{hy}(x,t) + f_{ohc}(x,t) \quad (9\text{-}1)$$

式中，

$$M(x,x_0) = m_{bm}(x) + m_{hy}(x,x_0) \quad (9\text{-}2)$$

其中，m_{bm} 为单位长度上基底膜片段的质量（kg/m），m_{hy} 为流体作用下单位长度上基底膜片段相对于第 j 个基底膜片段的质量（kg/m），$0 \leqslant j \leqslant N$；$k_{bm}$ 为单位长度上基底膜片段的刚度系数（kg/ms²）；h 为单位长度上耳蜗流体的阻尼系数（kg/ms）；t 为时间（s）；l 为基底膜片段的长度（m）；x 为基底膜片段在基底膜上相对于蜗底的位置（m）；y 为基底膜片段沿着 z 轴方向上的位移（m）；f_{hy} 为基底膜片段在不可压缩非黏性流体作用下所受的力（N）；f_{ohc} 为外毛细胞作用在基底膜上的力（N）。

设基底膜总长度为 L，当它被分为 N 个片段时，每个基底膜片段的长度则为 $l=L/N$。同时，该基底膜片段在不可压缩非黏性流体作用下所受的力 f_{hy} 可以描述为

$$f_{hy} = -c_{hy}a_{St}(x,t) \tag{9-3}$$

式中，c_{hy} 为流体耦合等效参数；a_{St} 为镫骨往复运动的加速度（m/s²）。

9.2.3　耳蜗微观力学特性

耳蜗微观力学特性一般指耳蜗科蒂器内部结构的受力特征[121]。当基底膜产生振动时，科蒂器内外毛细胞发生主动运动，带动与其直接接触的盖膜产生径向运动。本节以耳蜗感知模型的单个薄片作为研究对象，结合听觉系统生理结构，从微观力学角度分析外毛细胞对基底膜的主动作用力以及探索基底膜与盖膜的耦合关系。

1. 外毛细胞主动运动

目前大多数研究人员倾向于认为外膜细胞胞体的电致运动和纤毛束的主动运动协同作用实现耳蜗放大功能（见 9.1.2 节）。本节在此基础上进行分析。从微观力学角度看，外毛细胞的主动运动主要包括两个部分，分别为由外毛细胞电致性而产生的外毛细胞胞体伸缩运动以及外毛细胞纤毛束的主动运动。外毛细胞胞体的伸缩运动跟随声波周期的变化产生机械力作用于基底膜，增强基底膜振动。当前对外毛细胞纤毛束的主动运动实质尚无定论，但在物理层面上表现为纤毛牵丝之间发生牵拉运动[127-129]。因此，沿耳蜗感知模型 x 轴方向将该模型划分为无数个平行于 y-z 平面的薄片。据耳蜗生理结构的横剖面示意图（图 9-6），可建立耳蜗感知模型薄片横剖面的外毛细胞主动运动模型，如图 9-7 所示。图 9-7 中，设由外毛细胞胞体伸缩运动而产生的力为 f_{som}，由外毛细胞上纤毛间牵拉运动而产生的力为 f_{ub}，f_{som} 与 f_{ub} 在方向上相互垂直。θ 为网状板与基底膜的夹角，随薄片在耳蜗感知模型 x 轴上的位置变化而变化。定义网状板为刚性结构，并采用弹簧分别模拟外毛细胞胞体和纤毛间牵丝。设耳蜗感知模型薄片内基底膜片段沿 z 轴方向的运动位移为 y，同一薄片内的盖膜片段沿 y 轴方向的运动位移为 y。

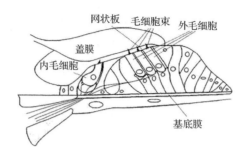

图 9-6　耳蜗生理结构横剖面示意图[93]

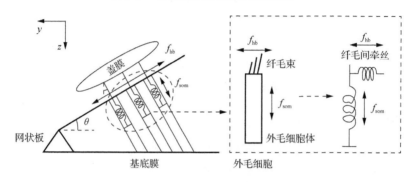

图 9-7　外毛细胞主动运动模型

据图 9-8 可知，外毛细胞胞体的伸缩位移为 $\gamma\cos\theta - y\sin\theta$，纤毛间牵丝的牵拉位移为 $\gamma\sin\theta + y\cos\theta$。因此，由外毛细胞胞体伸缩运动而产生的力 f_{som} 与由纤毛间牵丝牵拉运动而产生的力 f_{hb} 可分别描述为

$$\begin{cases} f_{som} = k_{ohc}l_{ohc}\left(\gamma\cos\theta - y\sin\theta\right) \\ f_{hb} = k_{hb}l_{hb}\left(\gamma\sin\theta + y\cos\theta\right) \end{cases} \tag{9-4}$$

式中，k_{ohc} 为单位长度上外毛细胞胞体刚度系数（kg/ms^2）；k_{hb} 为单位长度上纤毛牵丝刚度系数（kg/ms^2）；l_{ohc} 为外毛细胞胞体长度（m）；l_{hb} 为外毛细胞纤毛牵丝长度（m）。

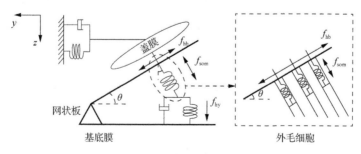

图 9-8　耳蜗感知微观力学主动模型

2. 外毛细胞主动作用力

为分析外毛细胞的主动作用力，需考察与外毛细胞相连的基底膜和盖膜的受力情况。结合耳蜗生理结构，可采用与基底膜振动研究中相同的等效方法，将耳蜗感知模型每个薄片内的盖膜片段等效为一个单自由度弹簧阻尼振动系统。因此，据图 9-7，并考虑到盖膜在外毛细胞主动运动带动下产生沿 y 轴方向的径向运动，可建立模拟耳蜗感知模型薄片内基底膜片段、外毛细胞、盖膜片段运动的模型，如图 9-8 所示。该模型从微观力学角度模拟外毛细胞运动，将该模型统称为耳蜗感知微观力学主动模型。

设外毛细胞产生的主动作用力为 f_{ohc}。综合前文对外毛细胞主动运动的分析，位于耳蜗感知模型同一薄片内的基底膜片段和盖膜片段的受力分析分别如图 9-9 所示。结合图 9-7 分析，外毛细胞对与其相连的基底膜片段的主动作用力 f_{ohc} 的数学描述为

$$f_{\text{ohc}} = f_{\text{som}}\cos\theta + f_{\text{hb}}\sin\theta \tag{9-5}$$

式中，f_{som} 为外毛细胞胞体伸缩运动产生的力（N）；f_{hb} 为外毛细胞上纤毛束运动产生的力（N）；θ 为网状板与基底膜的夹角（°）。

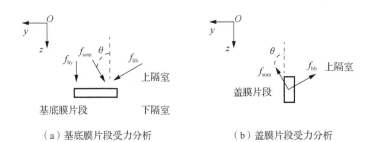

（a）基底膜片段受力分析　　　　　（b）盖膜片段受力分析

图 9-9　耳蜗感知微观力学主动模型中基底膜片段和盖膜片段的受力分析示意图

将式（9-4）代入式（9-5），可得到耳蜗感知模型的每个薄片内，外毛细胞对基底膜片段的作用力与该基底膜片段纵向位移，以及盖膜片段径向位移的关系描述为

$$f_{\text{ohc}} = \gamma\left(k_{\text{ohc}}l_{\text{ohc}}\cos^2\theta + k_{\text{hb}}l_{\text{hb}}\sin^2\theta\right) - y\left(k_{\text{ohc}}l_{\text{ohc}} - k_{\text{hb}}l_{\text{hb}}\right)\sin\theta\cos\theta \tag{9-6}$$

式中，f_{ohc} 为外毛细胞主动作用力（N）；γ 为基底膜片段纵向位移（m）；y 为盖膜片段径向位移（m）。

3. 基底膜与盖膜的耦合关系

据图 9-8，并分析图 9-9（b），耳蜗感知模型的盖膜片段径向运动可描述为

$$m_{tm} l_{tm} \frac{d^2 y}{dt^2} + h l_{tm} \frac{dy}{dt} + k_{tm} l_{tm} y = f_{som} \sin\theta - f_{hb} \cos\theta \tag{9-7}$$

式中，m_{tm} 为单位长度上盖膜片段的质量（kg/m）；k_{tm} 为单位长度上盖膜片段的刚度系数（kg/ms²）；h 为单位长度上耳蜗内流体的阻尼系数（kg/ms）；l_{tm} 为盖膜片段长度（m）。

据图 9-1 所示基底膜与盖膜的耦合机制示意图，可认为有效盖膜长度与基底膜长度相等，即 $l_{tm}=l$。将式（9-4）代入式（9-7），可得到耳蜗感知模型同一薄片内基底膜片段与盖膜片段的耦合关系：

$$\begin{cases} M_{tm} \dfrac{d^2 y}{dt^2} + H_{tm} \dfrac{dy}{dt} + K_{tm} y = \gamma \\[2mm] M_{tm} = \dfrac{m_{tm} l}{\left(k_{ohc} l_{ohc} - k_{hb} l_{hb}\right) \sin\theta \cos\theta} \\[3mm] H_{tm} = \dfrac{h l}{\left(k_{ohc} l_{ohc} - k_{hb} l_{hb}\right) \sin\theta \cos\theta} \\[3mm] K_{tm} = \dfrac{k_{tm} l + k_{ohc} l_{ohc} \sin^2\theta + k_{hb} l_{hb} \cos^2\theta}{\left(k_{ohc} l_{ohc} - k_{hb} l_{hb}\right) \sin\theta \cos\theta} \end{cases} \tag{9-8}$$

9.2.4 耳蜗感知模型数学描述

耳蜗感知模型沿 x 轴方向共由 N 个模型薄片组成。镫骨往复运动驱动模型时，第 k 个薄片中基底膜片段振动响应如式（9-1）。由于传入声音的频率与镫骨往复运动的频率相同，分析式（9-1），即可获得对传入声音的感知。式（9-1）中，描述耳蜗内流体耦合作用的力 f_{hy} 与描述外毛细胞主动作用的力 f_{ohc} 是未知量。将式（9-6）和式（9-8）同时代入式（9-1），即可得到镫骨往复运动驱动下的耳蜗感知模型内基底膜振动响应方程：

$$M_{kj}(x, x_0) \frac{\partial^2 \gamma_k}{\partial t^2}(x,t) + H_k \frac{\partial \gamma_k}{\partial t}(x,t) + K_k \gamma_k(x,t) = -c_{hy} a_{St}(x,t) - E_k y_k(x,t) \tag{9-9}$$

式中，M 为基底膜等效质量矩阵；H 为基底膜等效阻尼系数矩阵；K 为基底膜等效刚度系数矩阵；x 为第 k 个基底膜片段在基底膜上的位置，其中 $0 \leqslant k \leqslant N$；$x_0$ 为作为流体点源的第 j 个基底膜片段的位置，其中 $0 \leqslant j \leqslant N$；$c_{hy}$ 为流体耦合等效参数；a_{St} 为镫骨往复运动的加速度（m/s²）；y_k 为第 k 个盖膜片段的位移（m）；γ 为基底膜的振动位移响应（m）；E_k 为第 k 个盖膜片段的反馈参数。

式（9-9）中，各参数的数学表达式及物理意义为

$$
\begin{cases}
x = kl \\
x_0 = jl \\
M_{kj} = m_{\text{bm}} + m_{\text{hy}}(x, x_0) \\
H_k = h(k)l \\
K_k = k_{\text{bm}}(k)l - k_{\text{ohc}}(k)l_{\text{ohc}}(k)\cos^2\theta_k - k_{\text{hb}}(k)l_{\text{hb}}(k)\sin^2\theta_k \\
E_k = \left[k_{\text{ohc}}(x)l_{\text{ohc}}(k) - k_{\text{hb}}(x)l_{\text{hb}}(k) \right]\sin\theta_k\cos\theta_k
\end{cases}
\tag{9-10}
$$

式中，l 为每个基底膜片段的长度（m）；l_{ohc} 为每个耳蜗感知模型薄片内的外毛细胞胞体长度（m）；l_{hb} 为每个耳蜗感知模型薄片内的纤毛牵丝长度（m）；h 为单位长度上耳蜗内流体的阻尼系数（kg/ms）；m_{bm} 为单位长度上基底膜片段的质量（kg/m）；m_{hy} 为流体作用下单位长度上基底膜片段相对于第 j 个基底膜片段的质量（kg/m）；k_{bm} 为单位长度上基底膜片段的刚度系数（kg/ms²）；k_{ohc} 为单位长度上外毛细胞体刚度系数（kg/ms²）；k_{hb} 为单位长度上纤毛牵丝刚度系数（kg/ms²）；θ 为网状板与基底膜的夹角（°）。

此外，式（9-8）描述了耳蜗感知模型同一薄片内基底膜片段与盖膜片段之间的耦合关系，反映了基底膜与盖膜的耦合机制，为基底膜振动提供了反馈增益。综合上述分析，得到耳蜗感知模型数学描述包括两部分，即声波感知方程和增益反馈方程，分别如式（9-11）和式（9-12）。

（1）声波感知方程：

$$
M_{kj}(x, x_0)\frac{\partial^2\gamma_k}{\partial t^2}(x,t) + H_k\frac{\partial\gamma_k}{\partial t}(x,t) + K_k\gamma_k(x,t) = -c_{\text{hy}}a_{St}(x,t) - E_k y_k(x,t)
\tag{9-11}
$$

（2）增益反馈方程：

$$
M_{\text{tm}}\frac{\mathrm{d}^2 y_k}{\mathrm{d}t^2} + H_{\text{tm}}\frac{\mathrm{d}y_k}{\mathrm{d}t} + K_{\text{tm}}y_k = \gamma_k
\tag{9-12}
$$

式中，各参数物理意义与式（9-8）和式（9-9）相同。

9.3　CP-NF 听觉信息处理方法

9.3.1　研究目标

据外周听觉系统生理结构，耳蜗内科蒂器的毛细胞通过突触与螺旋神经节细胞一端突起直接相连。螺旋神经节细胞是双极神经元。因此，从神经信息传递角度看，其宏观信息流向为：突触-神经元（树突-胞体-轴突）-突触。结合 9.2.1 节，

当外环境声音信息传入"听觉感受器-神经元"时，宏观信息流通路可简要总结如图 9-10 所示。

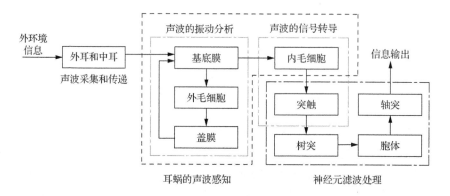

图 9-10　"听觉感受器-神经元"的宏观信息流通路简要示意图

分析图 9-10 可知，在"听觉感受器-神经元"宏观信息流通路中，耳蜗实现对外环境声音信息感知，而后神经元对耳蜗感知信息进行滤波处理。前文已分别对耳蜗内听觉信息处理过程和神经元滤波过程进行研究，提出耳蜗感知模型（见 9.2 节）以及神经元滤波模型（见 8.2 节）。在声波信号转导过程中，耳蜗感知信息的幅值和相位特征会得到基本保持。据 9.1.3 节听神经频率保持机理，在耳蜗感知模型和神经元滤波模型发生对接的中间环节中，不会改变声音信息的基本特征。因此，为保证神经元滤波过程不改变声音信息基本特征，耳蜗感知信息为神经元滤波过程提供了一种相关性约束，使"听觉感受器-神经元"通路中神经元的突触短时程可塑性发生变化，使"听觉感受器-神经元"的响应能够反映耳蜗内听觉信息处理的特性。由于在耳蜗感知模型和神经元滤波模型研究中，均采用振动学方法作为模型的理论和结构框架，又考虑到神经元滤波模型具有实时响应、函数形式简单等优势，因此在耳蜗感知模型与神经元滤波模型基础上，本节提出一种实现形式简单且具有良好听觉响应一致性的听觉信息处理方法。

综合上述分析，本节结合"听觉感受器-神经元"的宏观信息流向，在耳蜗感知模型和神经元滤波模型基础上，研究耳蜗感知信息和神经元滤波响应之间的相关性条件，并提出一种基于耳蜗感知和神经元滤波的听觉信息处理方法。为便于研究，下文中将其称为耳蜗感知和神经元滤波（cochlear perception-neuron filtering）听觉信息处理方法，简称 CP-NF 方法。

耳蜗内听觉信息处理的实质在于不同声音激励时基底膜的振动响应。综合基底膜响应特性，其具有如下特点。

（1）一个纯音激励对应基底膜上的一个振动位置，具有频率分析能力。

（2）频域响应曲线具有尖锐非对称性，峰值频率左侧线形斜率相对平缓，右侧线形斜率相对陡峭。

（3）对于不同频率的声音激励，其响应的放大增益不同，体现出耳蜗的主动机制以及激励频率与响应强度的非线性关系。

（4）对于不同频率的声音激励，低频声音激励的响应曲线带宽较窄，高频声音激励的响应曲线带宽较宽，体现出耳蜗对低频声音分辨率较高，对高频声音分辨率较低的特性。

在上述分析基础上，结合神经元滤波模型的研究，基于 CP-NF 方法应能够实现如下目标。

（1）简单易实现，具有简单形式的传递函数或冲激响应函数。

（2）能够通过激励纯音频率与基底膜上不同位置分布的频率一一对应，实现对声音的频率分析。

（3）频域响应曲线满足非对称特性，峰值频率左侧线形斜率相对平缓，右侧线形斜率相对陡峭。

（4）能够反映耳蜗的主动机制。对于不同频率的纯音激励，其响应具有不同的放大增益，呈非线性放大趋势。

（5）能够实现对低频声音分辨率较高、对高频声音分辨率较低的特性。

9.3.2　耳蜗感知信息与神经元滤波响应的相关性条件

当声波传入耳蜗使基底膜上产生最大振幅响应时，耳蜗感知到声波的特征，由基底膜与盖膜耦合机制产生的基底膜振动选择性增益保持稳定。这说明耳蜗感知模型的增益反馈方程［式（9-12）］具有稳态解。式（9-12）可视为单自由度振动系统的受迫振动方程，因此，其稳态解为

$$y = \frac{\gamma}{\sqrt{\left(K_{\text{tm}} - \omega^2 M_{\text{tm}}\right)^2 + H_{\text{tm}}^2 \omega^2}} \sin\left[\omega t - \arctan\frac{H_{\text{tm}}\omega\gamma}{M_{\text{tm}}\left(K_{\text{tm}} - \omega^2 M_{\text{tm}}\right)}\right] \quad (9\text{-}13)$$

式中，M_{tm} 为单位长度上盖膜等效质量（kg/m）；H_{tm} 为盖膜等效阻尼系数（kg/ms）；K_{tm} 为盖膜等效刚度系数（kg/ms^2）；γ 为基底膜纵向位移（m）；y 为盖膜径向位移（m）；ω 为传入声波的角频率（rad/s）。

当基底膜振动达到稳定状态时，在式（9-13）中，基底膜纵向位移 γ 与盖膜

径向位移 y 均为常数。将式（9-13）代入式（9-12），可得到稳定状态时耳蜗感知模型的感知方程：

$$\begin{cases} M_{kj}(x,x_0)\dfrac{\partial^2 \gamma_k}{\partial t^2}(x,t) + H_k \dfrac{\partial \gamma_k}{\partial t}(x,t) + K_k \gamma_k(x,t) = F(\omega,t) \\ F(\omega,t) = -c_{\text{hy}} a_{St}(x,t) - E_k R_k \sin(\omega t - \arctan \theta_k) \end{cases} \tag{9-14}$$

式中，

$$\begin{cases} R_k = \dfrac{\gamma_k}{\sqrt{\left(K_{\text{tm}} - \omega^2 M_{\text{tm}}\right)^2 + H_{\text{tm}}^2 \omega^2}} \\ \tan \theta_k = \dfrac{H_{\text{tm}} \omega \gamma_k}{M_{\text{tm}}\left(K_{\text{tm}} - \omega^2 M_{\text{tm}}\right)} \end{cases} \tag{9-15}$$

式（9-14）和式（9-15）中各参数项的定义、物理意义以及数学表达式见 9.2.4 节，其中 $F(\omega,t)$ 为耳蜗感知模型的感知信息。采用神经元滤波模型对 $F(\omega,t)$ 进行处理。据 8.2.2 节分析，可得到神经元滤波模型的状态增量：

$$\begin{cases} \Delta u_k = \dfrac{-K_k h^2 u_k + h\eta_k v_k + h^2 F(\omega,t_k)}{2M_{kj}} \\ \Delta v_k = \dfrac{-kh\eta_k u_k - h\left(H_k \eta_k + K_k M_{kj} h\right)v_k + h\eta_k F(\omega,t_k)}{2M_{kj}^2} \end{cases} \tag{9-16}$$

式（9-16）中，$\eta_k = M_{kj} - H_k h$，u_k 为耳蜗感知信息经神经元滤波处理后的神经信息。Δu_k 和 Δv_k 分别为神经元滤波模型响应的信息增量和噪声增量。为极小化累积误差，式（9-16）的计算过程中采用 Heun 方法。将式（9-16）代入式（8-18），可得到神经元滤波模型对耳蜗感知信息响应的方程：

$$\begin{pmatrix} u_{k+1} \\ v_{k+1} \end{pmatrix} = \begin{pmatrix} a_{11} & a_{12} \\ a_{21} & a_{22} \end{pmatrix} \begin{pmatrix} u_k \\ v_k \end{pmatrix} + \begin{pmatrix} e_{11} \\ e_{21} \end{pmatrix} F(\omega,t_k) \tag{9-17}$$

式中，

$$\begin{cases} a_{11} = \dfrac{1 - hK_k \eta_k}{2M_{kj}^2} \\ a_{12} = \dfrac{-hH_k \eta_k - h^2 K_k M_{kj}}{2M_{kj}^2} \\ a_{21} = \dfrac{-h^2 K_k}{2M_{kj}} \\ a_{22} = \dfrac{2M_{kj} + h\eta_k}{2M_{kj}} \end{cases} \tag{9-18}$$

$$\begin{cases} e_{11} = \dfrac{h\eta_k}{2M_{kj}^2} \\[3mm] e_{21} = \dfrac{h^2}{2M_{kj}} \end{cases} \tag{9-19}$$

综合式（9-17）～式（9-19），得到神经元滤波模型处理耳蜗感知信息过程中的步长条件：

$$h_k = \left| a_{11} a_{12} H_k \right| \tag{9-20}$$

综合分析式（9-17）～式（9-20），有

$$a_{22} = 1 + \frac{e_{11} e_{21}(a_{12} + e_{21})^2}{2} \tag{9-21}$$

综合式（9-17）和式（9-21），可得到神经元滤波模型对耳蜗感知信息处理过程中的突触短时程可塑性调节矩阵 P：

$$P = \begin{pmatrix} 1 - e_{11} & a_{12} \\[2mm] -e_{21} & 1 + \dfrac{e_{11} e_{21}(a_{12} + e_{21})^2}{2} \end{pmatrix} \tag{9-22}$$

式（9-22）为实现"听觉感受器-神经元"宏观信息流向中耳蜗感知模型与神经元滤波模型的对接条件，也是耳蜗感知信息与神经元滤波响应的相关性条件，其物理意义表征为：当耳蜗信息传递进入神经元时，神经元突触短时程可塑性发生变换的规律。

9.3.3　CP-NF 方法数学描述

综合式（9-17）和式（9-22），当神经元滤波模型保持耳蜗处理后的听觉信息特征不变时，其数学描述为

$$\begin{pmatrix} u_{k+1} \\ v_{k+1} \end{pmatrix} = \begin{pmatrix} 1 - e_{11} & a_{12} \\[2mm] -e_{21} & 1 + \dfrac{e_{11} e_{21}(a_{12} + e_{21})^2}{2} \end{pmatrix} \begin{pmatrix} u_k \\ v_k \end{pmatrix} + \begin{pmatrix} e_{11} \\ e_{21} \end{pmatrix} F(\omega, t_k) \tag{9-23}$$

式（9-23）即实现耳蜗感知模型与神经元滤波模型对接的 CP-NF 方法数学描述。它的物理意义表征不同频率外环境声音刺激时，"听觉感受器-神经元"对该刺激的响应。

据耳蜗感知信息与神经元滤波响应的相关性条件，CP-NF 方法的调节参数已定义为 a_{12}、e_{11}、e_{21}，即通过调节上述三个参数，可获得神经元的不同突触短时程

变化矩阵，从而获得不同的滤波响应，进而反映传入声音信息特性。据式（9-23），可得到 CP-NF 方法的数学描述：

$$\begin{cases} \begin{pmatrix} u_{k+1} \\ v_{k+1} \end{pmatrix} = P \begin{pmatrix} u_k \\ v_k \end{pmatrix} + E_1 \tau_0 F_{k-j} \\ \begin{pmatrix} u_{k+1} \\ v_{k+1} \end{pmatrix} = P \begin{pmatrix} u_k \\ v_k \end{pmatrix} + E_2 S \begin{pmatrix} F_{k-j} \\ F_{k-j} - F_{k-j+1} \\ \vdots \\ F_{k+1} - F_k \end{pmatrix} \end{cases} \tag{9-24}$$

式中，

$$\begin{cases} E_1 = \begin{pmatrix} e_{11} \\ e_{21} \end{pmatrix} \\ E_2 = \begin{pmatrix} e_{11} & e_{12} \\ e_{21} & e_{22} \end{pmatrix} \end{cases} \tag{9-25}$$

$$S = \begin{pmatrix} 1 & \tau_k & \cdots & \tau_k \\ 0 & \xi_k & \cdots & \xi_k \end{pmatrix} \tag{9-26}$$

P 为状态调节矩阵，数学描述如式（9-22），表征突触短时程可塑性的等效变化；E_1、E_2 为神经元输入控制矩阵，表征神经元对传入信息初始化的数学变化；S 为神经元对信息的敏锐度矩阵，$\tau_k, \xi_k \in [0,1]$，τ_0 为神经元对信息的敏锐度系数，S、τ_k、ξ_k 表征神经元对传入信息的敏锐程度。

第 10 章　CP-NF 听觉信息处理方法特性

10.1　CP-NF 听觉信息处理方法参数

　　综合 CP-NF 听觉信息处理方法（CP-NF 方法）的研究过程可知，当传入"听觉感受器-神经元"宏观信息通路的外环境声音信息频率发生变化时，据耳蜗感知信息与神经元滤波响应的相关性条件得到的状态调节矩阵 P 随之变化，表征"听觉感受器-神经元"通路中神经元的突触短时程可塑性发生变化使神经元保持耳蜗感知信息，使 CP-NF 方法所描述的"听觉感受器-神经元"对传入声音信息的响应间接反映耳蜗内由基底膜振动所感知到的信息特性。上述分析说明 CP-NF 方法能够据传入"听觉感受器-神经元"的声音信息频率的变化而产生不同的响应，也说明 CP-NF 方法能够模拟基底膜的频率分析功能。本节在 CP-NF 方法数学描述基础上，分别从稳定参数条件、参数选择策略、误差修正等方面进一步研究 CP-NF 方法参数确定流程，为其特性分析提供理论支撑。

10.1.1　稳定参数条件

　　由于耳蜗感知信息为神经元滤波过程提供了相关性约束，满足神经元滤波模型稳定的参数只能为 CP-NF 方法提供充分条件，而不能提供必要条件。因此，需重新判定 CP-NF 方法的稳定参数条件。

　　据式（9-24）～式（9-26），当神经元对每个传入信息的敏锐程度相同时，可得到 CP-NF 方法的传递函数：

$$H(z) = \frac{\tau_0 e_{11} z + \tau_0 (e_{21} - e_{11} e_{21} - a_{22} e_{11})}{z^2 - (1 - e_{11} + a_{22}) z + (a_{22} - e_{11} a_{22} + e_{21} a_{12})} \tag{10-1}$$

式中，a_{22} 的定义见式（9-21）。

　　从振动理论角度分析，式（10-1）描述一个欠阻尼二阶振荡系统，应具有一对共轭复数极点，且其分母特征方程应具有一对共轭复根。因此，式（10-1）应满足判别式条件：

$$\Delta_{\text{pole}} = \left[e_{11} + \frac{e_{11} e_{21} (a_{12} + e_{21})^2}{2} \right]^2 - 4 e_{21} a_{12} < 0 \tag{10-2}$$

式中，Δ_{pole} 为式（10-1）分母的判别式。同时，式（10-1）的极点位置应满足如下方程：

$$r^2 = \left(1 - e_{11}\right)\left[1 + \frac{e_{11}e_{21}(a_{12}+e_{21})^2}{2}\right] + e_{21}a_{12} \qquad (10\text{-}3)$$

式中，r 为 CP-NF 方法传递函数分母特征方程的模。

基底膜通常被视为能够分别通过不同频率声音的听觉通道的并联，其功能一般可采用滤波方法进行模拟。因此，对于 CP-NF 方法，从滤波角度分析，r 越接近于 1 时，滤波方法的选择性越好，响应曲线的尖峰越陡峭。但当 r=1 时，则会出现无穷大的临界情况。将式（10-2）看作以 a_{12} 为未知数的方程，当 CP-NF 方法用于滤波时，a_{12} 必须有实数解。因此，可得到参数条件：

$$2e_{11}\left(1 - e_{11}\right)e_{21}^3 + e_{21}^2 - 2e_{11}\left(1 - e_{11}\right)\left(1 - e_{11} - r^2\right)e_{21} \geqslant 0 \qquad (10\text{-}4)$$

为保证式（10-1）所描述的振动系统稳定，它的特征根还应位于单位圆内。因此，可确定参数条件：

$$\begin{cases} \left|1 - e_{11}\right| < 1 \\ \left|\left(1 - e_{11}\right)\left[1 + \dfrac{e_{11}e_{21}(a_{12}+e_{21})^2}{2}\right] + e_{21}a_{12}\right| < 1 \end{cases} \qquad (10\text{-}5)$$

综合上述分析，满足式（10-2）、式（10-4）和式（10-5）的参数组合即 CP-NF 方法的稳定参数条件。

10.1.2 基于基底膜频域响应曲线非对称性的参数选择

设信号延迟数 j=1，敏锐度系数 τ_1=0.1、ξ_1=0.1，CP-NF 方法的一般形式可描述为

$$\begin{pmatrix} u_{k+1} \\ v_{k+1} \end{pmatrix} = P \begin{pmatrix} u_k \\ v_k \end{pmatrix} + E_2 \begin{pmatrix} 1 & \tau_1 \\ 0 & \xi_1 \end{pmatrix} \begin{pmatrix} F_k \\ F_{k+1} - F_k \end{pmatrix} \qquad (10\text{-}6)$$

设 $N=r^2$=0.95 为设计参数。当考察参数组合变化时，首先采用稳定参数条件式（10-2）、式（10-4）和式（10-5）作为参数选择前置条件。在此情况下，当参数 e_{11}=0.01、e_{21} 不断变化时，可获得式（10-6）的频域响应，其曲线如图 10-1 所示。图 10-1 中 A～H 分别为在满足稳定参数条件下，当参数 e_{11}=0.01、参数 e_{21}=-2.63 且以-0.8 为变化量逐渐减小时，式（10-6）的频域响应曲线。

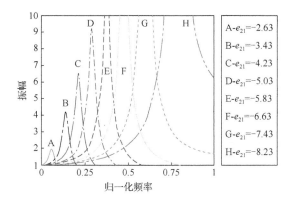

图 10-1　e_{11}=0.01、N=0.95 时的频域响应曲线

分析图 10-1 可见，随着 e_{21} 取值发生变化，式（10-6）的频域响应峰值随之变化，其数值逐渐增加且表现出发散趋势。为判断这一趋势，在稳定参数条件下，令 e_{11}=0.01、e_{21} 以 0.01 为增量，观察所有频域响应峰值，并绘制频域响应峰值曲线如图 10-2 所示。

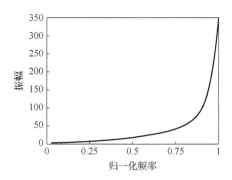

图 10-2　e_{11}=0.01、N=0.95 时的频域响应峰值曲线

图 10-2 为当 e_{11}=0.01、e_{21} 在满足 CP-NF 方法稳定参数条件下发生变化时，式（10-6）的所有频域响应峰值点连线。综合分析图 10-1 和图 10-2 可得出如下结论。

（1）随着频域响应峰值频率增加，式（10-6）的频域响应曲线在峰值频率左侧越发陡峭，逐渐达到左右线形对称后，转变为左侧较右侧更陡峭的线形。

（2）在稳定参数条件下，当 e_{11}=0.01、e_{21} 值逐渐减小时，式（10-6）的频域响应峰值频率逐渐增加、峰值振幅逐渐增加；同时，随着频域响应峰值频率的增加，其峰值振幅表现出发散趋势。

保持设计参数 N 不变，使 e_{11} 在其参数空间内以 0.01 为精度逐渐增加，进行多次仿真实验，可总结出如下规律。

（1）对于 e_{11} 的每一个固定取值，在满足稳定参数条件下，变换参数 e_{21} 的值，得到式（10-6）的所有频域响应曲线都具有相似的变化趋势，即频域响应峰值频率越小，其峰值频率左侧线形越平缓，右侧线形越陡峭。

（2）对于 e_{11} 的每一个固定取值，在满足稳定参数条件下，当参数 e_{21} 的值逐渐减小时，式（10-6）的所有频域响应峰值点都表现出相似特性，即频域响应峰值频率越大、峰值振幅越高，且随着频域响应峰值频率增加，其峰值振幅表现出发散趋势。

基底膜响应曲线具有峰值频率左侧线形相对平缓、右侧线形相对陡峭的特点。为模拟该非对称特性，综合上文分析可提出满足基底膜响应曲线非对称性的 CP-NF 方法参数选择策略如下。

（1）定义 $N=r^2=0.95$ 为设计参数，$e_{11}=0.01$ 为初始值。据 CP-NF 方法稳定参数条件获得参数空间，令 e_{11} 以 0.01 为精度在其参数空间内递增，且 $e_{11}\neq1$。

（2）对于每一个固定的 e_{11}，以求取最小频域响应峰值频率为条件，在 CP-NF 方法参数空间内，自适应选择满足该条件的参数组合。

依据上述步骤可得到一系列自适应满足基底膜响应曲线非对称性的频域响应曲线。为清晰呈现 e_{11} 在其参数空间内递增时，据上述参数选择策略得到的频域响应曲线的变化，图 10-3（a）中给出了 e_{11} 分别等于 0.2、0.4、0.6、0.8、0.99、1.2、1.4、1.6、1.8 时，式（10-6）的频域响应曲线。图 10-3（b）中曲线则为据上述参数选择策略获得的一系列频域响应曲线的峰值连线，其物理意义表征满足基底膜响应曲线非对称性时 CP-NF 方法的放大振幅。

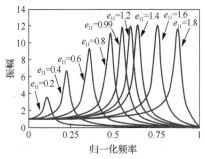 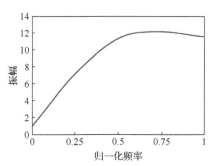

（a）满足基底膜响应曲线非对称特性的频域响应曲线　（b）满足基底膜响应曲线非对称特性的放大振幅

图 10-3　满足基底膜响应曲线非对称性时的频域响应曲线及其放大振幅

分析图 10-3（b）可知，该放大振幅具有随频域响应峰值频率增加而增大、到达曲线峰值后趋于稳定的非线性趋势。对比 Meaud 等[291]从机械-电角度提出的耳蜗盖膜与基底膜纵向耦合（tectorial membrane and basilar membrane longitudinal coupling，TM-LC）模型、Ramamoorthy 等[102]从流体动力学角度提出的机械-电-听觉（mechano-electro-acoustical）模型在耳蜗放大特性上进行的分析，图 10-3（b）所示非线性放大曲线与 MT-LC 模型、机械-电-听觉模型响应具有相似特性，即放大增益不断提高，达到最大值后略微降低趋于稳定。这表明 CP-NF 方法能够模拟耳蜗的非线性放大特性，进而反映耳蜗的主动机制。放大增益与振幅的关系可描述为

$$G=20\lg\beta \tag{10-7}$$

式中，G 为放大增益（dB）；β 为振幅。

采用式（10-7）对 CP-NF 方法的放大增益进行计算，可得到满足基底膜响应曲线非对称性时最大放大增益与最小放大增益之差约为 23dB。TM-LC 模型、机械-电-听觉模型的增益幅度分别约为 32dB 和 38dB，CP-NF 方法的放大增益低于二者，但考虑到神经元敏锐度系数设置为 0.1，仍可说明基于基底膜响应曲线非对称性的参数选择策略是有效可行的。

10.1.3　基于基底膜频率分析特性的参数

耳蜗进行听觉信息处理时，基底膜能够对传入声音的频率进行分析，使基底膜最大振幅位置与听觉特征频率一一对应，即基底膜振动响应峰值频率与传入声音频率一一对应且相等。Greenwood 等[293]研究人员通过生理学实验测量和总结出听觉特征频率与基底膜最大振幅位置的关系，其数学描述为

$$f_c=A\left[10^{\alpha(L-x_c)}-k\right] \tag{10-8}$$

式中，f_c 为听觉特征频率；L 为基底膜长度；x_c 为基底膜蜗底到最大振幅位置的长度；A=165.4；k=0.88；α=0.06。据式（10-8），可得到基底膜频率分布位置曲线如图 10-4 所示。

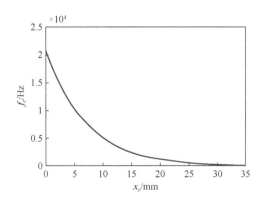

图 10-4　基底膜频率分布位置曲线

当有声音传入时，采用 CP-NF 方法模拟基底膜频率分析特性。设该方法一般方程［式（10-6）］的频域响应峰值频率为 f_p，则应有 $f_p=f_c$。若传入声音频率为 f，

则应有 $f_p=f$。因此，通过考察峰值频率 f_p 与 CP-NF 方法参数的关系，即可获得外环境信息激励频率 f 与 CP-NF 方法参数的关系。

据图 10-4，为使 CP-NF 方法一般方程的频域响应峰值频率分布于耳蜗感知频率区间内，且呈现一一对应关系，设采样频率 f_s=40000Hz。此外，值得注意的是，CP-NF 方法一般方程的频域响应峰值频率 f_p 不等同于其中心频率，二者之间存在偏差。

1. 参数 e_{11} 的计算方程

据 CP-NF 方法的数学描述〔式（9-23）～式（9-26）〕可知，直接由参数 e_{11}、e_{21} 和 a_{12} 确定其频域响应峰值频率是极为困难的。但据 10.1.2 节参数选择策略，则能够获得峰值频率 f_p 与参数 e_{11} 的关系。

保持设计参数 N=0.95，参数 e_{11} 以 0.01 为初值、以 0.01 为精度在其参数空间内递增。据 10.1.2 节参数选择策略，可得到式（10-6）的频域响应峰值频率 f_p 与参数 e_{11} 的关系如图 10-5 所示。

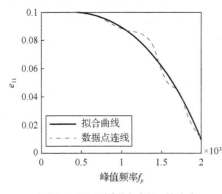
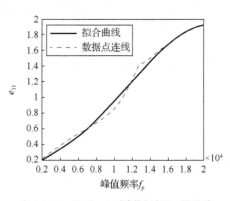

（a）$0<e_{11}\leqslant0.1$ 时峰值频率与 e_{11} 的关系　　（b）$0.2<e_{11}\leqslant2$ 且 $e_{11}\neq1$ 时峰值频率与 e_{11} 的关系

图 10-5　峰值频率 f_p 与参数 e_{11} 的关系曲线

图 10-5 中虚线和实线分别表示由仿真实验获得的数据点连线和数据拟合曲线。仿真实验过程中发现，当 $0.1<e_{11}\leqslant0.2$ 时获得的频域响应曲线被 $0.2<e_{11}\leqslant2$ 时获得的频域响应曲线完全掩蔽。因此，无须重复考虑 $0.1<e_{11}\leqslant0.2$ 情况。在 95% 置信度下，图 10-5（a）和（b）中数据拟合曲线方程见式（10-9）和式（10-10）：

$$e_{11} = a_1 f_p^{b_1} + c_1 \tag{10-9}$$

式中，a_1=-7.73×10^{-12}；b_1=3.05；c_1=0.1007；$0<e_{11}\leqslant0.1$；$0<f_p<2000$。确定系数（R-square）为 0.9841，均方根误差（RMSE）为 0.01595。

$$e_{11} = a_2 e^{-\left(\frac{f_p - b_2}{c_2}\right)^2} \tag{10-10}$$

式中，a_2=1.933；b_2=2.085×10⁴；c_2=1.238×10⁴；0.2＜e_{11}≤2；2000≤f_p＜20000。确定系数（R-square）为 0.9899，均方根误差（RMSE）为 0.005057。

综合上述分析，式（10-9）与式（10-10）描述了 CP-NF 方法一般方程的频域响应峰值频率 f_p 与参数 e_{11} 的数学关系。由于峰值频率 f_p 与激励声音频率 f 应一一对应且相等，因此，式（10-9）与式（10-10）也可描述激励频率 f 与参数 e_{11} 的关系。

2. 参数 e_{21} 的计算方程

在研究参数 e_{11} 计算方程的实验过程中，据 10.1.2 节参数选择策略，还能够得到参数 e_{11} 与 e_{21} 的关系，如图 10-6 所示。

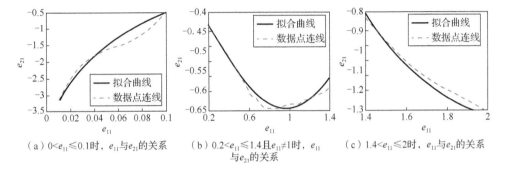

（a）0＜e_{11}≤0.1 时，e_{11} 与 e_{21} 的关系　　（b）0.2＜e_{11}≤1.4 且 e_{11}≠1 时，e_{11}　　（c）1.4＜e_{11}≤2 时，e_{11} 与 e_{21} 的关系
　　　　　　　　　　　　　　　　　　　　与 e_{21} 的关系

图 10-6　参数 e_{11} 与 e_{21} 的关系曲线

图 10-6 中虚线和实线分别表示由仿真实验获得的数据点连线和数据拟合曲线。将图 10-6（a）～（c）中拟合曲线分别用序号 1、2 和 3 表示。在 95%置信度下，图 10-6（a）和（c）中拟合曲线 1 和拟合曲线 3 的方程如式（10-11），图 10-5（b）中拟合曲线 2 的方程如式（10-12）。

$$e_{21} = d_i e_{11}^{g_i} + k_i \tag{10-11}$$

$$e_{21} = d_2 e^{-\left(\frac{e_{11}-g_2}{k_2}\right)^2} \tag{10-12}$$

式（10-11）中，i 分别为拟合曲线序号 1 和 3。式（10-11）和式（10-12）的方程系数及拟合性能参数见表 10-1。

表 10-1　参数 e_{11} 与 e_{21} 关系方程的系数和拟合性能参数

拟合曲线	e_{11}	d_i	g_i	k_i	R-square$_i$	RMSE$_i$
1	0＜e_{11}≤0.1	10.01	0.3266	-5.389	0.9692	0.0235
2	0.2＜e_{11}≤1.4	-0.6446	0.9654	1.185	0.9738	0.01013
3	1.4＜e_{11}≤2	2.883	-4.016	-1.493	0.9987	0.004798

式（10-11）和式（10-12）描述了参数 e_{11} 与 e_{21} 的关系。据式（10-2）、式（10-3）和式（10-5）可知，由式（10-11）和式（10-12）得到的参数 e_{21} 均满足 CP-NF 方法的稳定参数条件。

综合本节仿真实验及分析可得到如下结论：对于传入"听觉感受器-神经元"通路的外环境信息，可采用其激励频率 f 作为 CP-NF 方法参数计算方程的自变量。据式（10-9）与式（10-10），计算参数 e_{11}，而后据式（10-11）、式（10-12）和表 10-1 计算参数 e_{21}。根据设计参数 N 与式（10-3）计算参数 a_{12}，最后将参数组合 e_{11}、e_{21}、a_{12} 代入式（9-23）和式（9-25）中，即可计算出 CP-NF 方法的状态调节矩阵 P 和输入控制矩阵 E。

10.1.4　基于基底膜频域响应误差修正的参数预处理

当激励声音的频率为 f 时，以 f 为 CP-NF 方法的参数计算方程自变量，可计算得到一组参数组合 e_{11}、e_{21}、a_{12}。在该参数组合条件下，可得到 CP-NF 方法一般方程的频域响应。设该频域响应的峰值频率为 f_r。由于在参数 e_{11} 和 e_{21} 计算方程研究过程中，数据拟合的确定系数大致趋于 1，但均方根误差有时却与参数 e_{11} 变化的精度相当。这说明在激励频率 f 与峰值频率 f_r 之间必然存在误差。为提高 CP-NF 方法对基底膜频率分析特性的模拟精度，必须对该误差进行修正。

本节分别以不同频率的纯音作为激励，并采用激励纯音的频率 f 计算 CP-NF 方法参数 e_{11}、e_{21}、a_{12}。根据参数 e_{11} 和 e_{21} 计算方程的分段形式［式（10-9）～式（10-12）］，可分为如下三种情况。

（1）据式（10-9）计算参数 e_{11}。结合表 10-1，据式（10-11）计算参数 e_{21}。据式（10-3）计算参数 a_{12}。实验过程中发现，能够使参数组合 e_{11}、e_{21}、a_{12} 满足稳定参数条件的激励纯音频率范围极窄，约为 1500～1800Hz。但据该激励频率区间计算 CP-NF 方法参数组合，得到 CP-NF 方法一般方程［式（10-6）］的频域响应峰值频率范围约为 0～1100Hz，如图 10-7 所示。

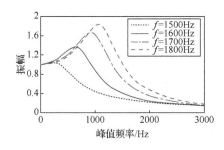

图 10-7　由式（10-9）和式（10-11）获得的 CP-NF 方法一般方程频域响应曲线

（2）据式（10-10）计算参数 e_{11}。结合表 10-1，据式（10-12）计算参数 e_{21}。

据式（10-3）计算参数 a_{12}。实验过程中发现，能够使参数组合 e_{11}、e_{21}、a_{12} 满足稳定参数条件的激励纯音频率约为 800～12800Hz。据该激励频率区间计算出的 CP-NF 方法参数组合，得到 CP-NF 方法一般方程［式（10-6）］的频域响应峰值频率范围约为 0～12500Hz，如图 10-8 所示。

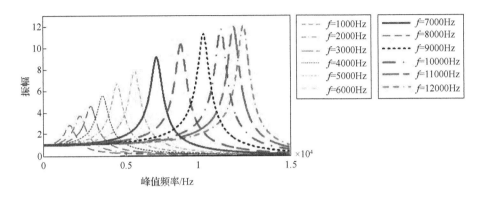

图 10-8　由式（10-10）和式（10-12）获得的 CP-NF 方法一般方程频域响应曲线

（3）据式（10-10）计算参数 e_{11}。结合表 10-1，据式（10-11）计算参数 e_{21}。据式（10-3）计算参数 a_{12}。实验过程中发现，能够使参数组合 e_{11}、e_{21}、a_{12} 满足稳定参数条件的激励纯音频率约为 12600～20000Hz。据该激励频率区间计算出的 CP-NF 方法参数组合，得到 CP-NF 方法一般方程［式（10-6）］的频域响应峰值频率范围约为 12300～19200Hz，如图 10-9 所示。

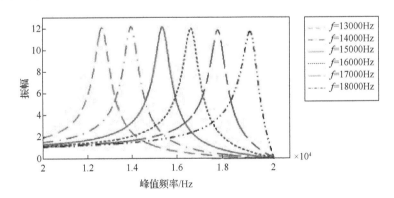

图 10-9　由式（10-10）和式（10-11）获得的 CP-NF 方法一般方程频域响应曲线

综合分析图 10-7～图 10-9 可知，图 10-8 中频域响应峰值频率 f_r 区间覆盖了图 10-7 中仿真曲线的峰值频率 f_r 区间。因此，只需对图 10-8 和图 10-9 中实验的参数计算方程进行修正。

此外，激励频率 f 与峰值频率 f_r 实现了一一对应，但二者存在较大误差，如图 10-10 所示。图 10-10（a）为激励频率 f 与 CP-NF 方法一般方程［式（10-6）］频域响应峰值频率 f_r 的对应关系曲线。图 10-10（b）为激励频率 f 与频域响应峰值频率 f_r 的归一化误差曲线。

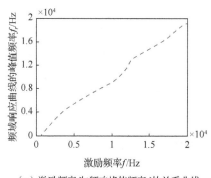
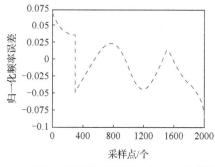

（a）激励频率 f 与频响峰值频率 f_r 的关系曲线　　（b）满足基底膜频率分析特性的归一化频率误差

图 10-10　激励频率 f 与 CP-NF 方法一般方程频域响应峰值频率 f_r 的关系及误差曲线

综合上述仿真实验及分析，为修正图 10-10（b）所示误差，可将激励频率 f 划分为两个频段：①30～12500Hz；②12500～20000Hz。

分段拟合激励频率 f 与频域响应峰值频率 f_r，可得到拟合曲线如图 10-11（a）和（b）所示，拟合方程如式（10-13），方程系数见表 10-2。

$$f = B_i + C_i \cos(w_i f_r) + D_i \sin(w_i f_r) + J_i \cos(2w_i f_r) + K_i \sin(2w_i f_r) \quad (10\text{-}13)$$

式中，B、C、D、J、K、w 为常数；i 为频段序号。

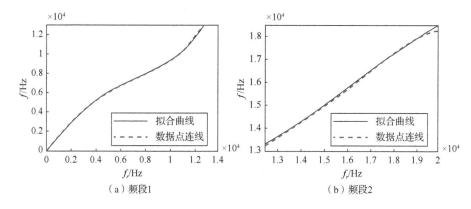

（a）频段1　　　　　　　　　（b）频段2

图 10-11　激励频率 f 与频域响应峰值频率 f_r 的拟合曲线

表 10-2　峰值频率修正方程系数

频段	B_i	C_i	D_i	J_i	K_i	w_i
1	2267	−2849	−358.3	−155.8	240	6.777×10^{-4}
2	1.576×10^4	1446	−3464	0	0	2.168×10^{-4}

图 10-11 中虚线和实线分别表示由仿真实验获得的数据点连线和数据拟合曲线。式（10-13）描述了激励频率与 CP-NF 方法一般方程的频域响应峰值频率 f_r 的关系，可用于 CP-NF 方法的参数预处理。在预处理过程中，式（10-13）中 f_r 重新定义为传入"听觉感受器-神经元"的信息，f 实质上为传入信息的等效激励。

综合上述分析，设传入"听觉感受器-神经元"通路的信息激励频率为 f_r，据式（10-13）可计算得到等效激励频率 f，采用等效激励频率 f 计算参数 e_{11}、e_{21} 和 a_{12}，可获得 CP-NF 方法一般方程的频域响应曲线。设该频域响应峰值频率为 f_p，可得到激励频率 f_r 与频域响应峰值频率 f_p 的归一化误差曲线，如图 10-12 中实线所示。

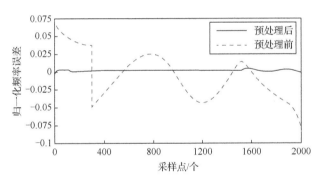

图 10-12　预处理前后激励频率与频域响应峰值频率的归一化误差曲线

图 10-12 中，虚线和实线分别表示未进行预处理与经过预处理后的激励频率与 CP-NF 方法一般方程的频域响应峰值频率的归一化误差曲线。据图 10-12 可见，通过式（10-13）进行预处理后，"听觉感受器-神经元"通路的信息激励频率与 CP-NF 方法一般方程的频域响应峰值频率的归一化误差波动极小，二者一一对应且基本相等。

10.1.5　参数确定流程

综合 10.1.1 节～10.1.4 节分析，对于 9.3 节提出的 CP-NF 方法，其参数确定流程可总结如下。以激励频率 f_r 为自变量，首先采用式（10-13）进行参数预处理，而后据激励频率 f_r 所处频段有两种情况。

（1）当激励频率 f_r 为 30～12500Hz 时，参数 e_{11} 计算方程如式（10-14），参数

e_{21} 计算方程如式（10-15）：

$$e_{11} = 1.933\mathrm{e}^{-\left(\frac{f_r - 20850}{12380}\right)^2} \tag{10-14}$$

$$e_{21} = -0.6446\mathrm{e}^{-\left(\frac{e_{11} - 0.9654}{1.185}\right)^2} \tag{10-15}$$

（2）当激励频率 f_r 为 12500～20000Hz 时，参数 e_{11} 计算方程如式（10-14），参数 e_{21} 计算方程如式（10-16）：

$$e_{21} = 2.883e_{11}^{-4.016} - 1.493 \tag{10-16}$$

CP-NF 方法的参数确定流程示意图如图 10-13。

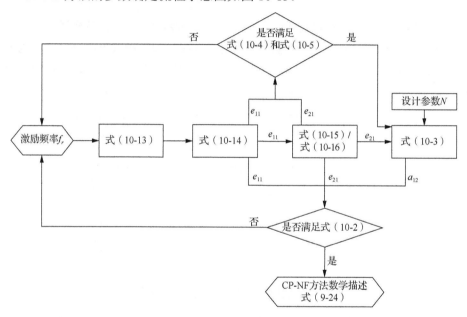

图 10-13　CP-NF 方法的参数确定流程

在实际应用情况下，如在人说话音、听阈等研究中，一般听觉特征频率在 8000Hz 就已足够。对于超过 8000Hz 的高频声音，在实际研究中较少考虑。因此，一般情况下，采用本节情况（1）下的参数计算方程即可。为提高计算速度，可依据实际需要计算 CP-NF 方法的参数组合并进行存储，而后在使用时直接调用。

10.2　听觉响应一致性

听觉响应一致性一般指听觉模型或听觉信息处理方法响应特性与听觉生理特性的一致情况。综合听觉信息处理现状可知，研究人员通常将基底膜视为能够分别通过不同频率声音的通道的并联。在语音处理研究中，研究人员会采用 Gammatone 听觉滤波器组、Mel 滤波器组、Bark 尺度等用于模拟基底膜的频率分析特性，其本质仍是在建立一种基底膜模型。在前文耳蜗感知模型（见 9.2 节）中，也将基底膜沿蜗管方向划分为无数个相互平行的薄片后进行研究。因此，结合 9.3 节和 10.1 节，可采用 CP-NF 方法建立 CP-NF 基底膜模型，采用 CP-NF 方法不同的参数组合模拟基底膜的不同频率分析通道，进而模拟基底膜频率分析特性。本节在 CP-NF 基底膜模型的基础上，分别从非线性放大特性、频域响应特性和时域响应特性三个方面进行研究，分析由 CP-NF 方法建立的基底膜模型响应特性与听觉生理特性的一致性。

CP-NF 基底膜模型建立过程描述如下：据传入“听觉感受器-神经元”通路的声音信息的频率，采用 10.1.5 节参数确定流程计算 CP-NF 方法的参数组合；每个参数组合条件下的 CP-NF 方程可视为 CP-NF 基底膜模型的一个频率分析通道的数学描述，并称其为 CP-NF 基底膜子模型；计算该子模型参数组合条件下的频域响应峰值频率；将所有子模型并联，即将基底膜频率分析通道并联，可得到 CP-NF 基底膜模型。

10.2.1　非线性放大特性

1. 数学描述

从 10.1.2 节中可以发现，CP-NF 方法能够模拟耳蜗的非线性放大能力，反映耳蜗的主动机制。综合图 10-3、图 10-8 和图 10-9 分析可知，对于不同频率的声音激励，CP-NF 方法能够表现出不同的放大增益，其放大曲线具有非线性趋势。随着激励频率的增加，CP-NF 方法所实现的非线性放大振幅增加且逐渐到达平稳状态。该非线性趋势与耳蜗非线性放大趋势相符[129, 130]。

为将 CP-NF 基底膜模型的非线性放大能力量化，分别采用不同频率纯音激励，据 10.1.5 节 CP-NF 方法参数确定流程（图 10-13），可得到在不同参数组合条件下，CP-NF 基底膜各子模型的频域响应。所有子模型的频域响应峰值点连线，如图 10-14 中虚线所示。

采用拟合方法研究激励频率与其相对应的 CP-NF 基底膜子模型频域响应峰值振幅的关系，得到拟合方程如式（10-17），拟合曲线如图 10-14 实线所示。该拟合方程和拟合曲线共同描述激励频率与相应的 CP-NF 基底膜子模型频域响应峰值振幅的关系。式（10-17）的系数和拟合性能参数见表 10-3。

$$\beta = B_i + C_i \cos(w_i f) + D_i \sin(w_i f) \tag{10-17}$$

式中，β 为振幅；f 为激励频率（Hz）；i 为频段序号；B、C、D、w 为常数。

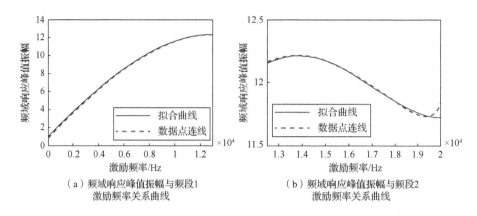

（a）频域响应峰值振幅与频段1
激励频率关系曲线

（b）频域响应峰值振幅与频段2
激励频率关系曲线

图 10-14　激励频率与相应的 CP-NF 基底膜子模型频域响应峰值振幅的关系曲线

表 10-3　激励频率与其相应频域响应峰值振幅的关系方程系数及拟合性能参数

频段	B_i	C_i	D_i	w_i	$R\text{-square}_i$	$RMSE_i$
1	−21.96	22.31	26.11	6.179×10^{-5}	0.9999	3.11×10^{-2}
2	11.96	6.704×10^{-2}	0.2368	5.303×10^{-4}	0.9971	8.754×10^{-3}

图 10-14 中虚线和实线分别表示由仿真实验获得的峰值点连线和数据拟合曲线。图 10-14（a）和（b）分别表示激励频率属于频段 1 和频段 2 时，激励频率与相应的 CP-NF 基底膜子模型频域响应峰值振幅的非线性关系曲线。式（10-17）描述了激励频率与 CP-NF 基底膜模型频域响应峰值振幅之间的数学关系。此外，由于激励频率与 CP-NF 基底膜子模型的频域响应峰值频率一一对应、基本相等，且当介质密度、声速等条件相同时，声音强度与声音振幅的平方成正比。因此，利用式（10-17），还可获得 CP-NF 基底膜模型响应声音激励前后的相对声强比以及对不同声音激励的响应相对声强比。

2. 基于非线性放大特性的 CP-NF 方法参数确定过程验证

综合 10.1 节可知，CP-NF 方法参数的确定主要通过如下五个步骤。
（1）分析稳定参数条件。
（2）据基底膜响应曲线非对称性，提出参数选择策略。
（3）据基底膜频率分析特性，提出参数计算方程。
（4）过修正频域响应误差，研究参数预处理过程。
（5）确定参数计算流程。

采用 CP-NF 方法建立基底膜模型，而后对比经过上述步骤确定 CP-NF 数学描述的参数组合之前和之后基底膜模型频域响应和非线性放大曲线，既可验证非

线性放大量化方程 [式（10-17）] 有效性，同时也能验证 10.1 节中 CP-NF 方法参数确定过程的有效性。

在 10.1.2 节中，图 10-3（b）为满足基底膜响应曲线非对称性且在不同参数组合条件下的 CP-NF 方程响应振幅放大曲线。据式（10-17），可得到 CP-NF 基底膜模型频域响应振幅放大曲线，如图 10-14（a）和（b）中拟合曲线。将图 10-14 中两段拟合曲线与图 10-3（b）曲线相比较，其对比结果如图 10-15 所示。

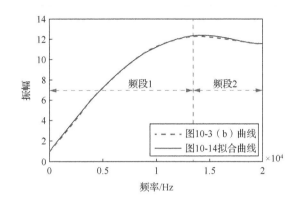

图 10-15　振幅放大曲线比较

图 10-15 中虚线为图 10-3（b）振幅放大曲线，它满足基底膜响应曲线非对称性，但未根据 10.1.5 节参数确定流程进行参数计算。图 10-15 中实线为据式（10-17）得到的振幅放大曲线，即图 10-14 中两段拟合曲线的组合。它是根据 10.1.5 节参数确定流程计算后获得的 CP-NF 基底膜模型振幅放大曲线。据图 10-15 可见，虚线与实线基本重合。这说明 CP-NF 基底膜模型的非线性放大量化方程正确有效，同时也说明 10.1.5 节 CP-NF 方法的参数确定过程有效可用。

10.2.2　频域响应特性

据 9.3 节 CP-NF 方法数学描述，以及 10.1 节 CP-NF 方法的参数确定流程，本节考察不同频率的声音激励 CP-NF 基底膜模型时，该模型的频域响应特性。

本节分别采用如下频率的纯音作为 CP-NF 基底膜模型激励：1000Hz、2000Hz、4000Hz、6000Hz、8000Hz、10000Hz、12000Hz、14000Hz、16000Hz、18000Hz。据 CP-NF 方法的参数计算流程（图 10-13），可计算出上述纯音激励时 CP-NF 方程的参数组合。当纯音激励的频率不同时，CP-NF 参数组合 e_{11}、e_{21}、a_{12} 的数值会随之发生变化，从而得到相应的参数组合条件下 CP-NF 基底膜模型的幅频响应和相频响应，分别如图 10-16～图 10-18 所示。

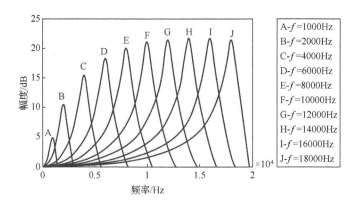

图 10-16 CP-NF 基底膜模型的幅频响应曲线

图 10-16 中 A～J 曲线分别表示声音激励频率为 1000Hz、2000Hz、4000Hz、6000Hz、8000Hz、10000Hz、12000Hz、14000Hz、16000Hz、18000Hz 时，通过计算 CP-NF 方程参数组合，得到的相应 CP-NF 基底膜子模型的幅频响应曲线。分析图 10-16 可知，纯音激励频率与 CP-NF 基底膜模型幅频响应峰值频率一一对应、基本相等，且每一条幅频曲线均表现出非对称性，位于峰值频率左侧的线形相对平缓而右侧线形则相对陡峭。同时，各幅频响应曲线的峰值形状表现出较为尖锐的形状，且峰值点表现出非线性放大且逐渐收敛趋势，这说明 CP-NF 基底膜模型反映耳蜗的非线性放大特性。

为直观观察纯音激励频率与各个幅频响应曲线的带宽变化的关系，采用 CP-NF 基底膜模型非线性放大量化方程［式（10-17）］进行各幅频响应的振幅压缩，在图 10-16 所示幅频响应基础上得到等幅度的幅频响应曲线，如图 10-17 所示。

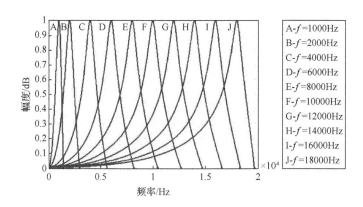

图 10-17 幅度压缩后的 CP-NF 基底膜模型幅频响应

图 10-17 中 A～J 曲线分别与图 10-16 中 A～J 曲线一一对应。分析图 10-17 可见，当激励的频率增加时，CP-NF 基底膜模型幅频响应的峰值频率随之增加，同时其响应带宽增加。位于低频带一端的带宽较窄，而高频段一端的带宽较宽。这说明 CP-NF 基底膜模型对低频信息具有更高的分辨率。

结合上述分析，并比较图 10-16 与图 10-17 可发现，图 10-16 所示结果更能够体现耳蜗的听觉特性，但对于要压缩高频声音强度或需保持输入强度和输出强度一致的情况，图 10-17 所示响应结果更加适用。在实际应用中，可根据具体需求进行选择。

图 10-18 中 A～J 曲线分别为不同频率声音激励时，通过计算 CP-NF 方程参数组合，得到的 CP-NF 基底膜模型相频响应曲线，与图 10-16 中 A～J 曲线一一对应，共同表征 CP-NF 基底膜模型的频域特性。综合分析图 10-16 和图 10-18 可见，在幅频响应峰值频率附近，该模型的相频发生快速变化。

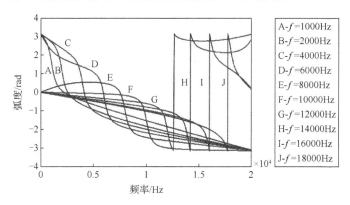

图 10-18　CP-NF 基底膜模型相频响应

综合上述实验及分析可知，CP-NF 基底膜模型能够模拟基底膜的频率分析能力，其幅频响应曲线具有较尖锐的非对称性，两侧都具有较陡峭边沿，并且峰值频率左侧的线形相较于右侧稍显平缓；能够反映耳蜗放大功能，且随着激励频率的增加，其振幅放大呈现非线性增长，最终达到平衡态；对低频声音分辨率较高，对高频声音分辨率较低；在幅频响应峰值附近，相频会发生快速变化。上述 CP-NF 基底膜模型频域响应特征与耳蜗在生理学上的功能特性相符合。

10.2.3　时域响应特性

在上节基础上，可得到相应的参数组合条件下 CP-NF 基底膜模型的时域响应如图 10-19 所示。

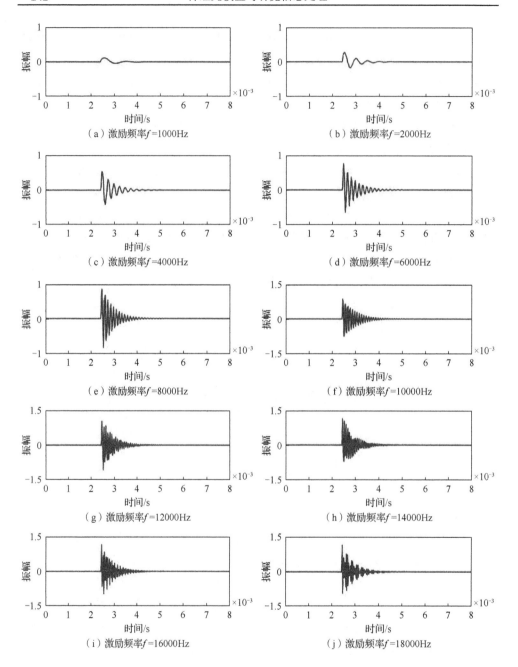

图 10-19　CP-NF 基底膜模型时域响应

分析图 10-19 可知，当不同频率的纯音激励时，CP-NF 方程的参数组合随之变化，使 CP-NF 基底膜模型时域特性发生变化，但其时域波形由初始状态到最终达到平衡态的时间相同。激励纯音的频率越高，CP-NF 基底膜模型时域波形的振动频率越高，并且振动的幅度越大。计算图 10-19 的每一个子图中的时域波形振动频率可发现，CP-NF 基底膜模型时域响应波形的振动频率等于该模型的激励频率，时域响应波形由初始状态到达最大振幅的时间随着激励频率的增加而减少。激励 CP-NF 基底膜模型的纯音频率越高，该模型时域响应波形达到最大振幅所需的时间越少。

综合上述实验及分析可知，CP-NF 基底膜模型时域响应波形的振动频率等于该模型激励频率，随着激励频率的增加，时域响应波形振动频率越高、幅度越大。此外，上述实验结果还表明，该模型由不稳定状态到达稳定状态的时间且到达最大振幅的时间越少。上述时域响应特征与生理学上耳蜗的听觉特性相一致，且该时间长度并不随着激励频率的变化而变化，这说明建立 CP-NF 基底膜模型的CP-NF 方法融合了"听觉感受器-神经元"宏观信息流向和微观信息处理机制，通过神经元滤波模型保持了耳蜗感知信息特性，间接模拟了耳蜗内听觉信息处理机制。即，CP-NF 方法数学描述的本质是由于神经元滤波模型一般方程中表征突触短时程可塑性的参数矩阵被由耳蜗感知模型构建的数学规律约束，使 CP-NF 方法数学描述中表征突触可塑性变化的参数矩阵可以随着激励声音信息的变化而变化，从而使由 CP-NF 方法构建的基底膜模型产生不同的时域和频域响应。

综合 10.2 节可以发现，CP-NF 基底膜模型能够模拟耳蜗的非线性放大特性，体现了耳蜗的主动机制，并且它的频域响应和时域响应都符合耳蜗听觉特性，具有良好听觉响应一致性。

10.3　性　能　评　估

当前具有代表性的基底膜模型或听觉滤波器组的建立方法主要包括共振滤波、Roex 函数滤波、Gammatone 滤波和 Gammachirp 滤波。因此，本节考察和比较上述四种方法与 CP-NF 方法的性能，进行 CP-NF 方法的性能评估。

10.3.1　听觉响应一致性比较

综合 10.2 节分析，可将 CP-NF 方法的听觉响应特性简要归纳如下。

（1）频域响应具有尖峰特性。据图 10-16 和图 10-17 可见，频域响应峰值较为尖锐，且其两侧线形表现出快速下降趋势。

（2）频域响应非对称性。据图 10-16 可见，频域响应曲线在峰值点两侧线形并不对称，且位于高频段一侧的线形（峰值点右侧）相较于位于低频段一侧（峰值点左侧）的线形更加陡峭。

（3）非线性放大特性。据图 10-16 可见，各频域响应的峰值点连线表现出非线性放大趋势且逐渐收敛于某一确定值。

（4）分辨率特性。据图 10-17 可见，在高频段一侧，各幅频响应的带宽相较于低频段一侧更宽，这说明 CP-NF 方法在低频段具有更好的分辨率，即对低频的声音分辨率更好。

（5）时域波形振动特性。据图 10-19 可见，各时域响应波形振动频率与输入声音信息的频率相等，并且其由初始状态到达最大振幅的时间随着输入声音信息频率增加而减少。

（6）频率分析特性。据图 10-16 和图 10-17 可见，各通道的时域和频域响应均不同，并且频域响应峰值频率与时域振动频率相等。

（7）相位特性。据图 10-18 可见，在各通道响应峰值频率处，响应相位发生快速变化。

为评估 CP-NF 方法的具体性能，在上述 CP-NF 方法特性分析基础上，分别将共振滤波方法、Roex 函数滤波方法、Gammatone 滤波方法、Gammachirp 滤波方法、CP-NF 方法依序编号为 Ⅰ、Ⅱ、Ⅲ、Ⅳ 和 Ⅴ。结合 1.2.3 节综述和本节关于 CP-NF 方法的听觉特性归纳分析，可以给出上述五种方法在听觉特性模拟实现上的简要比较，如表 10-4 所示。

表 10-4　听觉特性模拟实现的比较

性能	Ⅰ	Ⅱ	Ⅲ	Ⅳ	Ⅴ
频域响应非对称性	能	能	不能	能	能
频域响应峰值尖锐程度	不能	部分	能	能	能
分辨率特性	不能	能	能	能	能
时域波形特征	不能	不能	能	能	能
非线性放大特性	不能	不能	不能	不能	能

表 10-4 分别比较上述五种方法对频域响应非对称性、峰值尖锐程度、分辨率特性、时域波形特征和非线性放大特性的模拟。显然，方法 Ⅰ、Ⅱ、Ⅲ、Ⅳ 各有不足，且均不能模拟非线性放大特性。方法 Ⅳ 的频域响应非对称特性与基底膜生理特性完全相反，其频域响应曲线右侧平缓、左侧陡峭（图 1-28）。生理学上基底膜响应曲线应左侧陡峭、右侧平缓，这与方法 Ⅴ 的幅频响应曲线相一致（图 10-16）。

综合上述分析可知，相较于当前具有代表性的基底膜模型或听觉滤波器组实现方法，CP-NF 方法与听觉生理特性具有更好的一致性。

10.3.2　实现复杂度比较

综合表 10-4 可知，共振滤波方法的听觉响应一致性较差，Roex 函数滤波方法并不具有简单形式的冲激响应函数或传递函数，在实际应用中较为受限。对于 Gammachirp 滤波方法而言，相较于 Gammatone 滤波方法，它具有更好的听觉响应一致性，但却提高了计算复杂度。当前，Gammatone 滤波方法是构建听觉滤波器组最常被采用的方法，许多研究人员均在 Gammatone 滤波方法基础上进行研究和改进，如全极点 Gammatone 滤波方法、单极点 Gammatone 滤波方法等[135, 138, 294, 295]。因此，本节考察 Gammatone 滤波方法与 CP-NF 方法在离散域（z 域）上的传递函数，分析 CP-NF 方法的实现形式。

Gammatone 滤波具有简单形式的冲激响应函数。在实际应用中，四阶 Gammatone 滤波已能够模拟基底膜响应特性。因此，分析当阶数为 4 时，该方法在离散域中的传递函数。设 Gammatone 函数式中 $b=2\pi B$、$\omega=2\pi f_0$，由于初始相位 φ 不影响滤波性能，可简化为

$$g(t) = t^{n-1}\mathrm{e}^{-bt}\cos(\omega t) \tag{10-18}$$

式（10-18）经拉普拉斯变换后，可得到 Gammatone 滤波方法在连续域（s 域）中的传递函数：

$$G(s) = \frac{\left[s+b+\left(\sqrt{2}+1\right)\omega\right]\left[s+b-\left(\sqrt{2}+1\right)\omega\right]\left[s+b+\left(\sqrt{2}-1\right)\omega\right]\left[s+b-\left(\sqrt{2}-1\right)\omega\right]}{\left[(s+b+\mathrm{j}\omega)(s+b-\mathrm{j}\omega)\right]^4}$$

$$\tag{10-19}$$

s 域到 z 域映射关系为 $z=\mathrm{e}^{-sT}$，其中 T 为采样周期。采用冲激响应不变法，设 $a=\cos(\omega T)$、$c=\sin(\omega T)$、$d=\mathrm{e}^{-b}$，可得到 Gammatone 滤波方法在 z 域中的传递函数：

$$G(z) = H_1(z) \times H_2(z) \times H_3(z) \times H_4(z) \tag{10-20}$$

式中，

$$\begin{cases} H_1(z) = \dfrac{T - Td\left[a+\left(\sqrt{2}+1\right)c\right]z^{-1}}{1 - 2adz^{-1} + d^2z^{-2}} \\[4mm] H_2(z) = \dfrac{T - Td\left[a-\left(\sqrt{2}+1\right)c\right]z^{-1}}{1 - 2adz^{-1} + d^2z^{-2}} \\[4mm] H_3(z) = \dfrac{T - Td\left[a+\left(\sqrt{2}-1\right)c\right]z^{-1}}{1 - 2adz^{-1} + d^2z^{-2}} \\[4mm] H_4(z) = \dfrac{T - Td\left[a-\left(\sqrt{2}-1\right)c\right]z^{-1}}{1 - 2adz^{-1} + d^2z^{-2}} \end{cases} \tag{10-21}$$

据式（10-20）和式（10-21）可知，四阶 Gammatone 滤波方法的传递函数是由 a、c 和 d 三个参数通过四个二阶传递函数级联实现的。

据 10.1.1 节，CP-NF 方法在离散域中的传递函数为

$$H(z) = \frac{\tau_0 e_{11} z + \tau_0 \left(e_{21} - e_{11} e_{21} - a_{22} e_{11} \right)}{z^2 - \left(1 - e_{11} + a_{22} \right) z + \left(a_{22} - e_{11} a_{22} + e_{21} a_{12} \right)} \qquad （10\text{-}22）$$

式中，参数 a_{22} 是参数 e_{11}、e_{21}、a_{12} 的函数，见式（10-1）。据式（10-22）可知，CP-NF 方法的传递函数是由 e_{11}、e_{21}、a_{12} 三个参数通过一个二阶传递函数实现的。与 Gammatone 滤波方法传递函数的实现形式相比较，CP-NF 方法无须考虑级联问题，因而实现形式更加简单。

综合 10.3.1 节和 10.3.2 节分析可见，相较于当前具有代表性的基底膜模型或听觉滤波器组建立方法，CP-NF 方法具有更好的听觉响应一致性，实现形式也更加简单。

第11章 CP-NF 听觉信息处理方法的应用

通过对"听觉感受器-神经元"的信息通路与信息处理机制的研究可发现，基于 CP-NF 听觉信息处理方法（CP-NF 方法）能够模拟耳蜗的频率分解特性和非线性放大特性，能够分别从频域和时域两方面进行听觉响应一致性分析，并且具有简单形式的二阶传递函数。因此，采用该方法处理听觉信息应能够获得与耳蜗处理听觉信息更加一致的特性。

在复杂环境中，不同频率的声音同时发生是不可避免的，如有用声音与噪声同时传入耳蜗就属于这种多音感知情况。为验证 CP-NF 方法处理听觉信息与耳蜗处理听觉信息的一致程度，研究和验证该方法的性能和优势，并探索该方法在各种噪声环境下的应用，本章依序从声音激励响应、听觉滤波器组构建、语音响应、声音增强对该方法进行实验和分析。

11.1 声音激励响应

采用 CP-NF 方法建立五通道 CP-NF 基底膜模型。采用该五通道 CP-NF 基底膜模型模拟听觉滤波器组。当不同的声音激励该模型时，该模型对激励声音的响应是否与生理学上听觉通路对声音的响应特性相一致，是将 CP-NF 方法应用于外环境声音研究的基础。本节分别考察五通道 CP-NF 基底膜模型对于纯音激励和复合音激励的响应。

采用频率为 500Hz、1000Hz、2000Hz、4000Hz 和 8000Hz 的正弦波分别模拟频率为 500Hz、1000Hz、2000Hz、4000Hz 和 8000Hz 的纯音。采样频率为 40kHz，采样时间为 1s。五通道 CP-NF 基底膜模型的各个通道响应峰值频率分别具有如下定义：通道一（Ch1）为 500Hz、通道二（Ch2）为 1000Hz、通道三（Ch3）为 2000Hz、通道四（Ch4）为 4000Hz、通道五（Ch5）为 8000Hz。五通道 CP-NF 基底膜模型与实验流程示意图如图 11-1 所示。为便于观察并分析该模型的频率分析能力，采用非线性放大量化方程［式（10-17）］进行振幅压缩，使该模型的各通道子模型都具有相同幅频响应幅度。

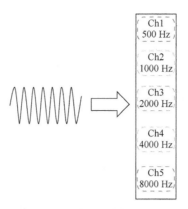

图 11-1　五通道 CP-NF 基底膜模型与实验流程示意图

11.1.1　纯音激励

　　采用频率为 2000Hz 的纯音作为五通道 CP-NF 基底膜模型的激励，该纯音的波形如图 11-2（a）所示，可得到五通道 CP-NF 基底膜模型的各通道输出波形分别如图 11-2（b）～（f）所示。分析图 11-2 可见，各通道响应由不稳定态到稳定态的时间极短，因此为清晰观察该过程，图 11-2 中横轴时间长度选择 10ms。

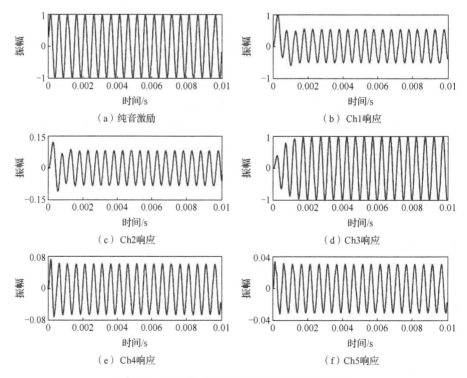

图 11-2　纯音激励与不同通道对纯音激励响应

对比图 11-2 中各通道对于 2000Hz 纯音的响应，可发现 CP-NF 基底膜模型各通道的输出响应具有如下表现。

（1）考察各通道输出响应振幅发现，响应振幅最大的通道为子模型响应峰值频率与激励纯音频率相等的通道，即 Ch3。而在 Ch3 两侧，与 Ch3 距离越远的通道的输出响应振幅越小，如 Ch1 和 Ch2 两个通道的响应振幅分别约 0.06 和 0.08，Ch4 和 Ch5 两个通道的响应振幅分别约为 0.06 和 0.03。

（2）考察各通道输出响应波形特征发现，在子模型响应峰值频率等于激励纯音频率的通道 Ch3 输出稳定后，其波形特征与激励纯音特征相同。同时，Ch3 的响应由不稳定态到稳定态过程中起响应幅度不断增加，而其他通道的响应幅度则在这一过程中减少，且由不稳定态到稳定态所需的时间最长，距离 Ch3 越远的通道不稳定态时间越短。

当分别采用频率为 500Hz、1000Hz、4000Hz 和 8000Hz 的纯音激励五通道 CP-NF 基底膜模型时，各通道所得到的响应特点与上述输出特性一致。因此，可总结出 CP-NF 基底膜模型对于纯音激励的响应始终具有如下特点。

（1）当作为激励的纯音频率与子模型响应峰值频率相等时，该子模型对应的通道会产生最大振幅响应，且该响应最大幅度与激励纯音的振幅相等；同时，距离最大振幅响应产生通道越远，各个通道所输出的振幅响应越小。

（2）当作为激励的纯音频率与子模型响应峰值频率相等时，该子模型对应的通道的响应波形特征与激励纯音特征相同；同时，在响应的不稳定态到达稳定态过程中，该通道响应达到稳定态所需时间最长且响应振幅不断增加直至等于激励纯音的振幅，而距离最大振幅响应产生通道越远，各个通道的响应达到稳定态所需时间最短且不稳定态的响应幅度越小。

上述规律还说明，对于 CP-NF 基底膜模型而言，当纯音激励时，距离与最大振幅响应产生通道越远，受到纯音激励的影响则越小。这一特性既表现在该通道的响应振幅特性上，也表现在其响应由不稳定态到稳定态的波形振动过程中。该特性与生理学中基底膜对纯音的振动响应相一致[143]。

11.1.2　复合音激励

采用复合音作为五通道 CP-NF 基底膜模型的激励，其波形如图 11-3（a）所示。该复合音由幅度相同、频率分别为 500Hz 和 2000Hz 的纯音构成，可得到五通道 CP-NF 基底膜模型对于该复合音激励的响应，Ch1～Ch5 各个通道的输出响应波形分别如图 11-3（b）～（f）所示。为清晰观察波形特征，图 11-3 中横轴时间长度选择 10ms。

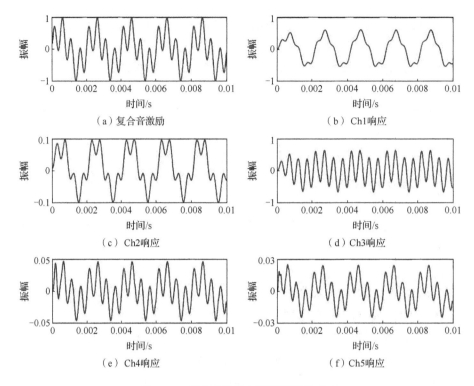

图 11-3　复合音激励与不同通道的响应

分析图 11-3，并对比各通道的输出响应波形，可发现 CP-NF 基底膜模型各通道对于复合音激励的响应具有如下表现。

（1）考察 Ch1～Ch5 通道输出响应振幅发现，响应振幅最大的通道为子模型响应峰值频率与构成复合音的纯音频率相等的通道，即 Ch1 和 Ch3。同时，与 Ch1 和 Ch3 距离越远的通道，其最大振幅响应越小，如 Ch4 和 Ch5 通道的最大振幅分别约为 0.05 和 0.025。

（2）考察 Ch1～Ch5 通道输出响应波形特征发现，Ch1 和 Ch3 的输出响应波形基本为构成激励复合音的纯音波形，且两个响应幅度与构成复合音的纯音分量振幅基本一致。同时，Ch4 和 Ch5 通道的响应波形特征则与激励的复合音波形特征基本一致。

据此，可总结出 CP-NF 基底膜模型对复合音激励的响应具有如下特点。

（1）CP-NF 基底膜模型能够将复合音分解成为构成该复合音的纯音。

（2）当复合音输入 CP-NF 基底膜模型时，在子模型峰值频率等于构成该复合音的纯音频率的通道，能够获得最大的振幅响应，且该振幅基本上与构成该复合音的各纯音分量振幅一致。

综合上述纯音激励响应和复合音激励响应的分析可知：通过 CP-NF 基底膜模

型能够实现对复合音的分解，并将其分解为构成复合音的不同纯音。在不同通道内，当激励纯音频率等于该通道子模型的响应峰值频率时，该通道输出响应具有最大振幅，其幅度基本等于纯音最大振幅，且振幅由不稳定态到最大振幅稳定态所需时间最长。当激励纯音频率与该通道子模型的响应峰值频率差值越大时，通道内的输出响应振幅越小，由不稳定态到稳定态过程中输出响应振幅减少、所需时间降低。因此，CP-NF 基底膜模型对声音的响应反映了耳蜗频率分析功能，符合耳蜗内听觉信息处理过程。

11.2　CP-NF 听觉滤波器组

据 10.2.1 节分析，CP-NF 方法模拟了耳蜗的非线性放大特性，该特性对于外环境声音信息中高频信息的放大具有重要影响。为分析该特性对外环境声音研究的具体作用，本节首先采用 CP-NF 方法构建 24 通道听觉滤波器组，然后分别考察纯音、复合音、语音激励下 CP-NF 听觉滤波器组的响应，并与其他听觉滤波器组的响应对比，从而分析 CP-NF 方法的优势。

11.2.1　CP-NF 听觉滤波器组构建

为考察 CP-NF 方法模拟的非线性放大特性对声音的影响，并考虑到在语音处理中常用的 Mel 滤波器通常采用 24 通道，采用 CP-NF 方法构建 24 通道听觉滤波器组。该听觉滤波器组本质上与 24 通道 CP-NF 基底膜模型相一致，即实验流程可参照图 11-1，但对于各个通道的子模型不需要进行振幅压缩，得到 24 通道 CP-NF 听觉滤波器组的频域响应如图 11-4（a）所示[296]。

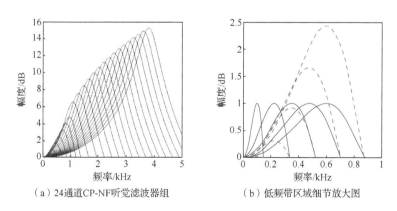

（a）24通道CP-NF听觉滤波器组　　　　（b）低频带区域细节放大图

图 11-4　24 通道 CP-NF 听觉滤波器组

图 11-4（a）各子通道定义如下：各子通道听觉滤波器的数学描述如式（9-23），其参数确定流程与 10.1 节流程相一致，但参数方程拟合过程中系数选择略有差异。各子通道响应峰值频率差值相等，且子通道的最大响应峰值频率约为 3.8kHz。由于图 11-4（a）中低频带部分的频域响应幅度较小（其中最小幅度约 0.05dB），难以清晰辨认，因此对低频带部分的频域响应进行了细节放大，如图 11-4（b）所示。其中，虚线为 24 通道 CP-NF 听觉滤波器组在低频带区域的幅频响应，实线表示经过振幅压缩后的等幅度频域响应，由虚线和实线所示的响应峰值对比可见二者一一对应。

11.2.2　CP-NF 听觉滤波器组特性

本节分别采用 200Hz、1500Hz 和 3000Hz 的纯音激励 24 通道 CP-NF 听觉滤波器组，各纯音波形分别如图 11-5 所示。

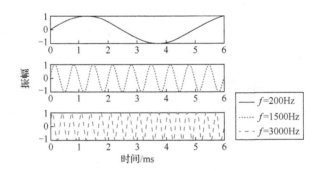

图 11-5　200Hz、1500Hz 和 3000Hz 的纯音波形

在 CP-NF 听觉滤波器组的 24 个通道中均可得到三个纯音的响应，其中距 200Hz、1500Hz 和 3000Hz 最近的通道响应分别如图 11-6～图 11-8 所示。

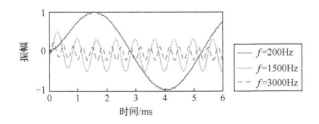

图 11-6　峰值频率约 200Hz 的通道响应

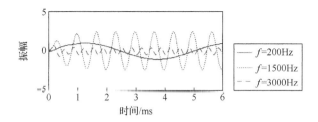

图 11-7　峰值频率约 1500Hz 的通道响应

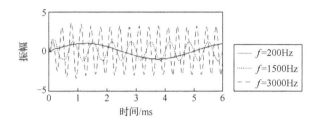

图 11-8　峰值频率约 3000Hz 的通道响应

　　分析图 11-6 可见，在峰值频率约为 200Hz 的通道中，与峰值频率基本相等频率的纯音获得了最大响应振幅（实线所示），其波形特征与该纯音基本一致、时间上略有延迟，这应是由不稳定态到稳定态的变化产生的。同时，1500Hz 和 3000Hz 的纯音最大响应振幅较小（分别如点线和虚线所示），且与 200Hz 的差值越大，最大响应振幅越小。此外，在图 11-6 所示 0~1ms 范围内，这两个纯音在该通道中的响应波形均表现出了由不稳定态到稳定态的变化，且不稳定态的振幅大于稳定态振幅。

　　分析图 11-7 可见，在峰值频率约为 1500Hz 的通道中，仍是与峰值频率基本相等频率的纯音获得了最大响应振幅（点线所示），约为输入纯音振幅（图 11-5）的 2.5 倍；其波形频率特征与该纯音基本一致，在 0~1.6ms 范围内其波形振幅逐渐增大，明显表现出了波形从不稳定态到稳定态的变化。同时，对于 200Hz 和 3000Hz 纯音的最大响应振幅（分别如实线和虚线所示）虽然小于该通道的最大响应振幅（点线所示），但却与输入纯音振幅基本相当或略低于输入纯音振幅，上述情况显然是由于该通道对输入纯音进行了放大而产生的。此外，在 0~1ms 范围内，3000Hz 纯音响应振幅表现出了由不稳定态到稳定态的变化，但 200Hz 纯音响应振幅的变化并不清晰。

　　分析图 11-8 可见，在峰值频率约为 3000Hz 的通道中的响应具有与图 11-7 相似的特性，但该通道最大响应振幅的幅度（虚线所示）约为输入纯音振幅（图 11-5）的 3.5 倍。

综合上述分析，可总结出 24 通道 CP-NF 听觉滤波器组特性如下。

（1）各个子通道均能够对输入纯音产生响应，但当输入纯音的频率基本等于该通道子模型的峰值频率时，产生最大振幅响应。

（2）该滤波器组能够对高频的声音进行放大，且在其峰值频率范围内，峰值频率越高，对声音的响应振幅的放大倍数越大，但始终会在输入纯音的频率基本等于其峰值频率时产生最大振幅响应。

11.2.3　不同听觉滤波器组对比

为考察 CP-NF 方法所构建的听觉滤波器组的优势，分别采用不同频率的纯音和由不同频率纯音构成的复合音激励 24 通道 CP-NF 听觉滤波器组和 Gammatone 滤波器组、Bark 滤波器组进行对比实验。

1. 纯音激励

表 10-4 给出了 Gammatone 滤波模拟听觉特性的基本情况。Bark 滤波器组是在 Bark 尺度基础上，由构造 Bark 尺度感知频率特性相似的小波包构建的滤波器组，也能够模拟人耳的部分听觉特性。Bark 尺度频率与实际频率的关系为

$$f = 600\sinh\left(\frac{b}{6}\right) \tag{11-1}$$

式中，b 为 Bark 尺度频率；f 为实际频率。

对于频率为 200Hz、1500Hz 和 3000Hz 的纯音激励得到上述三种滤波器组的响应分别如图 11-9、图 11-10 和图 11-11。为清晰观察波形变化，时间长度选择为 6ms。在图 11-9～图 11-11 中，实线表示输入的纯音信号曲线，点线和虚线分别表示 Gammatone 滤波器组和 Bark 滤波器组对输入纯音的响应，点画线表示 CP-NF 听觉滤波器组对输入纯音的响应。

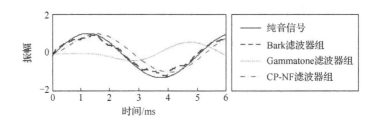

图 11-9　不同滤波器组对于 200Hz 纯音激励的响应

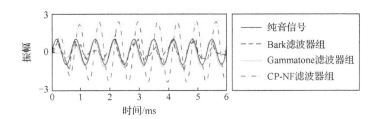

图 11-10 不同滤波器组对于 1500Hz 纯音激励的响应

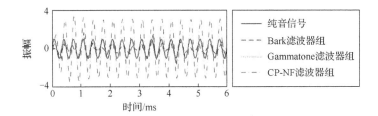

图 11-11 不同滤波器组对于 3000Hz 纯音激励的响应

分析图 11-9～图 11-11 可见，CP-NF 滤波器组响应的波形特征与输入纯音信号基本一致，略有时延，但其响应波形的振幅随着输入纯音频率增加而不断增加。在图 11-10 中，CP-NF 滤波器组的响应振幅到达稳定态后约为其输入纯音振幅的 2.2 倍，图 11-11 中，则约为 3 倍。Bark 滤波器组的响应波形特征则略有变化，响应的频率虽能与输入纯音一致，但其振幅起伏变化较大。对于 200Hz 的纯音，Gammatone 滤波器组响应的波形有明显时延且振幅小于输入纯音振幅；但对于 1500Hz 和 3000Hz 的纯音，Gammatone 滤波器组响应波形和振幅在达到稳定后与输入波形和振幅基本一致。

2. 复合音激励

采用由频率为 200Hz、1500Hz 和 3000Hz 的纯音构成的复合音分别激励 CP-NF 听觉滤波器组、Gammatone 滤波器组和 Bark 滤波器组。该复合音波形如图 11-12 所示。

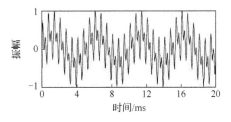

图 11-12 复合音波形

　　可分别得到三种滤波器组对于复合音的响应，并分别给出对应 200Hz、1500Hz 和 3000Hz 频率成分的滤波器响应如图 11-13～图 11-15 所示。综合分析图 11-13～图 11-15 波形可见，CP-NF 滤波器组响应波形频率与 Gammatone 滤波器组和 Bark 滤波器组响应频率相一致，这说明 CP-NF 滤波器组能够有效分解复合音的频率成分。

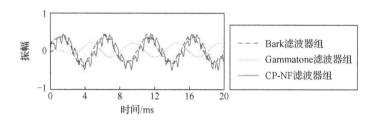

图 11-13　不同滤波器组对于复合音中 200Hz 频率成分的响应

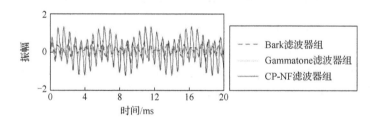

图 11-14　不同滤波器组对于复合音中 1500Hz 频率成分的响应

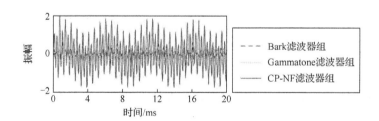

图 11-15　不同滤波器组对于复合音中 3000Hz 频率成分的响应

　　分析图 11-13 可见，对于复合音的 200Hz 频率分量，CP-NF 听觉滤波器组、Gammatone 滤波器组和 Bark 滤波器组均能够在相应的通道内获得与构成复合音的 200Hz 纯音相近的波形和振幅，其中，CP-NF 听觉滤波器组响应波形能体现出受其他频率成分的影响，Gammatone 滤波器组的响应有较为明显的时延，Bark 滤波器组的响应与输入的纯音分量最为接近。分析图 11-14 可见，对于复合音的

1500Hz 频率分量，CP-NF 听觉滤波器组响应振幅约为 Gammatone 滤波器组响应和 Bark 滤波器组响应的 3 倍。分析图 11-15 可见，对于复合音的 3000Hz 频率分量，CP-NF 听觉滤波器组响应振幅约为 Gammatone 滤波器组响应和 Bark 滤波器组响应的 4 倍。

综合分析图 11-13～图 11-15 还可发现，对于复合音的激励，Bark 滤波器组在低频分量的响应中能够获得最好的效果，但随着频率增加，其响应波形会出现较大的起伏，其各个通道的最大振幅波动较小；Gammatone 滤波器组响应能够较好地体现复合音各频率分量特征，但其并不会随着频率变化而产生相应变化；CP-NF 滤波器组能够放大其中的高频分量，同时在与各个复合音频率分量相应的通道内获得该分量的基本特征，即它在将复合音分解为各个频率分量的同时，放大了其中的高频分量，且放大倍数呈现非线性。

通过纯音激励和复合音激励对比三种滤波器组的响应可知，相较于 Gammatone 滤波器组和 Bark 滤波器组，CP-NF 滤波器组的优势在于：在获取输入信号特征，并将复合音分解为不同频率分量的同时，能够对高频信息进行非线性放大。

11.3　语　音　响　应

由于 CP-NF 听觉滤波器组能够实现对复合音的频率分解、对纯音和复合音高频分量非线性放大，即它能够实现符合听觉特性的纯音处理和复合音处理。在此基础上，考虑到语音信号处理中信号在频域上的响应能够使时域上某些无法表现的信息变得清晰可见，因此，本节进一步考察 CP-NF 基底膜模型对语音的频域响应特性，是将 CP-NF 方法的应用扩展到声音增强、语音识别等领域的基础。

考虑到语音信号的频率一般在 4000Hz 以下，同时为了能够实现清晰的语音复现，据 CP-NF 方法的数学描述［式（9-23）］和 10.1 节参数确定流程（图 10-13）建立 28 通道 CP-NF 基底膜模型，并在此基础上，采用非线性放大量化方程［式（10-17）］进行振幅压缩，建立等幅度 28 通道 CP-NF 基底膜模型。图 11-16（a）为 28 通道 CP-NF 基底膜模型频域响应，图 11-16（b）为进行幅度压缩后的等幅度 28 通道 CP-NF 基底膜模型频域响应。据 11-16(b)可见，频域响应的峰值频率范围在 100～4000Hz。

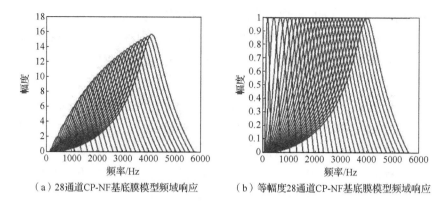

（a）28通道CP-NF基底膜模型频域响应　　　　（b）等幅度28通道CP-NF基底膜模型频域响应

图 11-16　CP-NF 基底膜模型频域响应

11.3.1　基音

考察元音"a"的语音响应，分析 28 通道 CP-NF 基底膜模型和等幅度 28 通道 CP-NF 基底膜模型对元音"a"的频率复现程度以及基音频率位置。采集本人元音"a"，采样频率为 11025Hz。经图 11-16（a）和（b）处理后，"a"的响应实验结果如图 11-17 所示。

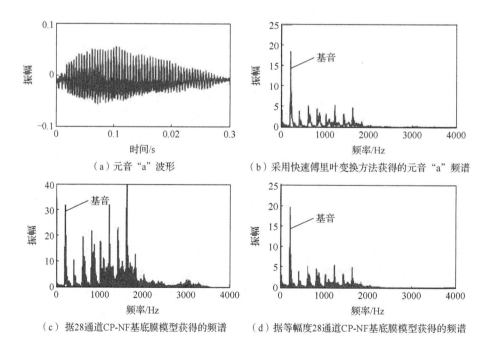

（a）元音"a"波形　　　　　　　　（b）采用快速傅里叶变换方法获得的元音"a"频谱

（c）据28通道CP-NF基底膜模型获得的频谱　　　（d）据等幅度28通道CP-NF基底膜模型获得的频谱

图 11-17　元音"a"的波形、频谱及 28 通道 CP-NF 基底膜模型对该元音的响应

图 11-17（a）为元音"a"的时域波形，图 11-7（b）为采用快速傅里叶变换方法获得的元音"a"的频谱，图 11-17（c）为图 11-16（a）所示的 28 通道 CP-NF 基底膜模型对元音"a"的响应频谱，图 11-17（d）为图 11-16（b）所示的等幅度 28 通道 CP-NF 基底膜模型的响应频谱。在响应实验中，采用快速傅里叶变换方法计算得到的基音频率约为 194.4Hz，由 CP-NF 基底膜模型得到的基音频率约为 195.9Hz。分析图 11-17 可知，图 11-17（c）与（d）中元音"a"的基音频率位置相同，且与图 11-17（b）中所示位置基本相同（见图中箭头所示位置），说明 CP-NF 基底膜模型能够有效地对语音进行分析。此外，分析并比较图 11-17（b）和（d）可发现，二者的仿真曲线具有相同形状，这说明等幅度 28 通道 CP-NF 基底膜模型能够等幅度复现语音。分析图 11-17（c）可知，对于 28 通道 CP-NF 基底膜模型，随着该模型频域响应峰值频率增加，该模型的语音响应频谱幅度呈非线性增长，这使原语音中极小的频率分量也能够被感知到，如图 11-17（c）中的 2000～3000Hz 频段。综合上述分析可知，28 通道 CP-NF 基底膜模型对于语音中的高频信息具有更高的敏锐性，能使语音信息在不同环境中更容易被识别，这与耳蜗的高听敏能力相符合。

综合上述实验及分析可得到如下结论：采用 CP-NF 方法建立的 CP-NF 基底膜模型能够有效地实现对语音的复现，并能够获得符合耳蜗高听敏度特性的频谱，符合生理学上的听觉特性。

11.3.2　语谱图

语音信号通过一系列窄带滤波器后，经整流均方等处理后，其响应能够按照频率由低到高顺序进行记录，其响应能量值的大小可采用不同颜色表示，颜色越深表示该部分的语音能量越强。这种语音频谱分析视图被称为语谱图，它采用二维图像表达语音信号的动态频谱特性。语谱图中的不同纹路被称为声纹。声纹因人不同而不同，因此在安防、鉴定等领域中可以用作身份判定。

对于元音"a"，通过分帧等处理后获得其语谱图如图 11-18 所示。图 11-18（a）为采用快速傅里叶变换方法得到的语谱图，图 11-18（b）为采用图 11-4（a）所示 CP-NF 滤波器组得到的语谱图。分析图 11-18，元音"a"的基音位置约在 200Hz，图 11-18（b）所示元音"a"的谐波结构更加清晰、更能够反映频谱的精细结构，即其所展示的声纹信息更明确。

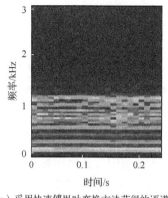 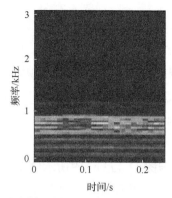

（a）采用快速傅里叶变换方法获得的语谱图　　（b）据24通道CP-NF模型获得的语谱图

图 11-18　元音"a"的语谱图

11.3.3　共振峰提取

共振峰频率（简称共振峰）本义为声腔共鸣频率，反映声道的物理特性。在语音频谱中指能量相对集中的某些区域，是元音和某些响辅音频谱包络曲线的峰值位置。在共振峰提取之前，需对语音信号进行预加重和端点监测。主要目的在于：其一，提升语音信号高频分量，衰减低频分量，降低基频对共振峰监测的干扰；其二，确定语音起始点，有利于分析音韵母部分。

对于元音"a"，进行预加重，系数为 0.97。据语音短时平稳性，将语音信号进行分帧处理，每帧长度为 320 个采样点，帧移为 50%。为弱化语音帧的边缘影响，对分帧信号加汉明窗。元音"a"的其中一帧语音共振峰如图 11-19 所示。

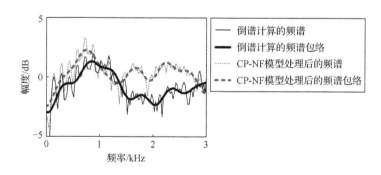

图 11-19　元音"a"的一帧语音频谱和频谱包络

图 11-19 所示实色和虚色曲线分别表示经过倒谱计算和 24 通道 CP-NF 模型处理后的一帧语音频谱及其包络，其中细线表示两种方法获得的语音频谱，粗线分别表示两种方法获得的语音频谱包络。分析图 11-19 可见，经过 CP-NF 模型处

理后的语音高频端的幅值得到了提升，频谱的动态范围减小，在高频端获取共振峰更加清晰。在图 11-19 中，元音"a"的第一、第二和第三共振峰均可通过两种方法获得，但是由 24 通道 CP-NF 模型处理后频谱包络所显示的共振峰具有更高的幅度，更容易被提取。此外，需要注意的是，由两种方法所获得的共振峰频率略有差异，但均趋近元音"a"的共振频率范围[297]。

11.4　声 音 增 强

11.4.1　低信噪比环境下的声音增强实验

现实环境中，声音不可避免地会受到周围环境的影响，许多情况下声音中的有用信息甚至还会被掩蔽在环境噪声中。当前，在这类低信噪比环境下，声音增强方法的种类繁多，但一般都从声音与噪声二者特性出发，设法提高声音信噪比，即通过分析声音信号的客观评价指标达到声音增强的目的[298-300]，这忽略了主观听觉感受对于声音增强的意义。本节利用 CP-NF 方法从客观评价指标与主观听觉感受两方面研究低信噪比环境下的声音增强问题。

人对于不同声强的声音具有不同的主观感受，频率为 2000~3000Hz 的声音有利于听清和交流[299]。因此，采用 2000~3000Hz 频带内的声音进行实验，研究其在低信噪比环境下的增强。采样频率为 4kHz，声音时长为 3s，声音的时域波形与频谱包络分别如图 11-20（a）和（b）所示。

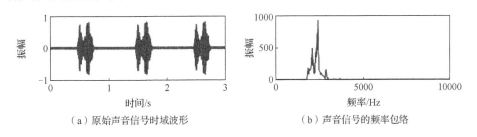

（a）原始声音信号时域波形　　　　　　　（b）声音信号的频率包络

图 11-20　原始声音信号波形及其频谱包络曲线

采用 NOISE-92 噪声库中高斯白噪声和粉红噪声模拟环境噪声。在图 11-20 所示声音信号中分别加入高斯白噪声和粉红噪声，使加噪后信号的信噪比分别为 5dB、0dB、-5dB 和 -10dB。高斯白噪声环境下信噪比分别为 5dB、0dB、-5dB 和 -10dB 的信号波形图分别如图 11-21（a）~（d）所示。在粉红噪声环境下，加噪声音信号的波形与图 11-21 类似。据图 11-21 可见，随着信噪比的不断降低，有用声音信号逐渐淹没在环境噪声中。

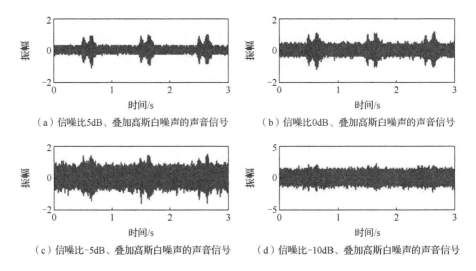

（a）信噪比5dB、叠加高斯白噪声的声音信号　　　　（b）信噪比0dB、叠加高斯白噪声的声音信号

（c）信噪比-5dB、叠加高斯白噪声的声音信号　　　（d）信噪比-10dB、叠加高斯白噪声的声音信号

图 11-21　高斯白噪声环境下的信号波形

　　根据声音信息的短时平稳性，将加噪声音信号进行分帧。每一帧时长为 11ms，帧移为 50%。据 10.1.5 节 CP-NF 方法参数分析确定一组参数组合，分别记 CP-NF 方法为方法 I，快速小波变换滤波算法为方法 II。采用方法 I 和方法 II 对高斯白噪声环境下和粉红噪声环境下信噪比分别为 5dB、0dB、-5dB 和-10dB 的信号进行处理。将两种方法处理后的信号进行重构，即可获得增强后的声音信号。以高斯白噪声环境下输入信噪比为 5dB 的声音信号为例，方法 I 和方法 II 的处理结果分别如图 11-22 所示。

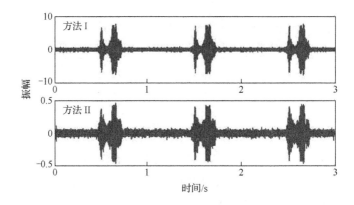

图 11-22　方法 I 和方法 II 对高斯白噪声环境下信噪比为 5dB 信号的增强结果

　　据图 11-22 清晰可见，方法 I 和方法 II 对于信噪比为 5dB 声音信号响应的含噪情况和振幅情况。相较于方法 II，方法 I 能在滤除噪声的同时，提升信号的响

应振幅。为考察该现象是否具有一般性，给出方法 I 和方法 II 对于高斯白噪声环境下信噪比为 5dB、0dB、−5dB 和−10dB 信号增强后的输出信噪比和输出最大振幅，分别见表 11-1 和表 11-2；对于粉红噪声环境下信噪比为 5dB、0dB、−5dB 和−10dB 信号增强后的输出信噪比和输出最大振幅，分别见表 11-3 和表 11-4。

表 11-1　高斯白噪声环境下方法 I 与方法 II 的输出信噪比比较

输入信噪比	方法 I 输出信噪比	方法 II 输出信噪比
−10	1.592	−5.2188
−5	6.6932	−0.2378
0	12.084	5.1769
5	16.749	10.08

表 11-2　高斯白噪声环境下方法 I 与方法 II 的输出振幅最大值比较

输入信噪比	输入最大振幅	方法 I 输出最大振幅	方法 II 输出最大振幅
−10	2.2945	9.7355	0.6992
−5	1.5929	8.9427	0.6117
0	1.0458	8.0053	0.5169
5	0.9750	7.6827	0.4662

表 11-3　粉红噪声环境下方法 I 与方法 II 的输出信噪比比较

输入信噪比	方法 I 输出信噪比	方法 II 输出信噪比
−10	1.7408	−9.5251
−5	6.0743	−4.4917
0	11.638	0.4719
5	16.635	5.4694

表 11-4　粉红噪声环境下方法 I 与方法 II 的输出振幅最大值比较

输入信噪比	输入最大振幅	方法 I 输出最大振幅	方法 II 输出最大振幅
−10	2.2661	9.0313	1.1111
−5	1.5415	8.1296	0.7924
0	1.1657	7.7763	0.6110
5	0.9582	7.6754	0.5080

综合分析表 11-1 和表 11-3 可知，对于高斯白噪声环境下和粉红噪声环境下的声音信号，方法 I 获得的增强信号的平均输出信噪比分别为 9.28dB 和 9.022dB，

方法 II 获得的增强信号的平均输出信噪比分别为 2.45dB 和-2.019dB。显然，从信噪比角度看，CP-NF 方法对含噪声的增强效果更好。

综合分析表 11-2 和表 11-4 可知，对于高斯白噪声环境下和粉红噪声环境下的声音信号，方法 I 获得的增强信号的平均输出最大振幅分别是输入最大振幅的 6.32 倍和 5.985 倍，方法 II 获得的增强信号的输出最大振幅全部小于输入的最大振幅，且振幅分别平均降低 61.17% 和 49.04%。当介质密度、声速等条件相同时，声音强度与声音振幅的平方成正比。因此，当采用方法 I 时，高斯白噪声环境下和粉红噪声环境下的增强信号的声强平均是原信号的 39.9424 倍和 35.82 倍，而采用方法 II 时，高斯白噪声环境下和粉红噪声环境下的增强信号的平均声强约为原信号的 0.151 倍和 0.26 倍。

在上述分析基础上，为直观比较方法 I 和方法 II 的增强结果，根据表 11-1 和表 11-3 实验数据，给出了方法 I 和方法 II 在不同噪声环境下增强信号的输出信噪比曲线，如图 11-23（a）和（b）所示。图 11-23 点画线和实线分别为方法 I 和方法 II 在高斯白噪声与粉红噪声环境下的输出信噪比曲线。分析图 11-23（a）和（b）可知，方法 I 对高斯白噪声与粉红噪声环境下的低信噪比信号增强程度基本持平，方法 II 对高斯白噪声环境下的低信噪比信号增强能力尚可，对粉红噪声环境中的低信噪比信号增强能力较差。

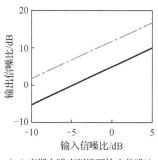

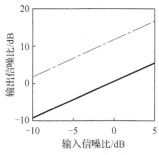

　　（a）高斯白噪声环境下输出信噪比　　　　（b）粉红噪声环境下输出信噪比

图 11-23　在不同环境下方法 I 和方法 II 增强信号的输出信噪比对比

据表 11-2 和表 11-4 中实验数据，给出了方法 I 和方法 II 在不同环境下增强信号的最大振幅曲线，分别如图 11-24（a）和（b）所示，其中点画线和实线分别为方法 I 和方法 II 在高斯白噪声与粉红噪声环境下的输出最大振幅曲线，虚线为输入信号的最大振幅曲线。分析图 11-24 可知，方法 I 对高斯白噪声与粉红噪声环境下的低信噪比信号增强后，增强信号的最大振幅有极大程度提高，而方法 II 则使增强信号的最大振幅降低。

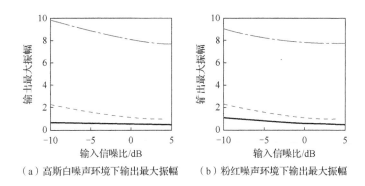

（a）高斯白噪声环境下输出最大振幅　　　（b）粉红噪声环境下输出最大振幅

图 11-24　在不同环境下方法 I 和方法 II 增强信号的输出最大振幅对比

综合上述实验及数据分析可得到如下结论：CP-NF 方法能够在提高信噪比的同时，有效提高信号的声强，而快速小波变换滤波算法提高信噪比时，则会降低信号的声强。因此，在低信噪比环境下，CP-NF 方法的增强能力体现在两个方面，即客观评价指标（信噪比）和主观听觉感受（声强），该方法能够实现在抑制噪声的同时，增强对弱信号的感受，从而获得更多的声音信息。这种特性使 CP-NF 方法应用于不同噪声环境并取得较好的效果成为可能。

11.4.2　不同噪声环境下的语音增强

为进一步分析 CP-NF 方法在客观评价指标和主观听觉感受两方面优势对于实际语音处理的影响，分别考察由该方法构建的听觉滤波器组与 Bark 听觉滤波器组进行语音频率分解后响应的特性，以及分别进行快速小波变化方法处理后的语音增强情况。

本节分别采用 NOISE-92 噪声库中多人谈话噪声、车辆噪声、工厂噪声等模拟不同噪声环境，并在每种环境下分别使含噪信号的信噪比为-10dB、0dB、10dB 和 20dB。所采用纯净语音信号的采样频率为 16kHz，采样点为 20964，其波形如图 11-25 所示。

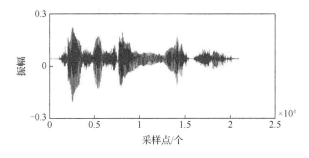

图 11-25　纯净语音信号

在多人谈话噪声环境下，信噪比为-10dB、0dB、10dB 和 20dB 的含噪信号波形分别如图 11-26（a）～（d）所示。据图 11-26 可见，当信噪比为-10dB 时，含噪信号中的语音分量已基本被噪声淹没，其噪声振幅约为纯净语音振幅的 2 倍，但在图 11-26（a）中仍能一定程度上观察到语音波形。

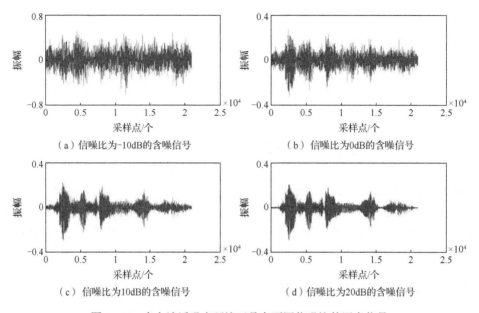

（a）信噪比为-10dB的含噪信号　　　　　　（b）信噪比为0dB的含噪信号

（c）信噪比为10dB的含噪信号　　　　　　（d）信噪比为20dB的含噪信号

图 11-26　多人谈话噪声环境下具有不同信噪比的语音信号

本节分别采用四种方法对上述不同噪声环境下的不同信噪比信号进行处理，定义由 CP-NF 方法构建的听觉滤波器组为方法 I，快速小波变换为方法 II，Bark 听觉滤波器组与快速小波变化处理为方法 III，CP-NF 听觉滤波器组与快速小波变换处理为方法 IV。

1. 不同噪声环境下 CP-NF 方法的语音增强能力

以多人谈话噪声环境下的不同信噪比含噪信号为例，方法 I 和方法 II 处理图 11-26 所示语音信号后的响应分别如图 11-27 所示。

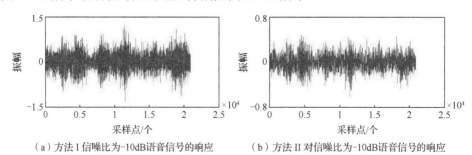

（a）方法I信噪比为-10dB语音信号的响应　　　（b）方法II对信噪比为-10dB语音信号的响应

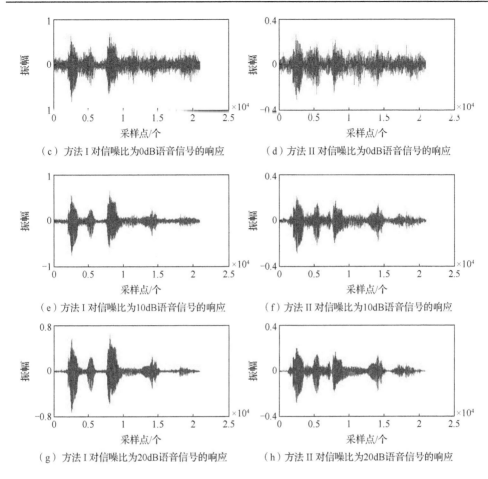

（c）方法 I 对信噪比为0dB语音信号的响应　　　　　（d）方法 II 对信噪比为0dB语音信号的响应

（e）方法 I 对信噪比为10dB语音信号的响应　　　　　（f）方法 II 对信噪比为10dB语音信号的响应

（g）方法 I 对信噪比为20dB语音信号的响应　　　　　（h）方法 II 对信噪比为20dB语音信号的响应

图 11-27　方法 I 和方法 II 对多人谈话噪声环境下不同信噪比含噪信号的响应

对比图 11-27 和图 11-25、图 11-26 可知，方法 I 和方法 II 均表现出了一定的去噪能力。例如，图 11-27（c）、（d）与图 11-25、图 11-26（b）进行比较可发现，在图 11-27（c）和（d）中噪声分量均有减少，但图 11-27（c）中噪声分量相较于图 11-27（d）中更少，图 11-27（d）中的噪声分量相较于图 11-26（b）所示未进行处理的 0dB 语音信号噪声分量降低程度并不十分清晰。为进一步明确两种方法的去噪能力，给出了两种方法在不同环境中对应的信噪比数据如表 11-5 所示，在多人谈话噪声下方法 I 的去噪效果略优于方法 II；在表 11-5 中可发现，对于图 11-26（b）所示 0dB 语音信号，方法 I 响应的信噪比为 1.2266，而方法 II 响应的信噪比为 0.0614；对于四种信噪比环境下，方法 I 响应的信噪比均高于方法 II 响应的信噪比。

表 11-5　多人谈话噪声环境下方法 I 与方法 II 的信噪比和最大振幅比较

输入信噪比	方法	输出信噪比	输出最大振幅
-10	I	-8.7600	2.1079
	II	-9.9850	0.9819
0	I	1.2266	2.4964
	II	0.0614	0.9466
10	I	11.2222	2.5188
	II	10.2314	0.9517
20	I	21.2352	2.5053
	II	20.4579	0.9556

同时，方法 I 对于信噪比为-10dB、0dB、10dB 和 20dB 的含噪语音均表现出了振幅放大能力，例如，在图 11-27（g）和（h）中可见，方法 I 的响应最大振幅约为 0.6，而方法 II 的响应最大振幅约为 0.2。方法 II 的响应最大振幅与图 11-25 所示纯净语音最大振幅基本一致，但方法 I 的响应最大振幅则约为纯净语音最大振幅、方法 II 响应最大振幅的 3 倍。可见，在语音去噪处理中，方法 I 有效提升了语音信号的声强，这使处理后的语音信号在复杂环境中更容易被辨认出来。

对于车辆噪声和工厂噪声环境下的不同信噪比含噪信号，方法 I 和方法 II 处理后的响应信噪比分别如表 11-6 所示。分析表 11-6 可知，方法 I 对于车辆噪声和工厂噪声环境下不同信噪比的含噪信号具有更好的去噪效果，例如，对于车辆噪声环境下 0dB 含噪信号，方法 I 响应的输出信噪比为 6.7977，而方法 II 响应的输出信噪比则为-0.2576。对于不同噪声背景的 8 种信噪比环境下，方法 I 响应的信噪比均表现出优于方法 II 响应信噪比的特性，尤其是在车辆噪声环境中，这种优势更加明显。

表 11-6　车辆噪声和工厂噪声环境下方法 I 与方法 II 的响应信噪比

输入信噪比	方法	车辆噪声环境下输出信噪比	工厂噪声环境下输出信噪比
-10	I	-3.1751	-5.8133
	II	-10.2534	-10.1668
0	I	6.7977	4.1672
	II	-0.2576	-0.1520
10	I	16.7311	14.1792
	II	9.7435	9.9118
20	I	26.1650	24.1604
	II	19.7425	19.9598

综合表 11-5 和表 11-6 数据也可以认为，方法 II 对于多人谈话噪声具有一定去噪能力，但对于车辆噪声和工厂噪声环境的去噪处理则并不是合适的选择。在实际应用中，应根据具体情况进行选择。

2. 不同噪声环境下分频处理对语音处理的影响

人类听觉系统能在复杂环境中分辨和提取信息，具有很强的抗干扰能力。因此，在语音信号处理中往往会使用基于人耳听觉特性的听觉滤波器，从而获得更能反映人耳听觉特性的语音特征，如采用 Mel 尺度、由 Mel 滤波器组获取的 Mel 频率倒谱系数（Mel frequency cepstrum coefficient，MFCC）等[301, 302]。但在噪声环境下，MFCC 特征的识别效率较为一般，而根据耳蜗基底膜特性提出的 Bark 尺度所构造的 Bark 滤波器组进行提取的语音特征却能表现出更好的识别效果[303, 304]。这是由于噪声环境中，MFCC 特征的各维参数分布已经产生变化，这种变化随噪声增强而加剧，进而引起了 MFCC 识别率下降[305-307]。一般而言，随着信噪比降低，语音识别效果均呈现下降趋势。语音特征提取的一般流程如图 11-28 所示。

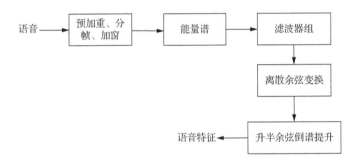

图 11-28　语音特征提取的一般流程

当采用不同滤波器组提取不同噪声环境下不同信噪比的含噪语音特征时，滤波器组对于信号的处理也会影响到信噪比等指标，进而影响到语音识别效果。因此，本节主要考察 Bark 滤波器组与 CP-NF 听觉滤波器组在处理含噪信号时对语音的影响。通过在 11.2.3 节分析中可知，Bark 滤波器组和 CP-NF 听觉滤波器组均能够实现符合人耳听觉特性的频率分解。

以多人谈话噪声环境下不同信噪比的含噪信号为例，其信号波形如图 11-26 所示，信噪比条件分别为-10dB、0dB、10dB 和 20dB。方法 III 和方法 IV 均在获得符合人耳听觉特性的频率分解的基础上，又进行了相同的小波变换增强处理。通过这种方式对比 Bark 滤波器组和 CP-NF 听觉滤波器组各自的响应。在方法 III 和方法 IV 处理图 11-26 所示语音信号后，其响应分别如图 11-29 所示。

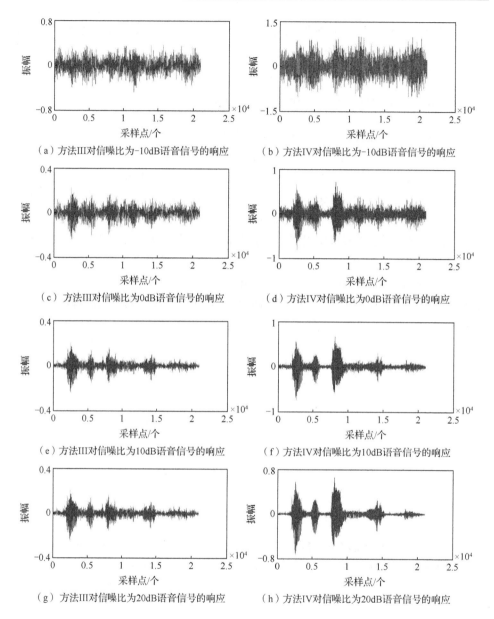

（a）方法Ⅲ对信噪比为-10dB语音信号的响应　　　　（b）方法Ⅳ对信噪比为-10dB语音信号的响应

（c）方法Ⅲ对信噪比为0dB语音信号的响应　　　　　（d）方法Ⅳ对信噪比为0dB语音信号的响应

（e）方法Ⅲ对信噪比为10dB语音信号的响应　　　　（f）方法Ⅳ对信噪比为10dB语音信号的响应

（g）方法Ⅲ对信噪比为20dB语音信号的响应　　　　（h）方法Ⅳ对信噪比为20dB语音信号的响应

图 11-29　方法 Ⅲ 和方法 Ⅳ 对多人谈话噪声环境下不同信噪比含噪信号的响应

对比图 11-29（a）、（c）、（e）、（g）与图 11-29（b）、（d）、（f）、（h）可发现，相较于方法 Ⅲ 得到的信号响应，方法 Ⅳ 所得到的响应中噪声分量比例更小，同时，对比图 11-26 所示输入语音信号波形可发现，方法 Ⅳ 响应的振幅相较于输入含噪信号最大振幅有所提升。因此，为明确判断两种方法所得到响应的含噪声情况，由表 11-7 给出了方法 Ⅲ 和方法 Ⅳ 得到响应的信噪比和最大振幅。

表 11-7　多人谈话噪声环境下方法 III 和方法 IV 的信噪比和最大振幅比较

输入信噪比	方法	输出信噪比	输出最大振幅
-10	III	-10.9655	0.7500
	IV	-8.7085	1.5783
0	III	-1.4030	0.7316
	IV	1.2710	2.4900
10	III	7.5190	0.8030
	IV	11.3089	2.5270
20	III	14.9385	0.8777
	IV	21.4152	2.5162

对比表 11-7 中数据可发现，方法 III 会进一步降低含噪声信号的信噪比，方法 IV 则会提升含噪声信号的信噪比。这说明即使是将通过 Bark 滤波器组和 CP-NF 听觉滤波器组处理的信号进行相同的增强处理，其增强过程也不能使噪声分量保持到原输入信号的信噪比，这为在噪声环境下辨别语音增加了难度。而结合表 11-5 可发现，CP-NF 听觉滤波器组增强了噪声环境下的含噪语音后，又由快速小波变换进一步提升了语音信噪比。例如，对于 0dB 语音信号，CP-NF 听觉滤波器组处理后的信噪比为 1.2266，快速小波变换进一步处理后，其信噪比为 1.271。Bark 滤波器组和 CP-NF 听觉滤波器组的这种不同趋势在表 11-5 和表 11-7 所示的四种信噪比条件下均有体现。这说明对于同样符合人耳听觉特性的滤波器组，CP-NF 听觉滤波器组在噪声环境下更有优势。

不仅如此，方法 IV 响应最大振幅约为方法 III 响应最大振幅的 2～3 倍，且输入含噪声信号的信噪比不同，二者响应最大振幅比不同。例如，当输入信号信噪比为 0dB 时，方法 IV 和方法 III 响应最大振幅比约为 3.4，而当输入信号信噪比为 20dB 时，方法 IV 和方法 III 响应最大振幅比则约为 2.87。同时，结合表 11-5 可发现，当输入信号信噪比为 0dB 时，CP-NF 听觉滤波器组响应的最大振幅为 2.4964，而方法 IV 响应的最大振幅为 2.49。这说明快速小波变换在语音信号的增强过程中降低了信号的强度。而当采用方法 III 时会发现，输出相应的最大振幅则为 0.7316。这说明 Bark 滤波器组处理信号后，其信号强度低于 CP-NF 听觉滤波器组响应的强度。因此，可以认为，当根据图 11-28 流程进行语音特征提取时，在听觉滤波器处理环节中采用方法 IV 能够获得信噪比和输出响应最大振幅更好的处理结果，也可以认为，虽然 Bark 滤波器组和 CP-NF 听觉滤波器组均符合人耳听觉特性，但在噪声环境下辨别语音进行特征提取过程中更有优势。

对于车辆噪声和工厂噪声环境下的不同信噪比含噪信号，方法 III 和方法 IV

处理后的响应信噪比分别如表 11-8 所示。分析表 11-8，对比输入含噪信号和输出响应的信噪比可发现，方法 IV 具有良好的去噪能力，但方法 III 对输入含噪信号进行处理后则会更进一步降低输出响应的信噪比。例如，对于车辆噪声环境下 0dB 和工厂噪声环境下 0dB 含噪信号，方法 IV 响应的输出信噪比分别为 6.7867 和 4.1999，而方法 III 响应的输出信噪比则为 -2.6543 和 -2.3458。对于 10dB 含噪信号，方法 IV 响应的输出信噪比分别为 16.7232 和 14.2381，而方法 III 响应的输出信噪比则为 7.1439 和 7.1698。

表 11-8　车辆噪声和工厂噪声环境下方法 III 和方法 IV 的响应信噪比

输入信噪比	方法	车辆噪声环境下输出信噪比	工厂噪声环境下输出信噪比
-10	III	-12.6136	-12.2055
	IV	-3.1884	-5.7934
0	III	-2.6543	-2.3458
	IV	6.7867	4.1999
10	III	7.1439	7.1698
	IV	16.7232	14.2381
20	III	16.3367	15.3570
	IV	26.1806	24.3103

通过表 11-8 数据，并结合表 11-5 和表 11-6 可发现，对于车辆噪声和工厂噪声环境，CP-NF 听觉滤波器组仍提升了噪声环境下响应的信噪比，同时 Bark 滤波器组产生相反的趋势，仍表现出降低了噪声环境下响应的信噪比。这说明在多人谈话噪声环境下得到的结论，即 CP-NF 听觉滤波器组在噪声环境下更具优势是具有有效性的。

表 11-9 给出了车辆噪声和工厂噪声环境下方法 III 和方法 IV 相对于输入含噪信号的最大振幅比。根据表 11-9 还可以发现，方法 III 和方法 IV 的响应均能提升最大振幅，但是显然方法 IV 相对于输入含噪信号的最大振幅比更大。例如，在车辆噪声和工厂噪声环境下，对于 0dB 含噪信号，方法 IV 响应最大振幅为其输入信号的 8.8739 倍和 6.782 倍，而方法 III 响应最大振幅则为其输入信号的 3.335 倍和 2.1974 倍；对于 10dB 含噪信号，方法 IV 响应最大振幅为其输入信号的 8.829 倍和 7.8474 倍，而方法 III 响应最大振幅则为其输入信号的 3.2184 倍和 2.6374 倍。当信噪比条件大约 0dB 时，车辆噪声和工厂噪声环境下方法 III 和方法 IV 相对于输入含噪信号的最大振幅比幅度均呈现缓慢下降趋势。

表 11-9　车辆噪声和工厂噪声环境下方法 III 和方法 IV 相对于输入含噪信号的最大振幅比

输入信噪比	方法	车辆噪声环境下	工厂噪声环境下
-10	III	1.7146	1.0923
	IV	2.9355	2.7138
0	III	3.3350	2.1974
	IV	8.8739	6.7820
10	III	3.2184	2.6374
	IV	8.8290	7.8474
20	III	3.1609	3.0088
	IV	8.6858	8.4119

　　表 11-9 数据说明,对于方法 III 和方法 IV 在处理车辆噪声和工厂噪声环境下的信号时,其信号强度均有一定程度的提升,这种特性符合人耳听觉特性,也有利于在复杂环境中辨别语音。但相较于方法 III 而言,方法 IV 在信号强度的提升中更具优势,约为方法 III 的 2~3 倍,具体数值则取决于输入信号的信噪比条件。这也进一步为 CP-NF 听觉滤波器组在噪声环境下更具优势这一结论提供了数据支持。

　　因此,综合分析表 11-7~表 11-9 可以认为,对于多人谈话噪声、车辆噪声、工厂噪声等不同噪声环境,对于不同信噪比条件下的含噪语音,采用 Bark 滤波器组和 CP-NF 滤波器组进行处理时,CP-NF 滤波器组能够进一步提升输入语音信号的信噪比和强度,而由 Bark 尺度构建的 Bark 滤波器组并未表现出其响应的信噪比优势,能够一定程度上提升信号强度,但低于 CP-NF 滤波器组所表现出的提升能力。

参 考 文 献

[1] 蔡自兴. 人工智能研究发展展望[J]. 高技术通讯, 1995(7): 59-60.

[2] 崔鑫, 黄政新. 人工智能研究纲领的困境与走向[J]. 南京航空航天大学学报(社会科学版), 2011, 13(3): 11-13.

[3] 赵玉鹏, 刘则渊. 情感、机器、认知——斯洛曼的人工智能哲学思想探析[J]. 自然辩证法通讯, 2009, 31(2): 94-99.

[4] Gheorghe T. Artificial intelligence[J]. Wiley Interdisciplinary Reviews: Computational Statistics, 2012, 4(2): 168-180.

[5] 张汉生, 陈国亮. 试论非经典逻辑在人工智能中的应用[J]. 燕山大学学报(哲学社会科学版), 2010, 11(2): 139-141.

[6] Orallo J H, Dowe D L. Measuring universal intelligence: towards an anytime intelligence test[J]. Artificial Intelligence Journal, 2010, 174(18): 1508-1539.

[7] 卿素兰, 方富熹. 反事实思维与情绪的关系[J]. 中国心理卫生杂志, 2006(10): 692-694.

[8] Wagman M. Cognitive psychology and artificial intelligence: theory and research in cognitive science[M]. SanMateo, CA: Praeger, 1993.

[9] Miranda J M, Aldea A. Emotions in human and artificial intelligence[J]. Computers in Human Behavior, 2005, 21(2): 323-341.

[10] Thilmany J. The emotional robot: cognitive computing and the quest for artificial intelligence[J]. EMBO Reports, 2007, 8(11): 992-994.

[11] 罗智梅. 0—3 岁婴幼儿身体——运动智能的发展与培养[J]. 科技信息, 2007(26): 45-46.

[12] Thomas E A, Bertrand P P, Bornstein J C. A computer simulation of recurrent, excitatory networks of sensory neurons of the gut in Guinea-pig[J]. Neuroscience Letters, 2000, 287(2): 137-140.

[13] Albert J. Computational modeling of an early evolutionary stage of the nervous system[J]. BioSystems, 1999, 54(1-2): 77-90.

[14] Bornstein J C, Furness J B, Kelly H F, et al. Computer simulation of the enteric neural circuits mediating an ascending reflex: roles of fast and slow excitatory outputs of sensory neurons[J]. Journal of the Autonomic Nervous System, 1997, 64(2-3): 143-157.

[15] Wensch J, Sommeijer B. Parallel simulation of axon growth in the nervous system[J]. Parallel Computing, 2004, 30(2): 163-186.

[16] Inaji M, Sato K, Momose-Sato Y, et al. Voltage-sensitive dye imaging analysis of functional development of the neonatal rat corticostriatal projection[J]. Neuroimage, 2011, 54(3): 1831-1839.

[17] Momose-Sato Y, Sato K. The embryonic brain and development of vagal pathways[J]. Respiratory Physiology & Neurobiology, 2011, 178(1): 163-173.

[18] Oh S, Fang-Yen C, Choi W, et al. Label-free imaging of membrane potential using membrane electromotility[J]. Biophysical Journal, 2012, 103(1): 11-18.

[19] Riemensperger T, Pech U, Dipt S, et al. Optical calcium imaging in the nervous system of Drosophila melanogaster[J]. Biochimica et Biophysica Acta(BBA)-General Subjects, 2012, 1820(8): 1169-1178.

[20] Peterka D S, Takahashi H, Yuste R. Imaging voltage in neurons[J]. Neuron, 2011, 69(1): 9-21.

[21] Devonshire I M, Dommett E J, Grandy T H, et al. Environmental enrichment differentially modifies specific components of sensory-evoked activity in rat barrel cortex as revealed by simultaneous electrophysiological recordings and optical imaging in vivo[J]. Neuroscience, 2010, 170(2): 662-669.

[22] Mullah S H E R, Inaji M, Nariai T, et al. Optical analysis of developmental changes in synaptic potentiation in the neonatal rat corticostriatal projection[J]. Neuroscience, 2012, 201: 338-348.

[23] 张锦, 朱尚武, 王莹, 等. 面向仿生的嗅觉神经系统建模研究[J]. 系统仿真学报, 2011, 23(8): 1590-1593.

[24] Gerstner W, Kistler W M. Spiking neuron models: single neurons, populations, plasticity[M]. Cambridge: Cambridge University Press, 2002.

[25] Gabashvili I S, Sokolowski B H A, Morton C C, et al. Ion channel gene expression in the inner ear[J]. Journal of the Association for Research in Otolaryngology, 2007, 8(3): 305-328.

[26] Vicini S. New perspectives in the functional role of GABA a channel heterogeneity[J]. Molecular Neurobiology, 1999, 19(2): 97-110.

[27] Tombola F, Pathak M M, Isacoff E Y. How does voltage open an ion channel?[J]. Annual Review Cell and Developmental Biology, 2006, 22: 23-52.

[28] Hodgkin A L, Huxley A F. A quantitative description of membrane current and its application to conduction and excitation in nerve[J]. The Journal of Physiology, 1952, 117(4): 500-544.

[29] Landowne D. Movement of sodium ions associated with the nerve impulse[J]. Nature, 1973, 242(5398): 457-459.

[30] Armstrong C M, Bezanilla F. Inactivation of the sodium channel. II. Gating current experiments[J]. Journal of General Physiology, 1977, 70(5): 567-590.

[31] Armstrong C M, Croop R S. Simulation of Na channel inactivation by thiazine dyes[J]. The Journal of General Physiology, 1982, 80(5): 641-662.

[32] Sine S M, Steinbach J H. Activation of a nicotinic acetylcholine receptor[J]. Biophysical Journal, 1984, 45(1): 175-185.

[33] Sine S M, Steinbach J H. Agonists block currents through acetylcholine receptor channels[J]. Biophysical Journal, 1984, 46(2): 277-283.

[34] Sine S M, Steinbach J H. Acetylcholine receptor activation by a site-selective ligand: nature of brief open and closed states in BC3H-1 cells[J]. The Journal of Physiology, 1986, 370(1): 357-379.

[35] Colquhoun D, Sakmann B. Fast events in single-channel currents activated by acetylcholine and its analogues at the frog muscle end-plate[J]. The Journal of Physiology, 1985, 369(1): 501-557.

[36] Elber R, Karplus M. Multiple conformational states of proteins: a molecular dynamics analysis of myoglobin[J]. Science, 1987, 235(4786): 318-321.

[37] Yang H Y, Gao Z B, Li P, et al. A theoretical model for calculating voltage sensitivity of ion channels and the application on Kv1.2 potassium channel[J]. Biophysical Journal, 2012, 102(8): 1815-1825.

[38] Destexhe A, Huguenard J R. Nonlinear thermodynamic models of voltage-dependent currents[J]. Journal of Computational Neuroscience, 2000, 9(3): 259-270.

[39] Sigg D, Bezanilla F. A physical model of potassium channel activation: from energy landscape to gating kinetics[J]. Biophysical Journal, 2003, 84(6): 3703-3716.

[40] Graf P, Kurnikova M G, Coalson R D, et al. Comparison of dynamic lattice Monte Carlo simulations and the dielectric self-energy Poisson-Nernst-Planck continuum theory for model ion channels[J]. The Journal of Physical Chemistry B, 2004, 108(6): 2006-2015.

[41] Grinevich A A, Astashev M E, Kazachenko V N. Model of multifractal gating of single ion channel in biological membranes[J]. Biologicheskie Membrany, 2007, 24(4): 316-332.

[42] Katz B, Miledi R. Membrane noise produced by acetylcholine[J]. Nature, 1970, 226(5249): 962-963.

[43] Katz B, Miledi R. The statistical nature of the acetylcholine potential and its molecular components[J]. The Journal of Physiology, 1972, 224(3): 665-699.

[44] Easton D M. Exponentiated exponential model (Gompertz kinetics) of Na^+ and K^+ conductance changes in squid giant axon[J]. Biophysical Journal, 1978, 22(1): 15-28.

[45] Colquhoun D, Hawkes A G. On the stochastic properties of single ion channels[J]. Proceedings of the Royal Society of London, Series B, Biological Sciences, 1981, 211(1183): 205-235.

[46] Durell S R, Guy H R. Atomic scale structure and functional models of voltage-gated potassium channels[J]. Biophysical Journal, 1992, 62(1): 238-250.

[47] Rubinstein J T. Threshold fluctuations in an N sodium channel model of the node of Ranvier[J]. Biophysical Journal, 1995, 68(3): 779-785.

[48] Capener C E, Shrivastava I H, Ranatunga K M, et al. Homology modeling and molecular dynamics simulation studies of an inward rectifier potassium channel[J]. Biophysical Journal, 2000, 78(6): 2929-2942.

[49] Treptow W, Maigret B, Chipot C, et al. Coupled motions between pore and voltage-sensor domains: a model for Shaker B, a voltage-gated potassium channel[J]. Biophysical Journal, 2004, 87(4): 2365-2379.

[50] Nekouzadeh A, Silva J R, Rudy Y. Modeling subunit cooperativity in opening of tetrameric ion channels[J]. Biophysical Journal, 2008, 95(7): 3510-3520.

[51] Milescu L S, Yamanishi T, Ptak K, et al. Real-time kinetic modeling of voltage-gated ion channels using dynamic clamp[J]. Biophysical Journal, 2008, 95(1): 66-87.

[52] Ball J M, Franklin C C, Tobin A E, et al. Coregulation of ion channel conductances preserves output in a computational model of a crustacean cardiac motor neuron[J]. Journal of Neuroscience, 2010, 30(25): 8637-8649.

[53] Millhauser G L, Salpeter E E, Oswald R E. Diffusion models of ion-channel gating and the origin of power-law distributions from single-channel recording[J]. Proceedings of the National Academy of Sciences, 1988, 85(5): 1503-1507.

[54] Smith G R, Sansom M S P. Dynamic properties of Na^+ ions in models of ion channels: a molecular dynamics study[J]. Biophysical Journal, 1998, 75(6): 2767-2782.

[55] Moy G, Corry B, Kuyucak S, et al. Tests of continuum theories as models of ion channels. I. Poisson-Boltzmann theory versus Brownian dynamics[J]. Biophysical Journal, 2000, 78(5): 2349-2363.

[56] Corry B, Kuyucak S, Chung S H. Tests of continuum theories as models of ion channels. II. Poisson-Nernst-Planck theory versus Brownian dynamics[J]. Biophysical Journal, 2000, 78(5): 2364-2381.

[57] Smith G R, Sansom M S. Free energy of a potassium ion in a model of the channel formed by an amphipathic leucine-serine peptide[J]. European Biophysics Journal, 2002, 31(3): 198-206.

[58] Wang J, Wang M, Li Z. Lattice evolution solution for the nonlinear Poisson-Boltzmann equation in confined domains[J]. Communications in Nonlinear Science and Numerical Simulation, 2008, 13(3): 575-583.

[59] Cheng Y, Gamba I M, Ren K. Recovering doping profiles in semiconductor devices with the Boltzmann-Poisson model[J]. Journal of Computational Physics, 2011, 230(9): 3391-3412.

[60] Noskov S Y, Im W, Roux B. Ion permeation through the α-hemolysin channel: theoretical studies based on Brownian dynamics and Poisson-Nernst-Plank electrodiffusion theory[J]. Biophysical Journal, 2004, 87(4): 2299-2309.

[61] Liu W. One-dimensional steady-state Poisson-Nernst-Planck systems for ion channels with multiple ion species[J]. Journal of Differential Equations, 2009, 246(1): 428-451.

[62] Li B, Lu B, Wang Z, et al. Solutions to a reduced Poisson-Nernst-Planck system and determination of reaction rates[J]. Physica A: Statistical Mechanics and its Applications, 2010, 389(7): 1329-1345.

[63] Manzo C, van Zanten T S, Garcia-Parajo M F. Nanoscale fluorescence correlation spectroscopy on intact living cell membranes with NSOM probes[J]. Biophysical Journal, 2011, 100(2): L8-L10.

[64] Fiedler S L, Violi A. Simulation of nanoparticle permeation through a lipid membrane[J]. Biophysical Journal, 2010, 99(1): 144-152.

[65] Knight J D, Lerner M G, Marcano-Velázquez J G, et al. Single molecule diffusion of membrane-bound proteins: window into lipid contacts and bilayer dynamics[J]. Biophysical Journal, 2010, 99(9): 2879-2887.

[66] Kutzner C, Grubmüller H, De Groot B L, et al. Computational electrophysiology: the molecular dynamics of ion channel permeation and selectivity in atomistic detail[J]. Biophysical Journal, 2011, 101(4): 809-817.

[67] Park H, Im W, Seok C. Transmembrane signaling of chemotaxis receptor tar: insights from molecular dynamics simulation studies[J]. Biophysical Journal, 2011, 100(12): 2955-2963.

[68] Lapicque L. Recherches quantitatives sur l'excitation electrique des nerfs traitee comme une polarization[J]. Journal of Physiology and PatholoIgy, 1907, 9: 620-635.

[69] Brunel N, van Rossum M C W. Lapicque's 1907 paper: from frogs to integrate-and-fire[J]. Biological Cybernetics, 2007, 97(5): 337-339.

[70] Hill A V. Excitation and accommodation in nerve[J]. Proceedings of the Royal Society of London, Series B, Biological Sciences, 1936, 119(814): 305-355.

[71] Cleanthous A, Christodoulou C. Learning optimisation by high firing irregularity[J]. Brain Research, 2012, 1434: 115-122.

[72] McCulloch W S, Pitts W. A logical calculus of the ideas immanent in nervous activity[J]. The Bulletin of Mathematical Biophysics, 1943, 5(4): 115-133.

[73] Hodgkin A L, Huxley A F. The dual effect of membrane potential on sodium conductance in the giant axon of Loligo[J]. The Journal of Physiology, 1952, 116(4): 497-506.

[74] Wang H, Yu Y G, Zhao R, et al. Two-parameter bifurcation in a two-dimensional simplified Hodgkin-Huxley model[J]. Communications in Nonlinear Science and Numerical Simulation, 2013, 18(1): 184-193.

[75] Crotty P, Sangrey T. Optimization of battery strengths in the Hodgkin-Huxley model[J]. Neurocomputing, 2011, 74(18): 3843-3854.

[76] FitzHugh R. Impulses and physiological states in theoretical models of nerve membrane[J]. Biophysical Journal, 1961, 1(6): 445-466.

[77] Nagumo J, Arimoto S, Yoshizawa S. An active pulse transmission line simulating nerve axon[J]. Proceedings of the IRE, 1962, 50(10): 2061-2070.

[78] Fitzhugh R. Motion picture of nerve impulse propagation using computer animation[J]. Journal of Applied Physiology, 1968, 25(5): 628-630.

[79] Rall W. Theory of physiological properties of dendrites[J]. Annals of the New York Academy of Sciences, 1962, 96(4): 1071-1092.

[80] Rall W, Shepherd G M, Reese T S, et al. Dendrodendritic synaptic pathway for inhibition in the olfactory bulb[J]. Experimental Neurology, 1966, 14(1): 44-56.

[81] Burkitt A N. A review of the integrate-and-fire neuron model: I. Homogeneous synaptic input[J]. Biological Cybernetics, 2006, 95(1): 1-19.

[82] Burkitt A N. A review of the integrate-and-fire neuron model: II. Inhomogeneous synaptic input and network properties[J]. Biological Cybernetics, 2006, 95(2): 97-112.

[83] Hindmarsh J L, Rose R M. A model of the nerve impulse using two first-order differential equations[J]. Nature, 1982, 296(5853): 162-164.

[84] Hindmarsh J L, Rose R M. A model of neuronal bursting using three coupled first order differential equations[J]. Proceedings of the Royal Society of London, Series B, Biological Sciences, 1984, 221(1222): 87-102.

[85] Ermentrout G B, Kopell N. Parabolic bursting in an excitable system coupled with a slow oscillation[J]. SIAM Journal on Applied Mathematics, 1986, 46(2): 233-253.

[86] Binzer A, Brose U, Curtsdotter A, et al. The susceptibility of species to extinctions in model communities[J]. Basic and Applied Ecology, 2011, 12(7): 590-599.

[87] Lansky P, Sanda P, He J. Effect of stimulation on the input parameters of stochastic leaky integrate-and-fire neuronal model[J]. Journal of Physiology-Paris, 2010, 104(3-4): 160-166.

[88] Montroll E W, Shlesinger M F. On the wonderful world of random walks[M]. Amsterdam: North-Holland, 1984.

[89] Liebovitch L S, Fischbarg J, Koniarek J P. Ion channel kinetics: a model based on fractal scaling rather than multistate Markov processes[J]. Mathematical Biosciences, 1987, 84(1): 37-68.

[90] Liebovitch L S. Testing fractal and Markov models of ion channel kinetics[J]. Biophysical Journal, 1989, 55(2): 373.

[91] Millhauser G L, Salpeter E E, Oswald R E. Rate-amplitude correlation from single-channel records. A hidden structure in ion channel gating kinetics?[J]. Biophysical Journal, 1988, 54(6): 1165.

[92] Goychuk I, Hanggi P. Fractional diffusion modeling of ion channel gating[J]. Physical Reviewe, 2004, 70(5): 051915.

[93] 朱大年, 吴博威, 樊小力. 生理学[M]. 北京: 人民卫生出版社, 2008: 259-265.

[94] 顾凡及, 梁培基. 神经信息处理[M]. 北京: 北京工业大学出版社, 2007: 29-75.

[95] 寿天德. 神经生物学[M]. 北京: 高等教育出版社, 2004: 187-202.

[96] Nobili R, Mammano F, Ashmore J. How well do we understand the cochlea?[J]. Trends in Neurosciences, 1998, 21(4): 159-167.

[97] von Békésy G, Wever E G. Experiments in hearing[M]. New York: McGraw-Hill, 1960.

[98] Manley G A, Narins P M, Fay R R. Experiments in comparative hearing: Georg von Békésy and beyond[J]. Hearing Research, 2012, 293(1-2): 44-50.

[99] Zwislocki J J, Kletsky E J. Tectorial membrane: a possible effect on frequency analysis in the cochlea[J]. Science, 1979, 204(4393): 639-641.

[100] Peterson L C, Bogert B P. A dynamical theory of the cochlea[J]. The Journal of the Acoustical Society of America, 1950, 22(3): 369-381.

[101] Zweig G, Lipes R, Pierce J R. The cochlear compromise[J]. The Journal of the Acoustical Society of America, 1976, 59(4): 975-982.

[102] Ramamoorthy S, Deo N V, Grosh K. A mechano-electro-acoustical model for the cochlea: response to acoustic stimuli[J]. The Journal of the Acoustical Society of America, 2007, 121(5): 2758-2773.

[103] Kemp D T. Stimulated acoustic emissions from within the human auditory system[J]. The Journal of the Acoustical Society of America, 1978, 64(5): 1386-1391.

[104] Mountain D C. Changes in endolymphatic potential and crossed olivocochlear bundle stimulation alter cochlear mechanics[J]. Science, 1980, 210(4465): 71-72.

[105] Weiss T F. Bidirectional transduction in vertebrate hair cells: a mechanism for coupling mechanical and electrical processes[J]. Hearing Research, 1982, 7(3): 353-360.

[106] Davis H. An active process in cochlear mechanics[J]. Hearing Research, 1983, 9(1): 79-90.

[107] Brownell W E, Bader C R, Bertrand D, et al. Evoked mechanical responses of isolated cochlear outer hair cells[J]. Science, 1985, 227(4683): 194-196.

[108] Zwislocki J J. Analysis of cochlear mechanics[J]. Hearing Research, 1986, 22(1-3): 155-169.

[109] Neely S T, Kim D O. An active cochlear model showing sharp tuning and high sensitivity[J]. Hearing Research, 1983, 9(2): 123-130.

[110] Neely S T, Kim D O. A model for active elements in cochlear biomechanics[J]. The Journal of the Acoustical Society of America, 1986, 79(5): 1472-1480.

[111] Neely S T. A model of cochlear mechanics with outer hair cell motility[J]. The Journal of the Acoustical Society of America, 1993, 94(1): 137-146.

[112] Geisler C D. A realizable cochlear model using feedback from motile outer hair cells[J]. Hearing Research, 1993, 68(2): 253-262.

[113] Markin V S, Hudspeth A J. Modeling the active process of the cochlea: phase relations, amplification, and spontaneous oscillation[J]. Biophysical Journal, 1995, 69(1): 138-147.

[114] Mammano F, Ashmore J F. Reverse transduction measured in the isolated cochlea by laser Michelson interferometry[J]. Nature, 1993, 365(6449): 838-841.

[115] Mammano F, Nobili R. Biophysics of the cochlea: linear approximation[J]. The Journal of the Acoustical Society of America, 1993, 93(6): 3320-3332.

[116] Nobili R, Mammano F. Biophysics of the cochlea II: stationary nonlinear phenomenology[J]. The Journal of the Acoustical Society of America, 1996, 99(4): 2244-2255.

[117] Mountain D C, Hubbard A E. A piezoelectric model of outer hair cell function[J]. The Journal of the Acoustical Society of America, 1994, 95(1): 350-354.

[118] Lu T K, Zhak S, Dallos P, et al. Fast cochlear amplification with slow outer hair cells[J]. Hearing Research, 2006, 214(1-2): 45-67.

[119] Lu S, Mountain D, Hubbard A. Is stereocilia velocity or displacement feedback used in the cochlear amplifier?[M]//Concepts And Challenges In The Biophysics Of Hearing (With CD-ROM), 2009: 297-302.

[120] Liu Y W, Neely S T. Outer hair cell electromechanical properties in a nonlinear piezoelectric model[J]. The Journal of the Acoustical Society of America, 2009, 126(2): 751-761.

[121] How J, Elliott S J, Lineton B. The influence on predicted harmonic generation of the position of the nonlinearity within micromechanical models[J]. Concepts and Challenges in the Biophysics of Hearing, edited by NP Cooper and DT Kemp(World Scientific, Singapore), 2009: 350-351.

[122] Ruggero M A, Rich N C, Robles L, et al. Middle-ear response in the chinchilla and its relationship to mechanics at the base of the cochlea[J]. The Journal of the Acoustical Society of America, 1990, 87(4): 1612-1629.

[123] de Boer E, Nuttall A L. The mechanical waveform of the basilar membrane. III. Intensity effects[J]. The Journal of the Acoustical Society of America, 2000, 107(3): 1497-1507.

[124] Cooper N P. Harmonic distortion on the basilar membrane in the basal turn of the guinea-pig cochlea[J]. The Journal of Physiology, 1998, 509(1): 277-288.

[125] Ren T, Nuttall A L. Basilar membrane vibration in the basal turn of the sensitive gerbil cochlea[J]. Hearing Research, 2001, 151(1-2): 48-60.

[126] Iwasa K H. A two-state piezoelectric model for outer hair cell motility[J]. Biophysical Journal, 2001, 81(5): 2495-2506.

[127] Kennedy H J, Evans M G, Crawford A C, et al. Fast adaptation of mechanoelectrical transducer channels in mammalian cochlear hair cells[J]. Nature Neuroscience, 2003, 6(8): 832-836.

[128] Kennedy H J, Crawford A C, Fettiplace R. Force generation by mammalian hair bundles supports a role in cochlear amplification[J]. Nature, 2005, 433(7028): 880-883.

[129] Mcaud J, Grosh K. Coupling active hair bundle mechanics, fast adaptation, and somatic motility in a cochlear model[J]. Biophysical Journal, 2011, 100(11): 2576-2585.

[130] Ramamoorthy S, Nuttall A L. Outer hair cell somatic electromotility in vivo and power transfer to the organ of Corti[J]. Biophysical Journal, 2012, 102(3): 388-398.

[131] 杨琳. 镫骨、耳蜗及其 Corti 器建模与生物力学研究[D]. 上海: 复旦大学, 2009: 57-91.

[132] 陈世雄, 宫琴. 常见的听觉滤波器[J]. 北京医学生物工程, 2008, 29(1): 94-99.

[133] 周建军. 含主动耳蜗的耳声传递有限元模型研究[D]. 武汉: 华中科技大学, 2012: 10-18.

[134] Fritz J B, Elhilali M, David S V, et al. Does attention play a role in dynamic receptive field adaptation to changing acoustic salience in A1?[J]. Hearing Research, 2007, 229(1-2): 186-203.

[135] Lyon R F. Filter cascades as analogs of the cochlea[M]. Boston, MA: Springer, 1998: 3-18.

[136] Patterson R D. Auditory filters and excitation patterns as representations of frequency resolution[J]. Frequency Selectivity in Hearing, 1986: 123-177.

[137] Rosen S, Stock D. Auditory filter bandwidths as a function of level at low frequencies(125 Hz-1 kHz)[J]. The Journal of the Acoustical Society of America, 1992, 92(2): 773-781.

[138] Unoki M, Irino T, Glasberg B, et al. Comparison of the roex and gammachirp filters as representations of the auditory filter[J]. The Journal of the Acoustical Society of America, 2006, 120(3): 1474-1492.

[139] van der Heijden M, Kohlrausch A. Using an excitation-pattern model to predict auditory masking[J]. Hearing Research, 1994, 80(1): 38-52.

[140] Johannesma P I, Peter I M. The pre-response stimulus ensemble of neurons in the cochlear nucleus[C]. Symposium on Hearing Theory, Eindhoven, Holland, 1972: 58-69.

[141] de Boer E. Synthetic whole-nerve action potentials for the cat[J]. The Journal of the Acoustical Society of America, 1975, 58(5): 1030-1045.

[142] 游大涛. 基于听觉机理的鲁棒特征提取及其在说话人识别中的应用[D]. 哈尔滨: 哈尔滨工业大学, 2013: 30-31.

[143] 陈世雄, 宫琴, 金慧君. 用 Gammatone 滤波器组仿真人耳基底膜的特性[J]. 清华大学学报(自然科学版), 2008, 48(6): 1044-1048.

[144] Irino T, Patterson R D. A time-domain, level-dependent auditory filter: the gammachirp[J]. The Journal of the Acoustical Society of America, 1997, 101(1): 412-419.

[145] Irino T, Patterson R D. A compressive gammachirp auditory filter for both physiological and psychophysical data[J]. The Journal of the Acoustical Society of America, 2001, 109(5): 2008-2022.

[146] Irino T, Patterson R D. A dynamic compressive gammachirp auditory filterbank[J]. IEEE Transactions on Audio, Speech, and Language Processing, 2006, 14(6): 2222-2232.

[147] Hubel D H, Henson C O, Rupert A, et al. "Attention" units in the auditory cortex[J]. Science, 1959, 129(3358): 1279-1280.

[148] Ishizuka S, Nakashima K, Tateno K, et al. Selective communication and a band-pass filter in the rat dentate gyrus[C]. International Congress Series, Elsevier, 2004, 1269: 77-80.

[149] Mountcastle V B, Darian-Smith I. Neural mechanisms in somesthesia[J]. Medical Physiology, 1968, 2: 1372-1423.

[150] Le Bars D, Dickenson A H, Besson J M. Diffuse noxious inhibitory controls(DNIC). I. Effects on dorsal horn convergent neurones in the rat[J]. Pain, 1979, 6(3): 283-304.

[151] Le Bars D, Dickenson A H, Besson J M. Diffuse noxious inhibitory controls(DNIC). II. Lack of effect on non-convergent neurones, supraspinal involvement and theoretical implications[J]. Pain, 1979, 6(3): 305-327.

[152] Rind F C, Simmons P J. Orthopteran DCMD neuron: a reevaluation of responses to moving objects. I. Selective responses to approaching objects[J]. Journal of Neurophysiology, 1992, 68(5): 1654-1666.

[153] Harris R A, O'Carroll D C, Laughlin S B. Adaptation and the temporal delay filter of fly motion detectors[J]. Vision Research, 1999, 39(16): 2603-2613.

[154] Fortune E S, Rose G J. Short-term synaptic plasticity as a temporal filter[J]. Trends in Neurosciences, 2001, 24(7): 381-385.

[155] Fortune E S, Rose G J. Short-term synaptic plasticity contributes to the temporal filtering of electrosensory information[J]. Journal of Neuroscience, 2000, 20(18): 7122-7130.

[156] Baccus S A, Meister M. Retina versus cortex: contrast adaptation in parallel visual pathways[J]. Neuron, 2004, 42(1): 5-7.

[157] Khanbabaie R, Nesse W H, Longtin A, et al. Kinetics of fast short-term depression are matched to spike train statistics to reduce noise[J]. Journal of Neurophysiology, 2010, 103(6): 3337-3348.

[158] Branco T, Clark B A, Häusser M. Dendritic discrimination of temporal input sequences in cortical neurons[J]. Science, 2010, 329(5999): 1671-1675.

[159] George A A, Lyons-Warren A M, Ma X, et al. A diversity of synaptic filters are created by temporal summation of excitation and inhibition[J]. Journal of Neuroscience, 2011, 31(41): 14721-14734.

[160] O'Donnell C, Nolan M F. Tuning of synaptic responses: an organizing principle for optimization of neural circuits[J]. Trends in Neurosciences, 2011, 34(2): 51-60.

[161] Rosenbaum R, Rubin J, Doiron B. Short term synaptic depression imposes a frequency dependent filter on synaptic information transfer[J]. PLoS Computational Biology, 2012, 8(6): e1002557.

[162] Nicholls J G, Mation A R, Wallace B G, 等. 神经生物学——从神经元到脑[M]. 北京: 科学出版社, 2003: 257-271.

[163] Masuda N, Aihara K. Filtered interspike interval encoding by class II neurons[J]. Physics Letters A, 2003, 311(6): 485-490.

[164] Kliper O, Horn D, Quenet B. The inertial-DNF model: spatiotemporal coding on two time scales[J]. Neurocomputing, 2005, 65: 543-548.

[165] Stafford R, Santer R D, Rind F C. A bio-inspired visual collision detection mechanism for cars: combining insect inspired neurons to create a robust system[J]. BioSystems, 2007, 87(2-3): 164-171.

[166] Horcholle-Bossavit G, Quenet B. Neural model of frog ventilatory rhythmogenesis[J]. BioSystems, 2009, 97(1): 35-43.

[167] Liebovitch L S, Czegledy F P. A model of ion channel kinetics based on deterministic, chaotic motion in a potential with two local minima[J]. Annals of Biomedical Engineering, 1992, 20(5): 517-531.

[168] Erdem R, Ekiz C. A noninteractive two-state model of cell membrane ion channels using the pair approximation[J]. Physics Letters A, 2004, 331(1-2): 28-33.

[169] Clay J R. Comparison of ion current noise predicted from different models of the sodium channel gating mechanism in nerve membrane[J]. The Journal of Membrane Biology, 1978, 42(3): 215-227.

[170] Fatade A, Snowhite J, Green M E. A resonance model gives the response to membrane potential for an ion channel: II. Simplification of the calculation, and prediction of stochastic resonance[J]. Journal of Theoretical Biology, 2000, 206(3): 387-393.

[171] Green M E. A resonance model gives the response to membrane potential for an ion channel[J]. Journal of Theoretical Biology, 1998, 193(3): 475-483.

[172] Purrucker O, Gönnenwein S, Förtig A, et al. Polymer-tethered membranes as quantitative models for the study of integrin-mediated cell adhesion[J]. Soft Matter, 2007, 3(3): 333-336.

[173] Ball F G, Sansom M S P. Ion-channel gating mechanisms: model identification and parameter estimation from single channel recordings[J]. Proceedings of the Royal Society of London, Series B, Biological Sciences, 1989, 236(1285): 385-416.

[174] Chen A, Moy V T. Cross-linking of cell surface receptors enhances cooperativity of molecular adhesion[J]. Biophysical Journal, 2000, 78(6): 2814-2820.

[175] Helena C, Barnes N S. Biology[M]. 5th ed. New York: Worth Publishers, 1989.

[176] Buchynchyk V V. On symmetries of a generalized diffusion equation[J]. Symmetry in Nonlinear Mathematical Physics, 1997, 1: 237-240.

[177] Jessica A, Abigail C S, Natalia A S, et al. State-dependent rhythmogenesis and frequency control in a half-center locomotor CPG[J]. Journal of Neurophysiology, 2018, 119(1): 96-117.

[178] Bell K A, Shim H, Chen C K, et al. Nicotinic excitatory postsynaptic potentials in hippocampal CA1 interneurons are predominantly mediated by nicotinic receptors that contain α4 and β2 subunits[J]. Neuropharmacology, 2011, 61(8): 1379-1388.

[179] Nury H, Bocquet N, Le Poupon C, et al. Crystal structure of the extracellular domain of a bacterial ligand-gated ion channel[J]. Journal of Molecular Biology, 2010, 395(5): 1114-1127.

[180] Swain S M, Parameswaran S, Sahu G, et al. Proton-gated ion channels in mouse bone marrow stromal cells[J]. Stem Cell Research, 2012, 9(2): 59-68.

[181] Hao J, Delmas P. Thermo-and mechanosensation via transient receptor potential ion channels[J]. Encyclopedia of Behavioral Neuroscience, 2010: 393-399.

[182] Brelidze T I, Zagotta W N. Exploring ligand regulation of ion channels in the EAG family[J]. Biophysical Journal, 2011, 100(3): 103a.

[183] Sinha S R, Patel S S, Saggau P. Simultaneous optical recording of evoked and spontaneous transients of membrane potential and intracellular calcium concentration with high spatio-temporal resolution[J]. Journal of Neuroscience Methods, 1995, 60(1-2): 49-60.

[184] Yang S M, Doi T, Asako M, et al. Optical recording of membrane potential in dissociated mouse vestibular ganglion cells using a voltage-sensitive dye[J]. Auris Nasus Larynx, 2000, 27(1): 15-21.

[185] Tsutsui H, Wolf A M, Knöpfel T, et al. Imaging postsynaptic activities of teleost thalamic neurons at single cell resolution using a voltage-sensitive dye[J]. Neuroscience Letters, 2001, 312(1): 17-20.

[186] Momose-Sato Y, Sato K, Mochida H, et al. Spreading depolarization waves triggered by vagal stimulation in the embryonic chick brain: optical evidence for intercellular communication in the developing central nervous system[J]. Neuroscience, 2001, 102(2): 245-262.

[187] Savtchenko L P, Gogan P, Tyč-Dumont S. Dendritic spatial flicker of local membrane potential due to channel noise and probabilistic firing of hippocampal neurons in culture[J]. Neuroscience Research, 2001, 41(2): 161-183.

[188] Momose-Sato Y, Mochida H, Sasaki S, et al. Depolarization waves in the embryonic CNS triggered by multiple sensory inputs and spontaneous activity: optical imaging with a voltage-sensitive dye[J]. Neuroscience, 2003, 116(2): 407-423.

[189] Zhou W L, Yan P, Wuskell J P, et al. Intracellular long-wavelength voltage-sensitive dyes for studying the dynamics of action potentials in axons and thin dendrites[J]. Journal of Neuroscience Methods, 2007, 164(2): 225-239.

[190] Bradley J, Luo R, Otis T S, et al. Submillisecond optical reporting of membrane potential in situ using a neuronal tracer dye[J]. Journal of Neuroscience, 2009, 29(29): 9197-9209.

[191] Zecevic D, Antic S. Fast optical measurement of membrane potential changes at multiple sites on an individual nerve cell[J]. The Histochemical Journal, 1998, 30(3): 197-216.

[192] Guerrero G, Siegel M S, Roska B, et al. Tuning FlaSh: redesign of the dynamics, voltage range, and color of the genetically encoded optical sensor of membrane potential[J]. Biophysical Journal, 2002, 83(6): 3607-3618.

[193] Jasielec J J, Filipek R, Szyszkiewicz K, et al. Computer simulations of electrodiffusion problems based on Nernst-Planck and Poisson equations[J]. Computational Materials Science, 2012, 63: 75-90.

[194] Lu B, Holst M J, McCammon J A, et al. Poisson-Nernst-Planck equations for simulating biomolecular diffusion-reaction processes I: finite element solutions[J]. Journal of Computational Physics, 2010, 229(19): 6979-6994.

[195] Masuda Y, Ohji T, Kato K, et al. High protein-adsorption characteristics of acicular crystal assembled TiO_2 films and their photoelectric effect[J]. Thin Solid Films, 2011, 519(15): 5135-5138.

[196] Liu D, Wang H, Zhou Z, et al. Wave coupling theory of quadratic electro-optic effect and its applications[J]. Optik, 2011, 122(18): 1657-1662.

[197] Flittiger B, Klapperstueck M, Schmalzing G, et al. Effects of protons on macroscopic and single-channel currents mediated by the human P2X7 receptor[J]. Biochimica et Biophysica Acta(BBA)-Biomembranes, 2010, 1798(5): 947-957.

[198] Wang H L, Toghraee R, Papke D, et al. Single-channel current through nicotinic receptor produced by closure of binding site C-loop[J]. Biophysical Journal, 2009, 96(9): 3582-3590.

[199] Shryock J C. Role of late sodium channel current in arrhythmogenesis[J]. Cardiac Electrophysiology Clinics, 2011, 3(1): 125-140.

[200] Dougherty G. Effect of sub-pixel misregistration on the determination of the point spread function of a CT imaging system[J]. Medical Engineering & Physics, 2000, 22(7): 503-507.

[201] Török P, Kao F J. Point-spread function reconstruction in high aperture lenses focusing ultra-short laser pulses[J]. Optics Communications, 2002, 213(1-3): 97-102.

[202] Ambrosi R M, Abbey A F, Hutchinson I B, et al. Point spread function and centroiding accuracy measurements with the JET-X mirror and MOS CCD detector of the Swift gamma ray burst explorer's X-ray telescope[J]. Nuclear Instruments and Methods in Physics Research Section A: Accelerators, Spectrometers, Detectors and Associated Equipment, 2002, 488(3): 543-554.

[203] Cabrera H, Sira E, Rahn K, et al. A thermal lens model including the Soret effect[J]. Applied Physics Letters, 2009, 94(5): 051103.

[204] Sarah A, Andrea M M, Magnus A G, et al. Thermal-lens effect of native and oxidized lipoprotein solutions investigated by the Z-scan technique[J]. International Journal of Atherosclerosis, 2008, 3(1): 33-38.

[205] Sechenyh V V, Legros J C, Shevtsova V. Experimental and predicted refractive index properties in ternary mixtures of associated liquids[J]. The Journal of Chemical Thermodynamics, 2011, 43(11): 1700-1707.

[206] Guan Y G, Yu P, Yu S J, et al. Simultaneous analysis of reducing sugars and 5-hydroxymethyl-2-furaldehyde at a low concentration by high performance anion exchange chromatography with electrochemical detector, compared with HPLC with refractive index detector[J]. Journal of Dairy Science, 2012, 95(11): 6379-6383.

[207] Raikar U S, Lalasangi A S, Kulkarni V K, et al. Concentration and refractive index sensor for methanol using short period grating fiber[J]. Optik, 2011, 122(2): 89-91.

[208] Tan C H, Huang Z J, Huang X G. Rapid determination of surfactant critical micelle concentration in aqueous solutions using fiber-optic refractive index sensing[J]. Analytical Biochemistry, 2010, 401(1): 144-147.

[209] Moreira R, Chenlo F, Silva C, et al. Surface tension and refractive index of guar and tragacanth gums aqueous dispersions at different polymer concentrations, polymer ratios and temperatures[J]. Food Hydrocolloids, 2012, 28(2): 284-290.

[210] Drezet A, Cuche A, Huant S. Near-field microscopy with a single-photon point-like emitter: resolution versus the aperture tip?[J]. Optics Communications, 2011, 284(5): 1444-1450.

[211] Terakawa M, Takeda S, Tanaka Y, et al. Enhanced localized near field and scattered far field for surface nanophotonics applications[J]. Progress in Quantum Electronics, 2012, 36(1): 194-271.

[212] Vignolini S, Intonti F, Riboli F, et al. Simultaneous near field imaging of electric and magnetic field in photonic crystal nanocavities[J]. Photonics and Nanostructures-Fundamentals and Applications, 2012, 10(3): 251-255.

[213] Rukavishnikov V A, Mosolapov A O. New numerical method for solving time-harmonic Maxwell equations with strong singularity[J]. Journal of Computational Physics, 2012, 231(6): 2438-2448.

[214] Sun Y, Tse P S P. Symplectic and multisymplectic numerical methods for Maxwell's equations[J]. Journal of Computational Physics, 2011, 230(5): 2076-2094.

[215] Bérenger J P. The Huygens subgridding for the numerical solution of the Maxwell equations[J]. Journal of Computational Physics, 2011, 230(14): 5635-5659.

[216] Goodman W J. Introduction to fourier optics[M]. 3rd ed. Colombia: Roberts & Company Publishers, 2005.

[217] Elder J H, Zucker S W. Local scale control for edge detection and blur estimation[J]. IEEE Transactions on pattern analysis and machine intelligence, 1998, 20(7): 699-716.

[218] Poropat G V. Effect of system point spread function, apparent size, and detector instantaneous field of view on the infrared image contrast of small objects[J]. Optical Engineering, 1993, 32(10): 2598-2607.

[219] Yao G. C. Electro-optical imaging system performance[M]. 3rd ed. Washington: SPIE Optical Engineering Press, 2002: 90-94.

[220] 薛峰, 操乐林, 张伟. 点扩散函数对点目标探测性能的影响分析[J]. 红外与激光工程, 2007(S2): 177-181.

[221] Song C, Corry B. Testing the applicability of Nernst-Planck theory in ion channels: comparisons with Brownian dynamics simulations[J]. PLoS One, 2011, 6(6): e21204.

[222] Doyle D A, Cabral J M, Pfuetzner R A, et al. The structure of the potassium channel: molecular basis of K^+ conduction and selectivity[J]. Science, 1998, 280(5360): 69-77.

[223] Erdem R, Ekiz C. A kinetic model for voltage-gated ion channels in cell membranes based on the path integral method[J]. Physica A: Statistical Mechanics and its Applications, 2005, 349(1-2): 283-290.

[224] Eugene H. Optics, international edition[M]. 4th ed. New York: Pearson, Addison Wesley, 2002.

[225] Hodgkin A L, Katz B. The effect of sodium ions on the electrical activity of the giant axon of the squid[J]. The Journal of Physiology, 1949, 108(1): 37-77.

[226] Erdem R, Ekiz C. An interactive two-state model for cell membrane potassium and sodium ion channels in electric fields using the pair approximation[J]. Physica A: Statistical Mechanics and Its Applications, 2005, 351(2-4): 417-426.

[227] Århem P, Blomberg C. Ion channel density and threshold dynamics of repetitive firing in a cortical neuron model[J]. Biosystems, 2007, 89(1-3): 117-125.

[228] Bezanilla F. Ion channels: from conductance to structure[J]. Neuron, 2008, 60(3): 456-468.

[229] Llano I, Webb C K, Bezanilla F. Potassium conductance of the squid giant axon. Single-channel studies[J]. The Journal of General Physiology, 1988, 92(2): 179-196.

[230] Vora T, Corry B, Chung S H. A model of sodium channels[J]. Biochimica et Biophysica Acta(BBA)-Biomembranes, 2005, 1668(1): 106-116.

[231] Cardenas A E, Coalson R D, Kurnikova M G. Three-dimensional Poisson-Nernst-Planck theory studies: influence of membrane electrostatics on gramicidin a channel conductance[J]. Biophysical Journal, 2000, 79(1): 80-93.

[232] Hugo Z, Clas B, Peter A. Ion channel density regulates switches between regular and fast spiking in soma but not in axons[J]. PLoS Computational Biology, 2010, 6(4): 1-14.

[233] Chen C L, Bharucha V, Chen Y, et al. Reduced sodium channel density, altered voltage dependence of inactivation, and increased susceptibility to seizures in mice lacking sodium channel β2-subunits[J]. Proceedings of the National Academy of Sciences, 2002, 99(26): 17072-17077.

[234] Yao C, Williams A J, Hartings J A, et al. Down-regulation of the sodium channel Nav1. 1 α-subunit following focal ischemic brain injury in rats: in situ hybridization and immunohistochemical analysis[J]. Life Sciences, 2005, 77(10): 1116-1129.

[235] Gogan P, Schmiedel-Jakob I, Chitti Y, et al. Fluorescence imaging of local membrane electric fields during the excitation of single neurons in culture[J]. Biophysical Journal, 1995, 69(2): 299-310.

[236] Chung S H, Allen T W, Kuyucak S. Modeling diverse range of potassium channels with Brownian dynamics[J]. Biophysical Journal, 2002, 83(1): 263-277.

[237] Chen H, Goldstein S A N. Serial perturbation of MinK in I_{Ks} implies an α-helical transmembrane span traversing the channel corpus[J]. Biophysical Journal, 2007, 93(7): 2332-2340.

[238] Ye B, Liu Y, Zhang Y. Properties of a potassium channel in the basolateral membrane of renal proximal convoluted tubule and the effect of cyclosporine on it [J]. Physiological Research, 2006, 55(6): 617-622.

[239] Upadhyay S K, Nagarajan P, Mathew M K. Potassium channel opening: a subtle two-step[J]. The Journal of Physiology, 2009, 587(15): 3851-3868.

[240] Levin K, Lders H. Comprehensive clinical neurophysiology[M]. Philadelphia: W. B. Saunders Company Publisher, 2000.

[241] Hirose A, Murakami S. Spatiotemporal equations expressing microscopic two-dimensional membrane-potential dynamics[J]. Neurocomputing, 2002, 43(1-4): 185-196.

[242] Doucet A, Godsill S, Andrieu C. On sequential Monte Carlo sampling methods for Bayesian filtering[J]. Statistics and computing, 2000, 10(3): 197-208.

[243] Chung S, Jung W, Lee M Y. Inward and outward rectifying potassium currents set membrane potentials in activated rat microglia[J]. Neuroscience Letters, 1999, 262(2): 121-124.

[244] Pannicke T, Faude F, Reichenbach A, et al. A function of delayed rectifier potassium channels in glial cells: maintenance of an auxiliary membrane potential under pathological conditions[J]. Brain Research, 2000, 862(1-2): 187-193.

[245] Sarlani E, Greenspan J D. Gender differences in temporal summation of mechanically evoked pain[J]. Pain, 2002, 97(1-2): 163-169.

[246] Lautenbacher S, Kunz M, Strate P, et al. Age effects on pain thresholds, temporal summation and spatial summation of heat and pressure pain[J]. Pain, 2005, 115(3): 410-418.

[247] Serrao M, Rossi P, Sandrini G, et al. Effects of diffuse noxious inhibitory controls on temporal summation of the RIII reflex in humans[J]. Pain, 2004, 112(3): 353-360.

[248] Chizhov A V, Graham L J, Turbin A A. Simulation of neural population dynamics with a refractory density approach and a conductance-based threshold neuron model[J]. Neurocomputing, 2006, 70(1-3): 252-262.

[249] Hückesfeld S, Niederegger S, Schlegel P, et al. Feel the heat: the effect of temperature on development, behavior and central pattern generation in 3rd instar Calliphora vicina larvae[J]. Journal of Insect Physiology, 2011, 57(1): 136-146.

[250] Champagnat J, Morin-Surun M P, Bouvier J, et al. Prenatal development of central rhythm generation[J]. Respiratory Physiology & Neurobiology, 2011, 178(1): 146-155.

[251] Nogaret A, Zhao L, Moraes D J A, et al. Modulation of respiratory sinus arrhythmia in rats with central pattern generator hardware[J]. Journal of Neuroscience Methods, 2013, 212(1): 124-132.

[252] Bernhardt N R, Memic F, Gezelius H, et al. DCC mediated axon guidance of spinal interneurons is essential for normal locomotor central pattern generator function[J]. Developmental Biology, 2012, 366(2): 279-289.

[253] Levinson N. Selected papers of norman levinson[M]. Boston: Birkhauser, 1997.

[254] Cai J P, Wu X F, Li Y P. Comparison of multiple scales and KBM methods for strongly nonlinear oscillators with slowly varying parameters[J]. Mechanics Research Communications, 2004, 31(5): 519-524.

[255] Rasmussen A, Wyller J, Vik J O. Relaxation oscillations in spruce-budworm interactions[J]. Nonlinear Analysis: Real World Applications, 2011, 12(1): 304-319.

[256] Tang J S, Chen Z L. Amplitude control of limit cycle in van der Pol system[J]. International Journal of Bifurcation and Chaos, 2006, 16(2): 487-495.

[257] Zhou Y G, Tang X H. On existence of periodic solutions of a kind of Rayleigh equation with a deviating argument[J]. Nonlinear Analysis: Theory, Methods & Applications, 2008, 69(8): 2355-2361.

[258] Müller M, Hanke W, Schlue W R. Single ion channel currents in neuropile glial cells of the leech central nervous system[J]. Glia, 1993, 9(4): 260-268.

[259] Angstadt J D, Friesen W O. Modulation of swimming behavior in the medicinal leech[J]. Journal of Comparative Physiology A, 1993, 172(2): 235-248.

[260] Ghosh J, Chakravarthy S V. The rapid kernel classifier: a link between the self-organizing feature map and the radial basis function network[J]. Journal of Intelligent Material Systems and Structures, 1994, 5(2): 211-219.

[261] Kobayashi R, Shinomoto S, Lansky P. Estimation of time-dependent input from neuronal membrane potential[J]. Neural Computation, 2011, 23(12): 3070-3093.

[262] Zochowski M, Wachowiak M, Falk C X, et al. Imaging membrane potential with voltage-sensitive dyes[J]. The Biological Bulletin, 2000, 198(1): 1-21.

[263] Gurtovenko A A, Vattulainen I. Lipid transmembrane asymmetry and intrinsic membrane potential: two sides of the same coin[J]. Journal of the American Chemical Society, 2007, 129(17): 5358-5359.

[264] DeWeese M R, Zador A M. Non-Gaussian membrane potential dynamics imply sparse, synchronous activity in auditory cortex[J]. Journal of Neuroscience, 2006, 26(47): 12206-12218.

[265] White J A, Rubinstein J T, Kay A R. Channel noise in neurons[J]. Trends in Neurosciences, 2000, 23(3): 131-137.

[266] Chen W X, Buonomano D V. Developmental shift of short-term synaptic plasticity in cortical organotypic slices[J]. Neuroscience, 2012, 213: 38-46.

[267] Chandler B, Grossberg S. Joining distributed pattern processing and homeostatic plasticity in recurrent on-center off-surround shunting networks: noise, saturation, short-term memory, synaptic scaling, and BDNF[J]. Neural Networks, 2012, 25: 21-29.

[268] Sammut S, Threlfell S, West A R. Nitric oxide-soluble guanylyl cyclase signaling regulates corticostriatal transmission and short-term synaptic plasticity of striatal projection neurons recorded in vivo[J]. Neuropharmacology, 2010, 58(3): 624-631.

[269] Lennert T, Martinez-Trujillo J. Strength of response suppression to distracter stimuli determines attentional-filtering performance in primate prefrontal neurons[J]. Neuron, 2011, 70(1): 141-152.

[270] Takako N, Katsuhiko S, Ryota M. Compensation mechanism for membrane potential against hypoosmotic stress in the Onchidium neuron[J]. Comparative Biochemistry and Physiology, Part A, 2022, 274: 111298.

[271] Keyong L, Stephen B G A, Yingtang S, et al. TRPM4 mediates a subthreshold membrane potential oscillation in respiratory chemoreceptor neurons that drives pacemaker firing and breathing[J]. Cell Reports, 2021, 4(5): 108714.

[272] Satoshi N, Yoko F T, Takafumi K, et al. Continuous membrane potential fluctuations in motor cortex and striatum neurons during voluntary forelimb movements and pauses[J]. Neuroscience Research, 2017, 120: 5359.

[273] Alberto S R, Juan C E, Jose R G F. Fractal-like correlations of the fluctuating inter-spike membrane potential of a Helix aspersa pacemaker neuron[J]. Computers in Biology and Medicine, 2014, 53: 258264.

[274] Usman I, Khan A, Ali A, et al. Reversible watermarking based on intelligent coefficient selection and integer wavelet transform[J]. International Journal of Innovative Computing, Information and Control(IJICIC), 2009, 5(12): 4675-4682.

[275] Anwar H, Li X P, Bucher D, et al. Functional roles of short-term synaptic plasticity with an emphasis on inhibition[J]. Current Opinion in Neurobiology, 2017, 43: 71-78.

[276] Helen M, Michael J S, Dean V B. Short-term synaptic plasticity as a mechanism for sensory timing[J]. Trends in Neurosciences, 2018, 41(10): 701-711.

[277] Sumiko M. Activity-dependent regulation of synaptic vesicle exocytosis and presynaptic short-term plasticity[J]. Neuroscience Research, 2011, 70: 16-23.

[278] 汪云九. 神经信息学: 神经系统的理论和模型[M]. 北京: 高等教育出版社, 2006: 9-12.

[279] Buzsáki G, Draguhn A. Neuronal oscillations in cortical networks[J]. Science, 2004, 304(5679): 1926-1929.

[280] Klimesch W. Memory processes, brain oscillations and EEG synchronization[J]. International Journal of Psychophysiology, 1996, 24(1-2): 61-100.

[281] Gray C M, Singer W. brain oscillations in orientation columns of cat visual cortex[J]. Proceedings of the National Academy of Sciences, 1989, 86(5): 1698-1702.

[282] 高娃. 基于振动理论与神经元滤波机理的听觉信息处理方法研究[D]. 哈尔滨: 哈尔滨工业大学, 2015: 44-46.

[283] 闻邦椿. 机械振动理论及应用[M]. 北京: 高等教育出版社, 2009: 19-32.

[284] 查富生. 基于随机振动与光学理论的神经元时空动态模型研究[D]. 哈尔滨: 哈尔滨工业大学, 2012: 127-129.

[285] Gao W, Zha F S, Song B Y, et al. Fast filtering algorithm based on vibration systems and neural information exchange and its application to micro motion robot[J]. Chinese Physics B, 2013, 23(1): 010701.

[286] 田昆仑, 黄英, 苏娟, 等. 病理生理学[M]. 昆明: 云南大学出版社, 201208. 249.

[287] 缪吉昌, 肖中举, 周凌宏. 耳蜗基底膜的力学仿真模型[J]. 南方医科大学学报, 2014, 34(1): 79-83.

[288] Ridgway S H. Electrophysiological experiments on hearing in odontocetes[M]. Berlin: Springer, 1980: 483-493.

[289] Sellick P M, Patuzzi R, Johnstone B M. Measurement of basilar membrane motion in the guinea pig using the Mössbauer technique[J]. The Journal of the Acoustical Society of America, 1982, 72(1): 131-141.

[290] Ghaffari R. The functional role of the tectorial membrane in the cochlear mechanics[D]. Cambridge: Massachusetts Institute of Technology, 2008: 31-51.

[291] Meaud J, Grosh K. The effect of tectorial membrane and basilar membrane longitudinal coupling in cochlear mechanics[J]. The Journal of the Acoustical Society of America, 2010, 127(3): 1411-1421.

[292] Zheng J, Shen W X, He D Z Z, et al. Prestin is the motor protein of cochlear outer hair cells[J]. Nature, 2000, 405(6783): 149-155.

[293] Greenwood D D. A cochlear frequency-position function for several species—29 years later[J]. The Journal of the Acoustical Society of America, 1990, 87(6): 2592-2605.

[294] Tabibi S, Kegel A, Lai W K, et al. Investigating the use of a Gammatone filterbank for a cochlear implant coding strategy[J]. Journal of Neuroscience Methods, 2017, 277: 63-74.

[295] Katsiamis A G, Drakakis E M, Lyon R F. Practical gammatone-like filters for auditory processing[J]. EURASIP Journal on Audio, Speech, and Music Processing, 2007, 2007: 1-15.

[296] Gao W, Kan Y, Zha F. Filter algorithm based on cochlear mechanics and neuron filter mechanism and application on enhancement of audio signals[J]. Journal of Central South University, 2021(12): 1-16.

[297] 杨鸿武, 赵涛涛. 一种基于加权 Mel 倒谱的语音信号共振峰提取算法[J]. 西北师范大学学报(自然科学版), 2014, 50(1): 53-57.

[298] 陶智. 低信噪比环境下语音增强的研究[D]. 苏州: 苏州大学, 2011: 2-6.

[299] Nidhyananthan S S, Kumari R S S, Prakash A A. A review on speech enhancement algorithms and why to combine with environment classification[J]. International Journal of Modern Physics C, 2014, 25(10): 1430002.

[300] 陶智, 葛良. 基于小波变换的语音增强和噪声消除的研究[J]. 苏州大学学报(自然科学), 2001, 17(4): 74-77.

[301] Lei H, Gonzalo E L. Mel, linear, and antimel frequency cepstral coefficients in broad phonetic regions for telephone speaker recognition[C]. INTERSPEECH, 2009: 2323-2326.

[302] Singh A K, Singh R, Dwivedi A. Mel frequency cepstral coefficients based text independent automatic speaker recognition using matlab[C]. 2014 International Conference on Reliability, Optimization and Information Technology(ICROIT), 2014: 524-527.

[303] Hasrul M N, Hariharan M, Yaacob S. Human affective (emotion) behaviour analysis using speech signals: a review[C]. 2012 IEEE International Conference on Biomedical Engineering(ICoBE), 2012: 217-222.

[304] Anusuya M A, Katti S K. Front end analysis of speech recognition: a review[J]. International Journal of Speech Technology, 2011, 14(2): 99-145.

[305] 田莎莎, 唐菀, 余纬. 改进 MFCC 参数在非特定人语音识别中的研究[J]. 清华大学学报(自然科学版), 2013, 25(3): 139-146.

[306] 胡政权, 曾毓敏, 宗原, 等. 说话人识别中 MFCC 参数提取的改进[J]. 计算机工程与应用, 2014, 50(7): 217-220.

[307] 王晓华, 屈雷, 张超, 等. 基于Fisher比的Bark小波包变换的语音特征提取算法[J]. 西安工程大学学报, 2016, 30(4): 452-457.

附录 A F_n 的详细计算过程

令

$$H = \begin{pmatrix} 1 & 0 \\ \lambda & 1 \end{pmatrix} \tag{A-1}$$

可得

$$H^{-1} = \begin{pmatrix} 1 & 0 \\ -\lambda & 1 \end{pmatrix} \tag{A-2}$$

令

$$
\begin{aligned}
C = HFH^{-1} &= \begin{pmatrix} 1 & 0 \\ \lambda & 1 \end{pmatrix} \begin{pmatrix} d_{12} & d_{11} \\ d_{22} & d_{21} \end{pmatrix} \begin{pmatrix} 1 & 0 \\ -\lambda & 1 \end{pmatrix} \\
&= \begin{pmatrix} d_{12} - \lambda d_{11} & d_{11} \\ -d_{11}d_{22} - \lambda(d_{12} - d_{21}) + d_{22} & \lambda d_{11} + d_{21} \end{pmatrix}
\end{aligned} \tag{A-3}
$$

为了使 C 成为上三角矩阵，令

$$-d_{11}\lambda^2 + (d_{12} - d_{21})\lambda + d_{22} = 0 \tag{A-4}$$

即

$$\lambda = \frac{d_{12} - d_{21} \pm \sqrt{(d_{12} - d_{21})^2 + 4d_{11}d_{22}}}{2d_{11}} \tag{A-5}$$

因此，有

$$
\begin{aligned}
C &= \begin{pmatrix} \dfrac{d_{12} + d_{21} \mp \sqrt{(d_{12} - d_{21})^2 + 4d_{11}d_{22}}}{2} & d_{11} \\ 0 & \dfrac{d_{12} + d_{21} \pm \sqrt{(d_{12} - d_{21})^2 + 4d_{11}d_{22}}}{2} \end{pmatrix} \\
&= \begin{pmatrix} p & b \\ 0 & q \end{pmatrix}
\end{aligned} \tag{A-6}
$$

所以

$$\begin{cases} C^k = \begin{pmatrix} P_k & B_k \\ 0 & Q_k \end{pmatrix} = \begin{pmatrix} p & b \\ 0 & q \end{pmatrix}\begin{pmatrix} P_{k-1} & B_{k-1} \\ 0 & Q_{k-1} \end{pmatrix} = \begin{pmatrix} P_{k-1} & B_{k-1} \\ 0 & Q_{k-1} \end{pmatrix}\begin{pmatrix} p & b \\ 0 & q \end{pmatrix} \\ \begin{pmatrix} qP_{k-1} & pB_{k-1}+bQ_{k-1} \\ 0 & qQ_{k-1} \end{pmatrix} = \begin{pmatrix} qP_{k-1} & qB_{k-1}+bP_{k-1} \\ 0 & qP_{k-1} \end{pmatrix} \end{cases} \quad (A\text{-}7)$$

可得

$$\begin{cases} pB_{k-1}+bQ_{k-1} = qB_{k-1}+bP_{k-1} \\ B_{k-1} = \dfrac{b(P_{k-1}-Q_{k-1})}{p-q} \end{cases} \quad (A\text{-}8)$$

因而有

$$C^k = \begin{pmatrix} p & b \\ 0 & q \end{pmatrix}^k = \begin{pmatrix} P_k & B_k \\ 0 & Q_k \end{pmatrix}$$

$$= \begin{pmatrix} pP_{k-1} & \dfrac{b}{p-q}(pP_{k-1}-qQ_{k-1}) \\ 0 & qQ_{k-1} \end{pmatrix} = \begin{pmatrix} pP_{k-1} & \dfrac{b}{p-q}(P_k-Q_k) \\ 0 & qQ_{k-1} \end{pmatrix} \quad (A\text{-}9)$$

因为

$$\begin{cases} P_k = pP_{k-1} \\ Q_k = qQ_{k-1} \end{cases} \quad (A\text{-}10)$$

所以，可得

$$C^k = \begin{pmatrix} p^k & \dfrac{b}{p-q}(p^k-q^k) \\ 0 & q^k \end{pmatrix} \quad (A\text{-}11)$$

因此，可得

$$F^k = H^{-1}C^k H = \begin{pmatrix} p^k+\dfrac{\lambda b}{p-q}(p^k-q^k) & \dfrac{b}{p-q}(p^k-q^k) \\ \dfrac{c}{p-q}(p^k-q^k) & p^k-\dfrac{\lambda b}{p-q}(p^k-q^k) \end{pmatrix} \quad (A\text{-}12)$$

当

$$\begin{cases} (f_{12} - f_{21})^2 + 4bf_{22} = 0 \\ \lambda = \dfrac{f_{12} - f_{21}}{2b} \\ p = \dfrac{f_{12} + f_{21}}{2} \end{cases} \tag{A-13}$$

并且

$$C^k = \begin{pmatrix} p & b \\ 0 & q \end{pmatrix}^k = \begin{pmatrix} p^k & kbp^{k-1} \\ 0 & p^k \end{pmatrix} \tag{A-14}$$

于是，可得

$$F^k = H^{-1}C^k H = \begin{pmatrix} p^k + kb\lambda p^{k-1} & kbp^{k-1} \\ kcp^{k-1} & p^k - kb\lambda p^{k-1} \end{pmatrix} \tag{A-15}$$

从式（A-1）到式（A-15）即 F_n 的计算过程。

附录 B　对式（7-23）和式（7-24）所描述的重要特性的数学归纳法证明

对于该特性，可以用数学归纳法证明如下：

因为所有关于 $x_i(i=1,2,\cdots,n)$ 的 s_j 的系数和等于 1，并且所有关于 $y_i(i=1,2,\cdots,n)$ 的 f_j 的系数和等于 0，因此，当 $n \leqslant k-1$，该特性成立，即

$$X_n = \begin{pmatrix} \displaystyle\sum_{i=0}^{n} u_i f_i \\ \displaystyle\sum_{i=0}^{n} v_i f_i \end{pmatrix}, \quad \sum_{i=0}^{n} u_i = 1, \sum_{i=0}^{n} v_i = 0 \tag{B-1}$$

为了方便书写，用

$$U_n = \begin{pmatrix} \displaystyle\sum_{i=0}^{n} u_i \\ \displaystyle\sum_{i=0}^{n} v_i \end{pmatrix} \tag{B-2}$$

来描述式（B-1）中 X_n 的系数总和，则对于 $n+1$，有

$$U_{n+1} = F_1 U_n + F_2 U_{n-1} + \cdots + F_k U_{n-k+1} + G\begin{pmatrix} 1 & \alpha_1 & \cdots & \alpha_k \\ 0 & \beta_1 & \cdots & \beta_k \end{pmatrix}\begin{pmatrix} f_{n-k} \\ f_{n-k+1} - f_{n-k} \\ \vdots \\ f_{n+1} - f_n \end{pmatrix} \tag{B-3}$$

则

$$\begin{aligned} U_{n+1} &= (F_1 + F_2 + \cdots + F_k)\begin{pmatrix} 1 \\ 0 \end{pmatrix} + \begin{pmatrix} r_1 & r_1 \\ r_2 & r_2 \end{pmatrix} \\ &= \begin{pmatrix} r_1 + \displaystyle\sum_{i=1}^{k} d_{i12} r_1 + \displaystyle\sum_{i=1}^{k} d_{i11} \\ r_2 + \displaystyle\sum_{i=1}^{k} d_{i22} r_2 + \displaystyle\sum_{i=1}^{k} d_{i21} \end{pmatrix}\begin{pmatrix} 1 \\ 0 \end{pmatrix} = \begin{pmatrix} r_1 + \displaystyle\sum_{i=1}^{k} d_{i12} \\ r_2 + \displaystyle\sum_{i=1}^{k} d_{i22} \end{pmatrix} \end{aligned} \tag{B-4}$$

因为

$$\sum_{i=1}^{k} d_{i12} = 1 - r_1 \tag{B-5}$$

并且

$$\sum_{i=1}^{k} d_{i22} = -r_2 \tag{B-6}$$

因此，可得

$$U_{n+1} = \begin{pmatrix} 1 \\ 0 \end{pmatrix} \tag{B-7}$$

根据熟悉归纳法，对所有的 $n(n \in N)$，该特性总成立，证毕。